南方山地蔬菜栽培

邵洪峰　王高林　王小飞 等 编著

U0360991

科学出版社

北 京

内 容 简 介

本书从我国南方山区自然资源特点入笔，在阐述南方山地蔬菜栽培通用及关键技术的基础上，分别对常见的茄果类、豆类、瓜类、白菜类、甘蓝类、根菜类、多年生类、水生及其他特色蔬菜的特征特性、生产茬口、栽培要点和病虫害防治进行了详细介绍。

本书实用性强，适合基层农技推广人员、蔬菜生产经营者及有关专业院校师生和研究工作者参考。

图书在版编目(CIP)数据

南方山地蔬菜栽培/邵洪峰等编著. —北京：科学出版社，2016.6
ISBN 978-7-03-048526-7

Ⅰ. ①南…　Ⅱ. ①邵…　Ⅲ. ①蔬菜-山地栽培　Ⅳ. ①S63

中国版本图书馆 CIP 数据核字(2016)第 123194 号

责任编辑：张会格/责任校对：张凤琴
责任印制：张　倩/封面设计：刘新新

科 学 出 版 社 出版
北京东黄城根北街 16 号
邮政编码：100717
http://www.sciencep.com
中国科学院印刷厂 印刷

科学出版社发行　各地新华书店经销

*

2016 年 6 月第　一　版　开本：720×1000　1/16
2016 年 6 月第一次印刷　印张：20 1/2　插页：6
字数：396 000

定价：128.00 元
（如有印装质量问题，我社负责调换）

前　言

　　蔬菜是人们日常生活必需的重要副食品。山地蔬菜是指除平原和城郊蔬菜产区以外，种植于丘陵山区、半山区平缓坡地或台地的蔬菜的总称。我国南方山区自然条件优异，资源禀赋良好，充分利用山区垂直分带性农业资源优势，大力发展山地蔬菜产业，对于加快南方蔬菜产业结构布局的调整优化，缓解夏秋季蔬菜供需矛盾，提升蔬菜安全品质，促进蔬菜产业可持续发展具有重要意义。

　　作者根据长期从事蔬菜生产技术推广的实践，编写了《南方山地蔬菜栽培》一书。全书从我国南方山区自然资源特点入笔，阐述了南方山地蔬菜栽培的通用及关键技术，内容主要包括壮苗培育、定植与田间管理、土壤保育、节水灌溉、测土配方施肥与水肥一体化、病虫害绿色防控及山区农业机械化应用等技术，并分别对常见的茄果类、豆类、瓜类、白菜类、甘蓝类、根菜类、多年生类、水生及其他特色蔬菜的特征特性、生产茬口、栽培要点和病虫害防治进行了详细介绍。我国南方山区地形复杂多变，气候和土壤类型多样，本书所涉及的主要蔬菜栽培种类、茬口类型等均以 30°N 左右区域山地为例，不同纬度、不同海拔和不同品种的茬口安排宜根据品种特性和当地气候特点进行适当调整。

　　由于作者水平有限，书籍编写尚属首次尝试，虽然对全书的内容进行了反复斟酌，查阅了大量文献资料，但也难免失之偏颇，不当之处在所难免，敬请各位前辈、同行，以及广大蔬菜生产经营者，批评指正。

　　本书编写过程中得到了浙江农林大学朱祝军教授、徐志宏教授、何勇副教授、臧运祥副教授、符庆功老师，浙江省植物保护检疫局郑永利高级农艺师，杭州市农业科学院柴伟国研究员，以及浙江省农业科学院、浙江省农业厅等单位有关专家的悉心指导与帮助，在此一并致谢。

编著者

2016 年 1 月于浙江临安

目　　录

前言
第一章　绪论 ……………………………………………………………1
　第一节　南方山区的自然特点 …………………………………………1
　　一、山地资源丰富 …………………………………………………1
　　二、地形多样化明显 ………………………………………………2
　　三、气候独特 ………………………………………………………2
　　四、土壤类型多样 …………………………………………………3
　第二节　南方山地蔬菜发展的有利条件 ………………………………4
　　一、山区耕地资源丰富 ……………………………………………4
　　二、山区环境条件优越 ……………………………………………5
　　三、山区劳动力相对富余 …………………………………………5
　　四、市场潜力巨大 …………………………………………………6
　第三节　南方山地蔬菜发展的现实意义 ………………………………6
　　一、优化蔬菜产业布局 ……………………………………………6
　　二、缓解夏秋季蔬菜供需矛盾 ……………………………………7
　　三、促进山区经济发展 ……………………………………………7
　　四、提升蔬菜品质 …………………………………………………8
　第四节　南方山地蔬菜栽培历史与现状 ………………………………8
　　一、山地蔬菜栽培历史 ……………………………………………8
　　二、山地蔬菜发展现状 ……………………………………………9
　　三、山地蔬菜产业发展特点 ………………………………………10
　　四、山地蔬菜产业发展面临的主要问题 …………………………12
第二章　南方山地蔬菜栽培关键技术 ……………………………………14
　第一节　山地蔬菜栽培技术基础 ………………………………………14
　　一、地块选择与基地建设 …………………………………………14
　　二、土壤保育 ………………………………………………………15
　　三、栽培种类与茬口安排 …………………………………………19
　　四、壮苗培育 ………………………………………………………25
　　五、整地作畦 ………………………………………………………26
　　六、定植与田间管理 ………………………………………………27

七、病虫害防治 …………………………………………………… 33

八、采收及采后处理 ……………………………………………… 33

第二节 山地蔬菜栽培关键技术 ………………………………… 35

一、育苗技术 ……………………………………………………… 35

二、节水灌溉技术 ………………………………………………… 49

三、蔬菜连作障碍及其防治技术 ………………………………… 57

四、蔬菜测土配方施肥与水肥一体化技术 ……………………… 61

五、病虫害绿色防控技术 ………………………………………… 74

六、山地蔬菜的农机化应用技术 ………………………………… 83

第三章 山地茄果类蔬菜栽培 …………………………………… 88

第一节 山地番茄栽培技术 ……………………………………… 88

一、特征特性 ……………………………………………………… 88

二、生产茬口 ……………………………………………………… 89

三、栽培要点 ……………………………………………………… 90

第二节 山地茄子栽培技术 ……………………………………… 96

一、特征特性 ……………………………………………………… 96

二、生产茬口 ……………………………………………………… 97

三、栽培要点 ……………………………………………………… 98

第三节 山地辣椒栽培技术 ……………………………………… 105

一、特征特性 ……………………………………………………… 105

二、生产茬口 ……………………………………………………… 105

三、栽培要点 ……………………………………………………… 106

第四节 病虫害防治技术 ………………………………………… 112

一、主要病害 ……………………………………………………… 112

二、主要虫害 ……………………………………………………… 123

第四章 山地豆类蔬菜栽培 ……………………………………… 130

第一节 山地菜豆栽培技术 ……………………………………… 130

一、特征特性 ……………………………………………………… 130

二、生产茬口 ……………………………………………………… 131

三、栽培要点 ……………………………………………………… 132

第二节 山地长豇豆栽培技术 …………………………………… 137

一、特征特性 ……………………………………………………… 137

二、生产茬口 ……………………………………………………… 138

三、栽培要点 ……………………………………………………… 138

第三节 病虫害防治技术 ………………………………………… 142

一、主要病害 ……………………………………………………… 142

　　二、主要虫害 ……………………………………………146
第五章　山地瓜类蔬菜栽培 …………………………………149
　第一节　山地瓠瓜栽培技术 ………………………………149
　　一、特征特性 ……………………………………………149
　　二、生产茬口 ……………………………………………150
　　三、栽培要点 ……………………………………………151
　第二节　山地南瓜栽培技术 ………………………………155
　　一、特征特性 ……………………………………………155
　　二、生产茬口 ……………………………………………155
　　三、栽培要点 ……………………………………………156
　第三节　山地黄瓜栽培技术 ………………………………160
　　一、特征特性 ……………………………………………161
　　二、生产茬口 ……………………………………………162
　　三、栽培要点 ……………………………………………162
　第四节　病虫害防治技术 …………………………………167
　　一、主要病害 ……………………………………………167
　　二、主要虫害 ……………………………………………172
第六章　山地白菜类蔬菜栽培 ………………………………176
　第一节　山地大白菜栽培技术 ……………………………176
　　一、特征特性 ……………………………………………176
　　二、生产茬口 ……………………………………………177
　　三、栽培要点 ……………………………………………178
　第二节　山地娃娃菜栽培技术 ……………………………181
　　一、特征特性 ……………………………………………182
　　二、生产茬口 ……………………………………………182
　　三、栽培要点 ……………………………………………183
　第三节　山地小白菜栽培技术 ……………………………185
　　一、特征特性 ……………………………………………185
　　二、生产茬口 ……………………………………………186
　　三、栽培要点 ……………………………………………186
　第四节　山地菜心栽培技术 ………………………………189
　　一、特征特性 ……………………………………………189
　　二、生产茬口 ……………………………………………190
　　三、栽培要点 ……………………………………………190
　第五节　病虫害防治技术 …………………………………193
　　一、主要病害 ……………………………………………193

　　　二、主要虫害 ……………………………………………………… 199

第七章　山地甘蓝类蔬菜栽培 ……………………………………… 205

　第一节　山地结球甘蓝栽培技术 ………………………………… 205

　　　一、特征特性 ……………………………………………………… 205

　　　二、生产茬口 ……………………………………………………… 206

　　　三、栽培要点 ……………………………………………………… 206

　第二节　山地青花菜栽培技术 …………………………………… 210

　　　一、特征特性 ……………………………………………………… 210

　　　二、生产茬口 ……………………………………………………… 211

　　　三、栽培要点 ……………………………………………………… 211

　第三节　山地花椰菜栽培技术 …………………………………… 216

　　　一、特征特性 ……………………………………………………… 216

　　　二、生产茬口 ……………………………………………………… 217

　　　三、栽培要点 ……………………………………………………… 218

　第四节　病虫害防治技术 ………………………………………… 222

　　　一、主要病害 ……………………………………………………… 222

　　　二、主要虫害 ……………………………………………………… 226

第八章　山地根菜类蔬菜栽培 ……………………………………… 227

　第一节　山地萝卜栽培技术 ……………………………………… 227

　　　一、特征特性 ……………………………………………………… 227

　　　二、生产茬口 ……………………………………………………… 228

　　　三、栽培要点 ……………………………………………………… 229

　第二节　山地盘菜栽培技术 ……………………………………… 233

　　　一、特征特性 ……………………………………………………… 233

　　　二、生产茬口 ……………………………………………………… 233

　　　三、栽培要点 ……………………………………………………… 233

　第三节　病虫害防治技术 ………………………………………… 236

　　　一、主要病害 ……………………………………………………… 236

　　　二、主要虫害 ……………………………………………………… 239

第九章　山地多年生蔬菜栽培 ……………………………………… 240

　第一节　山地芦笋栽培技术 ……………………………………… 240

　　　一、特征特性 ……………………………………………………… 240

　　　二、生产茬口 ……………………………………………………… 241

　　　三、栽培要点 ……………………………………………………… 242

　第二节　山地食用百合栽培技术 ………………………………… 248

　　　　一、特征特性 ·· 248
　　　　二、生产茬口 ·· 249
　　　　三、栽培要点 ·· 249
　　第三节　病虫害防治技术 ··· 253
　　　　一、主要病害 ·· 253
　　　　二、主要虫害 ·· 257
第十章　山地水生及特色蔬菜栽培 ·· 259
　　第一节　山地茭白栽培技术 ··· 259
　　　　一、特征特性 ·· 259
　　　　二、生产茬口 ·· 260
　　　　三、栽培要点 ·· 261
　　第二节　山地迷你番薯栽培技术 ······································ 267
　　　　一、特征特性 ·· 267
　　　　二、生产茬口 ·· 268
　　　　三、栽培要点 ·· 269
　　第三节　山地鲜食玉米栽培技术 ······································ 272
　　　　一、特征特性 ·· 272
　　　　二、生产茬口 ·· 273
　　　　三、栽培要点 ·· 274
　　第四节　病虫害防治技术 ··· 279
　　　　一、主要病害 ·· 279
　　　　二、主要虫害 ·· 283
参考文献 ··· 287
资料性附录 A ··· 289
　　附表 1　蔬菜常用农药通用名和曾用商品名对照表 ········ 289
　　附表 2　农药的主要剂型、特点及使用方法 ··················· 292
　　附表 3　农药安全间隔期速查表 ···································· 294
　　附表 4　农药配比速查表 ·· 300
蔬菜穴盘育苗技术规程 ·· 303
本书使用单位注解表 ·· 314
图版

第一章 绪 论

　　山地蔬菜是指除平原和城郊蔬菜产区以外，种植于丘陵山区、半山区平缓坡地或台地的蔬菜的总称。山地蔬菜栽培是按照生态学原理，利用山地不同海拔、山脉走向和地形地貌引起的温度、雨量、日照等因素的垂直差异，及其对蔬菜生长发育的影响选择在不同时段种植不同种类品种的蔬菜。与传统高山蔬菜相比，山地蔬菜生产涵盖高、中、低等不同海拔区域山地，农业资源丰富，生产区域广，茬口类型多，是传统高山蔬菜生产的拓展与延伸；与平原蔬菜相比，山地蔬菜生产季节性差异明显，蔬菜品质优良，生产供应期长，是平原蔬菜生产的有效补充。

　　近年来，依托南方山区良好的自然资源禀赋，广大农业人在成功开发高山蔬菜的基础上，面对平原城区日益突出的资源环境压力，及时提出了山地蔬菜发展战略，并不断创新集成、示范推广了一大批蔬菜生产实用技术与高效栽培模式，从而逐步实现了从高山蔬菜到山地蔬菜的产业转型，为满足市场供应发挥了积极作用。新常态下，山地蔬菜已成为我国南方地区蔬菜产业体系中不可或缺的重要组成部分。

第一节 南方山区的自然特点

一、山地资源丰富

　　我国南方山区地处亚热带范围之内，其北界大体为秦岭—淮河一线，西界为南襄盆地—大巴山—云贵高原东缘一线，南界则为以海南岛和雷州半岛为主的热带区域北缘。除去其间面积较大的平原，如长江三角洲、杭嘉湖平原、两湖平原和珠江三角洲外，在行政区域上主要包括河南、湖北、安徽、湖南、浙江、江西、福建、广东、广西及重庆 10 省（自治区、直辖市），总面积为 108.52 万 km²。

　　该区域自然条件优越，山地资源丰富，素有"七山二水一分田"之称，山区农业生产潜力大。据统计，我国南方多数省份山地资源面积占各自陆域面积的 60%~80%（表 1-1）。

表 1-1　我国南方部分省份山地资源

省份	区域面积/万 km²	山地面积/万 km²	山地资源比例/%
浙江	10.18	7.17	70.4
福建	12.14	10.84	89.3

续表

省份	区域面积/万 km²	山地面积/万 km²	山地资源比例/%
安徽	13.96	5.91	42.3
江西	16.69	10.05	60.2
湖南	21.18	17.04	80.5
湖北	18.59	14.87	80.0
广东	17.8	11.11	62.4
广西	23.67	16.15	68.3

二、地形多样化明显

　　我国南方地区北部有秦巴山地、淮阳山地，东部有浙皖山地、江南丘陵山地、浙闽山地，南部有南岭山地、粤桂山地，西部包括四川盆地外缘与湖北、湖南、贵州、云南 4 省接壤地带的山地以及横断山地等。主要地形区有长江中下游平原、珠江三角洲平原、江南丘陵、四川盆地、横断山脉、南岭、武夷山脉和秦巴山地等，山地面积巨大。

　　南方山地地形地质变化复杂，地貌类型多样，除有中山、低山和丘陵外，还有不少山间河谷盆地，从而形成不同的地貌组合。地形变化呈现北高南低、西高东低的趋势。东南部山区多以低山丘陵为主，海拔仅数十米至 600 m；西南部山地地形有山原、中山和丘陵等，海拔多在 1000～3000 m，相对高差达 1000～2000 m；华东一带山地，平均海拔多在 500～1000 m。由于地形地貌的特殊影响，水热条件产生明显差异。例如，东部地区无高山阻挡，易受寒潮和台风侵袭，对于山区土壤的形成发育和农业布局有特殊影响。

　　此外，我国南方山区在复杂的地貌要素主导作用下，形成了 20 多个土地类 700 多个土地型。土地类型多样，自然生产力高，环境容量大，为发展多样化农业和立体农业提供了有利的条件。

三、气候独特

　　我国南方地区受东南季风之惠，热量资源丰富，雨热同季，是中国大陆热量条件最好的区域之一。年平均太阳辐射总量为 98～120 J/cm²，年平均温度 14.6～23℃，≥10℃年活动积温 4700～4800℃；年降水量 800～2000 mm，在每年 4～10 月农作物生长季节，其光、热、水量占全年总量的 70%～86%，有利于亚热带喜温作物的生长。南方地区水资源总量 9671.44 亿 m³，占全国的 35.5%。

　　根据不同的气候特点，可将我国南方地区分为三个气候区：

　　北亚热带湿润气候区，包括长江中下游的江苏、安徽、湖北等地的低山丘陵区。年均温 14~18℃，无霜期 210~260 d，最冷月均温 0~4℃，≥10℃年积温 4250~5300℃，平均年降水量 900~1600 mm，气温年较差 20~30℃。该区域夏季炎热，冬季寒冷，时有伏旱或秋旱，属于过渡型气候带。

中亚热带湿润季风气候，包括江西、湖南、浙江等省大部分，以及福建、广东、广西等省（自治区）的北部和安徽、湖北等省的南部，大致在 25°~31°N。该区域年均温 16~20℃，≥10℃年积温 5000~6500℃，平均年降水量 1200~2500 mm，多集中于夏季，干湿季明显，气温年较差 10~20℃，多数地区冬无严寒，夏无酷暑。

南亚热带湿润季风气候，包括广东西部和东南部、广西西南部、福建东南部，大致在 22°~25°N。该区域年均温度 20~23℃，≥10℃年积温 6000~7500℃，平均年降水量 1200~2000 mm，季节分配较均匀，干湿季不甚明显。

山地气候还具有明显的垂直分布特征。随着山体海拔的上升，其气温则下降，而在一定的海拔范围内降水随海拔的上升而增加。一般而言，相同地域（纬度）海拔每上升 100 m，气温下降 0.5~0.6℃，年降水增加 20~30 mm，但海拔在 2500 m 以上时，地形对流雨有下降趋势。风速随海拔升高而增大，而大气压力按指数律随海拔增加而降低。例如，湖北省长阳县，海拔 500 m 以下低山河谷地区，终年无雪无霜，热量资源丰富；海拔 500~1200 m 中山地区为典型的温带气候，夏季不太热，冬季不太冷；海拔 1200 m 以上高山地区为典型的寒带气候，冬季寒冷，冰雪覆盖，而夏季温凉。

气候作为一种资源，源源不断地为农业生产提供物质及能量。南方山区光、温、水等气候资源丰富，利于大多数蔬菜种类的生长发育。但由于所处的地形起伏、海拔高低、离海远近、坡度及朝向差异，不同山地气候存在明显差异。因而，山地蔬菜生产上，不同地区、不同类型的山地在蔬菜栽培种类和茬口安排上具有明显差异。

四、土壤类型多样

我国南方山地土壤泛指其形成环境和历史演变过程以山地和丘陵为背景的土壤。根据地带性特征、海陆位置和主要土壤种类的差异，在水平地带性上可将南方山地土壤分为以下三大区域。

江淮北亚热带湿润中低山丘陵土壤区。主要土壤为山地棕壤和黄棕壤。成土母质为中酸性岩风化物及弱富铝风化的第四纪沉积物；土壤黏粒含量高，心土层黏粒含量可达 20%~30%。黏粒硅铝率 2.6~3.0，黏粒矿物主要为水云母、蛭石和高岭石。有机质含量变化较大，自然植被下的表土层为 20~40 g/kg，耕地土壤表层一般为 10 g/kg 左右；自然土壤腐殖质组成以富里酸为主，熟化度高的耕地土壤以胡敏酸为主；土壤酸性至微酸性，pH 5.0~6.0，盐基饱和度在 50%以上；阳离子交换量为 10 cmol(+)/kg 左右。

江南—西南中亚热带湿润山地丘陵土壤区。主要土壤类型为红壤。成土母质类型多样，主要有第四纪红色黏土和砂页岩、花岗岩、片麻岩、千枚岩以及少数石灰岩、玄武岩的风化物。土壤质地黏重，尤其第四纪红色黏土发育的红壤，黏粒含量可达 40% 以上，且黏粒有淋溶淀积现象。黏粒硅铝率 1.9～2.2，黏土矿物主要以高岭石为主，一般可占黏粒总量的 80%～85%，赤铁矿含量常在 5%～10%，伴有水云母，三水铝石则不常见。表层有机质含量为 10～50 g/kg；土壤酸性至强酸性，pH 4.5～6.0；交换性阳离子中交换性铝离子占 80%。

南亚热带湿润低山丘陵土壤区。主要土壤类型为赤红壤。成土母质为花岗岩、流纹岩和砂页岩等风化物；酸性岩浆岩发育的土壤质地较轻；黏粒硅铝率 1.7～2.0。黏粒矿物主要为高岭石和埃洛石为主，常有少量的三水铝石。表层土壤有机质的含量为 15～20 g/kg；土壤酸性至强酸性，pH 4.5～6.0；盐基饱和度多不超过 30%；全磷含量较低，盐基元素淋失量大，钙、钠只有痕迹，镁、钾也不多。

南方山地土壤亦具有明显的垂直地带性。随着山体海拔的上升，其气温下降，而湿度则上升，生物气候类型也发生相应改变，造成土壤性质的相应变化，从而产生了土壤的垂直地理带。在不同的区域，形成独具特征的土壤垂直地带谱。以江西武夷山西北坡为例，从低海拔到高海拔的土壤垂直变化的规律是：红壤（<700 m）→黄红壤（700～1050 m）→黄壤（1050～1900 m）→山地草甸土（1900～2100 m）。

我国南方山地土壤类型多样，为各类适栽蔬菜优质、高效的商品化生产提供了良好的土壤环境。

第二节　南方山地蔬菜发展的有利条件

一、山区耕地资源丰富

我国南方共有山地面积约 250 万 km^2，占到全国山地面积的 60% 以上，区内地形地质变化多样。长江中下游及华南各省中，浙江、江西、湖南、福建、广东山地分别占到各省陆地面积的 70.4%、60.2%、80.5%、89.3%、62.4%（表 1-1），是我国低山和丘陵等山地资源的主要集中分布区。从蔬菜栽培角度来看，海拔 200～2300 m，适宜山地蔬菜发展的山地资源非常丰富，并且开垦程度较高。据统计，浙江省适宜发展山地蔬菜的山区、半山区耕地资源有 22.7 万 km^2，远远超过传统的 3.3 万 km^2 的高山蔬菜发展区域。丰富的山地资源为南方山地蔬菜产业的发展提供了良好的条件。

二、山区环境条件优越

我国南方山地大多处于中亚热带季风气候区,生态环境优越,农业资源丰富。同时,由于低山、丘陵对太阳辐射、水分条件的重新分配作用,光、热、水等主要农业气象因素在不同海拔山地垂直方向发生显著的变化。

中、高海拔山区与同纬度平原地区相比,同期气温平均低 3～5℃。据浙江省临安市气象部门调查显示,在海拔 700～1000 m 山区,7～8 月平均气温仅为 22.5～25.5℃,昼夜温差 8～12℃,而杭州等平原地区 7～8 月平均气温为 28.5～32.5℃,昼夜温差 6～8℃。

我国南方典型山区气候条件与平原地区的差异见表 1-2。夏季的冷凉气候为山地蔬菜生产特别是夏秋季上市的反季节蔬菜生产提供了良好的条件,番茄、辣椒、菜豆、胡萝卜、茭白等不适宜在平原地区夏季高温下生产的蔬菜可以在中、高海拔地区夏秋季栽培,从而满足市场的需求。

表 1-2　南方典型山区气候条件与当地平原地区的差异

山地名称	地理位置	海拔差/m	年均温差/℃	年均降水量差/mm	年均日照时数差/h	≥10℃积温差/℃
天目山	临安（南）	1455	−0.47	17.8	−0.2	−169.8
	安吉（北）	1477	−0.46	22.0	−3.4	−162.5
庐山	星子（东南）	1128	−0.50	48.0	−2.9	−188.2
	九江（西北）	1133	−0.49	50.5	1.4	−184.0
井冈山茨坪	遂川（东南）	717	−0.60	60.0	−29.4	−214.8
	宁冈（西北）	580	−0.48	67.2	−11.5	−171.4
衡山南岳	衡阳（西南）	1192	−0.55	70.2	−13.6	−211.5
	衡山（东）	1205	−0.51	50.9	−3.1	−196.6
武夷山 七仙山	崇安（南）	1186	−0.55	29.5	−18.8	−184.3
	铅山（北）	1355	−0.21	37.8	−14.8	−163.8

注:海拔差、年均温差、年均降水量差、年均日照时数差、≥10℃积温差是指山区与当地城郊平原之间的差异。

此外,山区耕地远离城镇,山高人稀,空气清新,水质清澈,是一方尚未被污染的净土,这为开展山地蔬菜产品的清洁生产奠定了良好的基础。

三、山区劳动力相对富余

现阶段,我国的蔬菜产业仍然是一个劳动力密集型产业,机械化程度低、作业烦琐、劳动强度大,生产过程需要大量的人工投入。近年来,受城镇化、工业化的冲击，传统蔬菜产区的农业劳动力大量转移，造成蔬菜生产用工短缺，蔬菜生产成本（尤其是劳动力成本）急剧抬升。而我国是一个山地大国，山区人口占全国总人口的一半以上。在我国南方一些偏远的贫困山区，经济发展水平较低，工商业滞后，农村劳动力仍较富余，而山地蔬菜生产季节恰是山区传统的农耕季节，劳动用工成本相对低廉，与传统蔬菜产区形成鲜明对比。据统计，2010年湖南省武陵山区共有农业剩余劳力300余万人；而在广西喀斯特石山地区的950万农村人口中，贫困人口占2/3之多，仍然固守着自家的"一亩三分地"。相对富余的山区劳动力资源为山地蔬菜产业的发展提供了有效的保障。

四、市场潜力巨大

以"长三角"和"珠三角"为代表的我国南方地区，城市密集，人口众多，是我国蔬菜、水果等大宗农产品的主要消费地，发展山地蔬菜具有明显的市场优势。

首先，与同纬度平原地区相比，南方山区夏季气温相对较低，绝大多数喜温类蔬菜和耐寒性、半耐寒性蔬菜均可以在适宜的海拔区域内生产。因而，针对山地资源以及市场需求特点，实施梯级开发，可更好地均衡市场供应，缓解蔬菜淡季供需矛盾。

其次，山地蔬菜特别是高山蔬菜，生长环境优异，无（少）污染，昼夜温差大，极有利于作物的生长发育和养分积累，生产的蔬菜营养丰富，口感好，品质优，更受广大消费者欢迎。

此外，与西北基地的"西菜东运"相比，山地蔬菜采收当天即可就近运抵上海、杭州、广州、深圳等大中城市农产品市场，运输流通成本较低，产品新鲜，损耗少，更易被市场接受，需求潜力巨大。

第三节　南方山地蔬菜发展的现实意义

一、优化蔬菜产业布局

自20世纪90年代以来，我国大中城市郊区蔬菜生产面临的制约因素不可逆转。南方平原地区"城进菜退"、"工进农退"的趋势日益明显，传统蔬菜产区优质土地资源不断被挤占，总量不断减少，而且生态环境变劣，部分平原蔬菜主产区土壤次生盐渍化、土传病害等连作障碍日益加剧，土壤和水源已不再适宜优质蔬菜的生产，传统蔬菜生产供应保障体系遭受严重的挑战。即使是一些县级城镇的传统城郊菜区也被开发、被挤占。例如，截至2014年，湖北恩施8县市30%以上城郊菜田被占用，金子坝、旗峰坝原有的菜地所剩无几。资料显示，2009年广东佛山市郊区菜地土壤重金属污染严重，主要污染物是Hg和Cd，超标率分别为93.9%和12.2%。而与之相对应的是，山区耕地资源相对丰富，生态环境得天独厚,农业生产受工业化、城镇化和第二、第三产业发展的干扰较少。因此,合理利用山地资源和环境优势,发展生态山地蔬菜产业,对于加快南方蔬菜产业结构布局的调整优化,促进蔬菜产业可持续发展,实现"资源节约、产出高效、产品安全、供给有效"的发展目标,其重要性不言而喻。

二、缓解夏秋季蔬菜供需矛盾

一直以来,在我国传统的蔬菜生产供应中,存在着较为明显的"春淡"、"秋淡"和"冬淡"三大淡季,特别是我国长江流域以南地区,夏季平原地区天气炎热,且持续时间长,茄果类、瓜类、豆类等许多喜温而不耐热的蔬菜在7~8月均不能正常生产上市,加之夏秋季节台风盛行、暴雨频繁、局地气候灾害多发,严重影响了夏季正常的蔬菜生产,造成蔬菜产量和品质大幅下降,进而引起市场蔬菜供应种类单一、数量不足、供需失衡,引发价格急剧波动。因此,在我国南方地区,利用丰富的山区耕地资源,以及夏季气温比平原地区低、昼夜温差大的优势条件,大力发展山地蔬菜生产,对于丰富南方城乡蔬菜市场供应,特别是缓解夏秋蔬菜淡季供需矛盾具有重要作用。

三、促进山区经济发展

党的"十八大"明确指出,到2020年要把我国全面建成小康社会,要实现这一目标,重点在农村,难点在山区。因此,必须从根本上解决山区农村的就业问题和收入问题。南方山地蔬菜产业逐步朝规模化、产业化和高效化方向发展,为山区农民脱贫致富开辟了有效途径。据报道,湖北省长阳县火烧坪乡,海拔1800 m,1985年人均纯收入仅为54元,1986年开始种植高山蔬菜,截至2005年,全乡共发展蔬菜面积3333.3 hm²,蔬菜收入1亿元,人均10 201元,2012年蔬菜产值达4.1亿元;2010年来,浙江省江山市塘源口乡通过大力发展山地蔬菜,种植山地茄子、菜豆、辣椒等近153.3 hm²,平均亩①产值达8000余元,远高于水稻及其他传统农作物的种植收入,生产效益非常可观;2014年浙江省丽水市发展茭白、菜豆、松花菜(松散型花椰菜)、长豇豆等山地蔬菜24 666.7 hm²,产量60万t,种植户每亩增收600~800元;安徽省岳西县2014年发展山地蔬菜达9000 hm²,蔬菜总产量13.85万t,总产值达4.5亿元;2012~2014年,山地蔬菜产业年均为重庆市潼南县农民增收达10亿余元。由此可见,山地蔬菜已经成为我国南方山区农民就业、农民增收、农业增效以及农村经济发展的重要支柱产业,产生了良好的社会经济效益。

---

① 1亩≈666.7m²,下同。

四、提升蔬菜品质

随着我国经济社会发展水平的不断提高，人们对蔬菜的质量安全水平也提出了更高的要求。在南方经济发达地区，"菜篮子"的丰盛程度和人均蔬菜消费量已作为衡量生活水平的一个重要标志，优质蔬菜的刚性需求日益增长，绿色蔬菜甚至有机蔬菜备受都市中高端消费群体的青睐，成为现代蔬菜产业发展的重要方向。

山地是我国平原和城市的重要生态屏障、河流发源地和水源涵养区，更是生物多样性、生态系统多样性的汇集区。与平原菜区相比，发展山地蔬菜，可大幅提升蔬菜品质。首先，山地蔬菜产地环境优异，无"三废"污染，空气、水质、土壤均达到国家绿色农产品生产的标准要求，更有利于发展无公害、绿色及有机蔬菜的生产。其次，山区自然资源丰富，气候优势突出，山地蔬菜生育期长，产出的蔬菜不仅形美、色佳、口感好，而且营养丰富、品质更优。再者，山区民风纯朴，农民勤劳、善良，既有传统农耕文化的传承积淀，又有现代文明进步的渗透推进，在科技人员的指导下，运用传统与现代农艺措施开展山地蔬菜规模化、标准化、商品化生产，向市场提供更多的优质蔬菜产品。

第四节　南方山地蔬菜栽培历史与现状

一、山地蔬菜栽培历史

山地种菜自古有之，但传统的山地蔬菜只是零星的、粗放的，山区农民自给自足的栽培形式，种植的蔬菜主要有菜用马铃薯、生姜、黄瓜、辣椒、大白菜、萝卜等，生产茬口与品种结构单一。真正意义上的山地蔬菜生产始于 20 世纪 80 年代中期，其中浙江云和、湖北火烧坪等是山地蔬菜规模化生产的典型代表。

"山地蔬菜"最早出现在苏红霞于 1991 年在《河北农业科技》简讯中的报道，即石家庄市利用时间差供菜、开发山地蔬菜。1999 年，文国荣首先提出了"山地蔬菜"是指利用低山丘陵山体种植的蔬菜。2006 年浙江省农业厅首次组织召开了浙江省山地蔬菜产业研讨会，指出山地蔬菜是指在高、中、低海拔山区、半山区生产的蔬菜。2013 年方献平等认为山地蔬菜区别于一般在平原或平地种植的蔬菜，是在山区丘陵等区域种植生长的蔬菜，是高山蔬菜的一种。笔者认为山地蔬菜是指除平原和城郊蔬菜产区以外，种植于丘陵山区、半山区平缓坡地或台地的蔬菜的总称。

我国南方山地蔬菜发展各具特色，其中浙江省杭州市山地蔬菜发展历程具有一定的代表性。该市高山蔬菜生产起步较早，1982 年首先在桐庐县狮子山种植番茄成功；1983 年在临安县上溪乡不同海拔区域开展番茄种植试验，取得第一手资料。1985 年由杭州市农业局牵头，成立杭州市高山蔬菜推广协作组，进入有计划、有组织的推广阶段。随后，高山蔬菜迅速推广到临安、建德、桐庐、富阳、淳安、余杭，1987 年发展到 192 hm²，产量 5189 t，产值 107 万元，对丰富城市"菜篮子"，促进山区农民增收致富起到了积极作用。进入 20 世纪 90 年代，杭州市高山蔬菜又有了新的发展，种植面积比 10 年前增加了 4 倍，种植品种从原来的番茄、结球甘蓝 2 种类型增加到菜豆、茄子、辣椒、南瓜、瓠瓜等近 10 种蔬菜。进入 21 世纪，由于受城市化和工业化进程的影响，杭州平原蔬菜生产逐年萎缩，根据形势发展需要，把高山蔬菜拓展为山地蔬菜，种植区域从海拔 500 m 以上延伸至海拔 200 m 以上的丘陵山地，按不同蔬菜种类，选择相应播期，实施多品种梯级开发，分批采收上市，使山地蔬菜的发展又有了新的突破。2006 年以来，随着浙江省大力发展"山地蔬菜"战略的全面实施，杭州市山地蔬菜得到了长足的发展，面积从 2005 年的 2533.3 hm² 发展到 2014 年的 9020 hm²，产值达 7.01 亿元，从而进一步促进了山区农业生产要素的优化配置，推动山地蔬菜产业向基地规模化、品种多样化、农艺先进化、产出高效化方向健康发展。

二、山地蔬菜发展现状

我国南方山地蔬菜基地主要分在在秦岭和南岭之间的大巴山、大别山、武陵山、武夷山区周围，湖北鄂西山区（宜昌、恩施、襄阳、十堰），四川、重庆北部的大马山东麓，浙江、福建北部和江西南部的武夷山及其余脉，安徽岳西和金寨的大别山区，湖南石门和湖北恩施的武陵山北部等。近年来，山地蔬菜已形成各自特色，并呈继续快速发展的态势。列举若干如下：

浙江省山地蔬菜发展始于 1980 年。经过 30 多年的发展，全省现有山地蔬菜播种面积 10 万 hm²，产值 50 亿元以上，种植区域达 50 余个市县，通过近年来的区域布局调整及基地建设与提升发展，浙江省已基本形成以菜豆、番茄、茄子、辣椒、瓠瓜、茭白等为主的山地蔬菜特色优势品种，涌现了一批特色鲜明、布局集中的山地蔬菜优势产区，如以高山菜豆为主要特色的临安、遂昌、龙泉等优势产区，以山地茄子为主要特色的临安、文成、浦江、龙泉等优势产区，以高山番茄为特色的婺城优势产区，以山地茭白为特色的新昌、磐安、缙云、庆元等优势产区。全省山地蔬菜产业带初步形成，产业优势日趋明显。

湖北的高山蔬菜主要分布在鄂西北的恩施、十堰、宜昌、襄阳等地区，2013 年种植面积 3.33 万 hm²，年产量近 500 万 t，年产值 30 亿元以上。恩施市到目前为止有四大蔬菜基地，分别是双河蔬菜基地、大山顶蔬菜基地、沙地神堂蔬菜基地、石窑蔬菜基地等，主要生产白菜、青花菜、辣椒、结球甘蓝、萝卜、番茄；宜昌的蔬菜基地主要分布在五峰县、兴山县、长阳县、秭归县等，主要生产番茄、菜豆、辣椒、萝卜、大白菜；十堰的山地蔬菜种植则以结球甘蓝、萝卜为主。

湖南山地蔬菜主要分布在石门、龙山、炎陵、城步、洞口等地区，2008 年种植面积约 1 万 hm^2，年产量 40 万 t，年产值 4.8 亿元。以高山萝卜、番茄、茄子、辣椒、结球甘蓝、白菜、菜豆、芋、荷兰豆（软荚豌豆）和食用仙人掌等为主。

三、山地蔬菜产业发展特点

（一）产业规模持续稳步增长

南方山地蔬菜自20世纪80年代开始，历经30多年的发展，产业规模和发展水平有了极大提升。为突破"高山蔬菜"局限，实现高海拔区域山区蔬菜向高、中、低海拔区域资源互补的"山地蔬菜"发展模式转变，2006年，浙江省提出了大力发展山地蔬菜的战略，通过山区农业生产要素的优化配置，全省山地蔬菜产业规模效益稳步提升。截至2014年，浙江省山地蔬菜面积达到10万 hm^2，种植面积667 hm^2 以上的县市达到33个，总产值50亿元，面积和产值是2007年的1.6倍。到2010年年末，云南玉溪市山地蔬菜种植面积达2.68万 hm^2，占全市蔬菜总面积的48.9%，山地蔬菜产量达51.84万 t，占全年蔬菜总产量的40.2%，产值达7.2亿元，占全年蔬菜总产值的40.7%。湖北长阳县高山蔬菜基地面积已达2万 hm^2，年产量达75万 t，产值6亿元，在全县农业总产值中占比达35%。山地蔬菜已逐渐成为南方多山地区蔬菜产业可持续发展和农业增效、农民增收的重要增长点。

（二）区域特色日趋鲜明

近年来，经过蔬菜生产区域布局的调整优化，以及产业的引导发展与基地建设，以浙江磐安和缙云的山地茭白、广西资源的高山番茄、四川阿坝藏族羌族自治州和福建漳浦的大白菜、云南澄江县的菜用豌豆类为代表，南方各省（自治区）山地蔬菜优势产区基本形成。"十一五"以来，浙江省通过加强西部、中南部山地蔬菜特色优势产业带建设，培育了一大批具有市场影响力的基地集群，形成了以茭白、菜豆、茄子、辣椒、黄瓜、番茄、瓠瓜等为主的山地蔬菜特色优势品种，涌现了以高山菜豆为主要特色的遂昌、龙泉等优势产区；以山地茄子为主要特色的临安、浦江等优势产区；以高山番茄为特色的金华婺城优势产区；以山地茭白为特色的磐安、缙云、新昌等优势产区。

在云南，通过推进山地蔬菜生产逐步向优势区域集聚，基本形成了以种植菜用豌豆类为主的澄江县优势产区；以种植辣椒、花椰菜、瓜类为主的华宁县优势产区；以种植萝卜、结球甘蓝为主的通海县优势产区；以种植花菜类、萝卜、蒜苗等为主的江川县优势产区；以种植叶菜类为主的红塔区、易门县优势产区。

湖北省则大力发展鄂西高山蔬菜基地，以长阳县火烧坪乡为核心，生产的高山蔬菜以无公害、绿色、富硒著称，产品远销全国各地，成为带动山区经济发展、促进农民致富的支柱产业。重庆市武隆县利用独特的高山资源，通过规模化基地建设，大力发展绿色、生态高山蔬菜，不仅弥补了重庆秋淡蔬菜供应缺口，还打造成为重要的供港蔬菜基地。

此外，安徽的岳西县、江西的全南县和玉山县、福建的屏南县等也正在大力发展高山蔬菜，并已形成较大规模。

山地蔬菜产业区域化布局、规模化生产迅速发展，"一县一品"、"一地一品"特色鲜明，产业优势日趋明显。

（三）具有山地特色的栽培技术得到普及

近年来，南方各省以资源集约、节本高效、轻简化栽培为方针，新品种、新设施、新技术、新机具农业四新技术在山地蔬菜生产中得到广泛应用。

实践中，各地充分结合自身特点，集成推广了山地"微蓄微灌技术"、"异地育苗与嫁接育苗技术"、"高山避雨栽培技术"等一批实用新型技术，在改善田间灌溉条件和基础设施的同时，极大地提高了基地的抗灾减灾避灾能力，提高了蔬菜生产的经济、社会和生态效益。这里选其中若干山地蔬菜栽培特色技术简介如下：

山地微蓄微灌技术。这是在地势较高处建立蓄水池蓄积山水和雨水，利用自然的地势落差获得输水压力对地势低处的田块进行微灌，即将微型蓄水池和微型滴灌组合成微蓄微灌。地处浙西山区的临安市，近十年间建设覆盖山地的"微蓄微灌"设施 1800 hm^2，技术应用率占山地蔬菜基地总面积的 90%，配套大棚搭建面积 271.2 万 m^2，占基地面积的 15%。微蓄微灌技术有力促进了山地蔬菜的优质高产高效生产。

异地育苗和嫁接育苗技术。异地育苗是指育苗地点选择在就近的山坳或者平原，将培育的壮苗用于山地栽培，其主要作用是解决山区蔬菜生产散户育苗困难、利用良好的自然环境结合育苗设施进行季节提前的集约化育苗，以适当提早定植、延长生长和采收期，从而达到提高产量的效果。嫁接育苗技术把要栽培蔬菜的幼苗、去根的苗穗或从成株上切下来的带芽枝段作为接穗，接到另一野生或栽培植物的适当部位上，使其产生愈合组织，形成一株新苗。通过嫁接育苗，可以在较大程度上克服土传病害的影响，有利于茄果类、瓜类等山地蔬菜规模化生产。

高山避雨栽培技术。利用大棚设施进行避雨遮阴栽培，即利用大棚骨架覆盖遮阳网、防虫网、农膜等材料进行覆盖栽培。避雨设施栽培技术的实施，可改善环境条件，减轻病虫为害，延长生长和采收期，从而达到提高产量、改善品质的效果。

（四）山地蔬菜标准化生产程度逐渐提高

南方各地在大力推进山地蔬菜区域化、规模化生产的同时，积极组织山地蔬菜专业化、标准化生产，制订完善的山地蔬菜标准体系，建立健全农产品质量安全检测检验体系，对蔬菜生产进行全程监管，山地蔬菜产业正逐步走向标准化生产、品牌化发展之路。例如，截至 2014 年，浙江省基本建成浙西、浙中南山地蔬菜特色优势产业带，开发了"江郎山"牌、"石梁"牌、"天目山"牌、"畲森山"牌等 30 余个山地蔬菜名牌。此外，湖北的"火烧坪"、"大山鼎"，重庆的"金佛山"、"木根"等高山蔬菜品牌已享誉盛名。部分还获得了中国"著名商标"，并申请了国家农产品地理标志登记。依托"专业协会+农户"、"公司+基地+农户"、"合作社+农户"等多种经营组织模式和农业龙头企业的带动，实现由"扩面增量"到"提质增效"的转型发展。

在山地蔬菜发展过程中，通过政府引导、市场导向、科技支撑、龙头带动等多措并举，积极推进规模化种植、品牌化经营、市场化运作、社会化服务、国际化发展，有效促进了农业增效、农民增收，推动了产业的健康可持续发展。

四、山地蔬菜产业发展面临的主要问题

（一）基础设施建设相对落后

由于受山区自然条件限制，山地蔬菜产区水利、道路等基础设施建设相对落后，生产条件相对简陋。目前，在浙江、江西、安徽等许多南方省（自治区），山地微蓄微灌技术的推广应用覆盖面还比较有限，山地蔬菜灌溉条件尚未得到根本改变，遇旱易灾仍然是山地蔬菜发展中的突出问题。此外，多数海拔 500 m 以上的山区菜地基本没有实施土地整理或标准农田改造等项目建设，水利设施不能应对台风暴雨和局地灾害性天气的冲击，山地蔬菜抗灾保收能力仍有待提高。

（二）栽培设施相对薄弱

近年来，通过国家及地方财政的配套支持，各地积极开展蔬菜标准化生产示范园创建，大力实施蔬菜产业提升，农业装备水平得到了稳步提高。但从面上来看，除少数基地具备良好的栽培设施条件外，大多数山地蔬菜基地生产栽培设施仍较薄弱。例如，大棚栽培设施简易，经不起风霜雨雪的袭击；育苗设施不足，不能满足集约化育苗需要；耕作机械陈旧，难以经受高强度作业等。而生产管理用房（含农残检测室、农资仓库等）、产品加工整理车间、冷链设备等配套设施均极为缺乏。山地蔬菜综合生产能力仍然较差。

（三）土壤相对贫瘠、保水保肥能力差

与城郊、平原耕地相比，山地蔬菜栽培区特别是新开垦菜地土壤多表现为水土流失比较严重，土质瘠薄，有机质含量低，土壤的保水保肥能力弱，土壤偏酸

等特点。土壤贫瘠、保水保肥能力低容易导致产量与品质的下降。同时，由于一些山地蔬菜产区长期种植菜豆、长豇豆、番茄、茄子、辣椒、大白菜、结球甘蓝等单一品种，根腐病、青枯病、枯萎病、黄萎病、根肿病、根结线虫病等土传病害发生日趋严重，病虫害治理问题日益突出，严重影响了山地蔬菜的安全生产及其产量、品质和效益。

（四）农业科技进步推进仍较缓慢

与山区传统农作物相比，山地蔬菜栽培对技术的要求更高，技术的普及需要农技人员发挥更好的作用。但现有基层农技人员在数量、素质上都与现代蔬菜产业发展的要求不相适应，特别是乡镇一线严重缺乏专职农技人员，科技推广能力不强、推广手段缺乏。而区域内科技示范户和示范基地严重不足，菜农身边缺乏叫得应、看得见、摸得着的师傅与样板。加之蔬菜种类繁多，栽培模式多样，农艺措施繁复，导致实用新技术转化与生产实际脱节，存在"最后一公里"难题。此外，随着农村劳动力的快速转移，山区适农人群严重分化，年龄结构老化，大多为50～65岁的留守老人和妇女，并且文化程度普遍较低，农本意识、从众心理很强，思想僵化，接受新观念、新知识的能力较弱，创新发展的理念远远不够，从而阻碍了山地蔬菜生产的健康发展及其产业化的推进。从农业劳动力可持续发展的角度考虑，强化技能培训、提高机械化程度、提升生产经营水平，将是推进农业科技进步、缓解劳动力短缺、降低生产成本、增加菜农收入的有效途径。

（五）产业化水平还有待提高

"十一五"以来，在国家支农政策的助推和市场经济的驱动下，南方各地均集中建成了一批山地蔬菜产业基地，且初具规模、各具特色，取得了一定的成效。但从总体上看，山地蔬菜产业仍处于粗放经营阶段。一方面，规模化生产、产业化经营程度不高，产加销一体化水平较低。大多数地方仍以农户自产自销为主，合作经营意识不强，产品采后保鲜、加工滞后，产品附加值低。另一方面，内部分工不细，产业链结合不紧密，市场营销能力差，"菜贱伤农"时有发生。再则，产销过程采标率不高，蔬菜分级、包装、加工水平很低，品牌意识不强；采后环节目前尚无强制的商品蔬菜执行标准，大都无包装或包装简易；加工专用产品和加工技术均没有实质性的突破，不但产品单一、加工率低，而且档次不高，大多只停留在粗加工，精、深加工比例极低。此外，山地蔬菜经营主体规模小、实力不足、利益连接机制不健全，辐射带动能力不强，营销手段不多，市场竞争力较弱。

第二章 南方山地蔬菜栽培关键技术

第一节 山地蔬菜栽培技术基础

一、地块选择与基地建设

（一）地块选择

适宜的立地条件是优质蔬菜生产的前提与基础。发展山地蔬菜优质高效生产，应依据无公害蔬菜相关标准规范要求，按照环境优良、交通便利、土壤肥沃、水源洁净、通风透光、排灌方便、便于管理等原则做好种植地块的选建工作。

首先，种植地块应选择生态环境良好，交通方便，具有一定海拔，坡度 25°以下，有灌溉水源，土地较为集中连片，具有持续生产栽培能力的丘陵山区平缓坡地或台地。

其次，种植地块要求为土层深厚、疏松肥沃、排灌方便、有机质含量在 2%以上、微酸性至中性的沙质壤土或壤土，具体依照种植蔬菜类型而定。例如，根菜类、豆类、薯芋类以及西瓜、甜瓜适合疏松、深厚的沙壤土；白菜类、甘蓝类、绿叶蔬菜类、茄果类适合壤土或黏质壤土。对于土层较浅、肥力水平较低、有机质含量较低、pH 较低（5.5 以下）的土壤应注意改良。重金属矿区不宜栽培蔬菜。

再次，为保证充足的光照条件，栽培地块朝向一般应该选择山地东坡、南坡、东南坡、东北坡，特别是海拔较高的山地不宜选择阴坡。

此外，山地蔬菜生产基地应远离污染源，周围不得有大气污染源。大气环境应符合 GB 3095—2012（环境空气质量标准）一级标准要求；灌溉用水水质应符合 GB 5084—2005（农用灌溉水质标准）二级标准。

（二）基地建设

我国南方山区除了少部分冲田、梯田以外，大多为缓坡耕地和台地。基地建设应以加强基础设施配套，减少水土流失，方便耕作，提高生产能力为目的。通常有两种基本类型：

1. 坡地改梯地

重点有坡面改造与坡水疏导两项工程。

坡面改造，一般应保留原坡面，顺其自然地势修建坡式梯田（或梯地），按等高线修建地埂（土埂或石埂），不必过于强调平整土地，可通过逐年耕翻，减缓坡度，加高地埂。

坡水疏导工程。一般要在梯地（或梯田）与上方的坡地（或林地）之间修建"环山沟"，以疏导上方的山水顺坡而下，防止冲刷菜地；在地埂内侧下方修建"横沟"，以切断暴雨时内水的径流线，防止田间积水；在土质最硬的地方沿道路顺坡开挖"直沟"，将横沟来水逐级排至山下或引入坡地蓄水池，但"直沟"宜少、宜浅、宜宽，间距视梯块大小或集雨面积而定；"畦沟"与等高线呈一定角度开挖，角度视地面坡度及各地降雨情况、土壤持水能力而定，一般与整地同时进行，以利排水。

同时，要因地制宜进行坡水拦蓄。一般选择在环山沟出水口易积水处修建，"蓄水池（或小型山塘）"蓄存山水以备抗旱之用；有的地方可在山坡坡底、坡麓开挖沉沙沟，积存被冲刷下来的泥沙，雨后利用农闲清泥还田。

2. 冷水田改建菜地

冷水田的基本条件较好，改建菜地的重点是抓好田间的"三沟"配套。一般，要在田块四周深开"环田沟"，以切断山水冷泉的渗透，降低地下水位；在田埂内侧修建"横沟"，以防止暴雨时形成内水径流，排除田间过多雨水，最后流入路边直沟或引入山塘；结合整地深开"畦沟"，以利排水，保持土壤疏松。

此外，上述两类基地改建均应加强道路工程建设。道路工程应与坡水工程相结合，使暴雨期间的路面集水能及时排散到路面两侧，就地拦蓄供干旱时菜地浇灌，避免雨水径流汇集路面、沿路面顺流而下，造成重大冲刷，损毁道路。

现代蔬菜标准园区建设中，应按照规范化蔬菜基地建设的总体要求，搞好规划论证，加强水利、道路等基础工程建设，以及生产管理、技术装备、产品加工等附属设施的建设配套。一般面积在 3.33 hm^2 以上的规模基地，应建设 120～150 m^2 的生产管理房，配置办公室、接待室、检测室、农业投入品仓库（农药与化肥分开存放）等功能区；建设 100～150 m^2 轻钢结构的产品初级加工整理场地，配备 80～120 m^3 的储藏冷库，以及冷藏车等。

二、土壤保育

（一）土壤耕作

土壤耕作是指在蔬菜生产整个过程中，根据土壤的特性和作物生长的要求，通过农机具的机械（物理）作用，改善土壤耕层结构和表土层状况，调节土壤中水、肥、气、热等因素，为蔬菜作物播种、出苗或定植、生长发育创造适宜的土壤环境。菜地耕作的时期与方法，因地点和传统习惯不同而异，总体要求深耕。

海拔 500 m 以上、年栽培 1～2 茬蔬菜的山地，以冬翻为主，也有春翻、秋翻，其中冬翻为最基本的耕作方式，使底土层土壤翻到地表，通过长期冻土晒垡，可使之熟化，又可及时灭茬、灭草、消灭虫卵或病菌，具有蓄墒、保墒的作用；低海拔地区多数是周年栽培蔬菜，一般在前一茬蔬菜采收、后一茬蔬菜播种或定植前翻耕。

菜田土壤的结构可分为耕作层、犁底层和心土层。根系活动的主要场所为耕作层；耕作层往下为厚 4～5 cm、紧实坚硬呈横向片状结构的犁底层，犁底层妨碍了上下土层之间水分及营养的交流；再往下则是心土层，心土层由成土母质岩分解矿物质，可以为耕层土壤补充矿质营养。深耕可以打破犁底层，使植株根系下扎，多余的水分向下渗透，使心土层土壤得以熟化，上下层土壤的理化性质得以改善。植株根系活动的场所越大，土壤中蓄存有机或无机养分、调节水气条件的能力越大，作物增产的潜力越大。

山地蔬菜生产过程中，深耕可以在春季或秋冬季进行，每 1～2 年一次，第二次在原来基础上加深 3～5 cm。实际操作中要深耕、浅耕、镇压、松土相结合，以防产生新的犁底层。土层深厚的土壤、黏重土壤，栽培瓜类、根菜类、茄果类蔬菜时宜深耕；土层浅的、沙性重的土壤，栽培叶菜宜浅耕。深耕时应施足有机肥，改善土壤的理化性质，加厚活土层，耕作时要考虑到土壤的宜耕性，耕作深浅要一致，不留大的墒沟。

（二）土壤改良

南方山地蔬菜产区主要以水稻田、旱地和新垦坡地为主，"酸、板、瘦"特点较为突出，山地种植蔬菜大多需要进行土壤改良，培肥地力、提高土壤有机质含量、调节土壤酸碱度，并做好水土保持工作。

1. 新开垦地土壤熟化

新开垦山间坡地是发展山地蔬菜的重要土地资源，但新开垦的山地必然会改变原有土地的利用状况，对土壤质量产生影响。土地整理施工过程中，采取的施工放样、挖方填平、表土剥离、机械镇压等措施均会对土壤的物理、化学以及生物学性状产生影响，使生土裸露，土壤养分流失等，从而降低栽培蔬菜的产量水平。新开垦山地土壤的熟化技术是针对上述情况而采取的综合配套技术，主要内容包括以下几方面：

深翻土壤。整修地埂，粉碎土壤，然后深耕耙糖，踏实土壤。要求秋深耕 2 次，深度在 25 cm 以上；第 2 年春季土壤解冻后及时完成浅耕（1 次）和耙糖镇压（2 次以上）作业。

增加基肥投入。根据作物需肥规律和土壤养分特点，机修梯田全部实施平衡配套施肥技术，以增加有机肥和磷肥用量为主，即结合秋耕每亩施农家肥2000～3000 kg、作物专用肥60～100 kg。

加强生长中后期肥料管理。在作物生长期，特别是开花坐果、果实膨大等关键期，遇有降雨，可根据苗情适当追施氮肥，如尿素或硝铵，或用磷酸二氢钾、多元营养液肥等喷施作物，以满足作物后期对养分的需求。

地膜覆盖技术。根据当地特点，采取先盖后播或先播后盖形式，以减少土壤水分蒸发，提高地温，促进苗全苗壮，保证作物当年稳产。

秸秆粉碎还田。作物收获后秸秆及时粉碎，均匀撒施于地表，结合深耕翻入土中，翻埋深度在15 cm以上。同时根据秸秆数量，按秸秆：氮肥为1000：5的比例增施氮肥。

种植绿肥。在农闲季节，种植紫云英、白三叶等豆科绿肥植物，并适时翻耕入土，从而达到增加有机质及改良土壤物理性质的作用。

2. 水稻田土壤改良

山区水稻田是蔬菜栽培较为理想的土地类型，其优点是土地相对平整、水源充足、土传病虫害少，但缺点是耕层较浅，易板结，容易出现排水不良等问题。应通过冬季深翻晒垡、重施有机肥、调酸补钙、深沟高畦等农业措施，改善土壤的理化性能，保持表土层的疏松肥沃。

3. 旱地土壤改良

旱地改良重点要结合基地建设，做好土地整治，建立山地排灌系统；并逐年开展扩面平整和坡度改造，加厚耕层。耕作过程中应通过增施有机肥，培肥地力，或者种植豆科植物等绿肥，提高土壤有机质含量。

对于偏酸的土壤，在每个栽培季节，在土壤翻耕后作畦前，每亩撒施生石灰50～100 kg。

（三）农家肥的生产

农家肥的种类繁多而且来源广、数量大，便于就地取材，就地使用，成本也比较低。农家肥的特点是所含营养物质比较全面，它不仅含有氮、磷、钾，而且还含有钙、镁、硫、铁以及一些微量元素。这些营养元素多呈有机物状态，难于被作物直接吸收利用，必须经过土壤中的化学物理作用和微生物的发酵、分解，使养分逐渐释放，因而肥效长而稳定。另外，施用农家肥料有利于促进土壤团粒结构的形成，使土壤中空气和水的比例协调，使土壤疏松，增加保水、保温、透气、保肥的能力。随着山地蔬菜生产的发展，农家肥的需求量在不断增大。因此，农家肥的生产越来越得到重视，如何生产农家肥已成为设施蔬菜清洁栽培中的一项新举措。

1. 禽畜粪便有机肥的沤制

禽畜粪便中常含有传染性病菌和寄生性虫卵，若处理不当，则会污染环境、传染疾病、危害人身健康。沤制方法主要有以下几种：

泥封高温堆沤。把禽畜粪便、农家土杂肥、秸秆按 1：1：1 比例混合、掺匀，堆成高 1～1.2 m、宽 1 m 左右的肥堆，外面用泥封严，使堆内温度达到 60～70℃，堆沤时间 15～20 d。

薄膜密封高温堆沤。将待处理的禽畜粪便每 100 kg 加 50 kg 人粪尿，与农家土杂肥、秸秆按 1：1：1 比例堆积后，用塑料薄膜把外部封严，高温堆沤时间 7～8 d。

添加氨水密封处理。在 100 kg 禽畜粪便、200 kg 土杂肥，添加浓度为 15% 的氨水 1～2 kg，堆积沤制，外部用薄膜封严，处理时间 4～5 d。

添加石灰氮堆沤。在 100 kg 禽畜粪便中添加 200～300 g 石灰氮，再加 50 kg 人粪尿、150～200 kg 土杂肥，充分拌匀，堆积沤制时间 5～7 d。

2. 农作物秸秆有机肥的沤制

农作物秸秆有机肥采用科学配方进行沤制，利用微生物分解发酵腐熟，肥料种类和配方如表 2-1 所示。

表 2-1　农作物秸秆有机肥的沤制配方

沤制肥种类	秸秆/%	菌肥/%	鸡粪/%	温度/℃	湿度/%
小麦秸秆沤制肥	70	10	20	60～70	70～80
玉米秸秆沤制肥	70	15	15	>70	70～80
大豆秸秆沤制肥	70	10	20	<70	70～80

根据配方，将原料拌匀后，按 50 cm 厚的原料、5 cm 厚的土或圈肥隔层堆放。为保证湿度和温度，外用泥土密封沤制。农作物秸秆沤肥夏季沤制时间不少于 45 d，冬季沤制时间半年以上，彻底腐熟需要 1 年左右的时间。为保证使用的肥料彻底腐熟，可在菜田地头留出 5～10 m² 的肥料存放处，把即将使用的肥料提前运到存放处，进行短时间的二次腐熟。经充分腐熟的秸秆肥为黑褐色、无臭味，能用手指轻轻捏碎。

3. 焦泥灰的烧制与施用

焦泥灰是植物体燃烧后的灰烬。取材容易，有多方面肥效，是很好的钾肥。

草木灰的成分复杂，含有植物体内各种灰分元素，但以含钾最多，一般含钾 5%～10%、磷 2%～3%，除含钾、磷外，还含有钙以及少量的镁、铁、硫、锌、锰、钼等营养元素。烧制焦泥灰时，先要选备材料，秸秆、野草、树叶、小灌木、垃圾等可燃烧物质都可以作为燃料；泥土可选干燥的田土、旱地耕层土，沟、渠清理出来的土，还有作物根茬附带土、草皮泥土等，最好是带有 1~2 cm 大小的土粒细土，不可全用细土，因为细土通气性差，影响烧制焦泥灰。草（秸秆、野草、小灌木）与泥土的重量比为 1：（10～15）。底层垫一层秸秆、薪柴，扎一草把直立于中间作通气用，再按一层泥土、一层秸秆的次序堆放，每层泥土厚度要掌握在 3.3～6.6 cm，最后堆成高度为 100 cm 左右、馒头形的焦泥灰料堆，顶部压一层土，防止料堆明火燃烧。然后在周边点火，让焦泥灰堆秸秆、野草在土层间缓慢隐燃（无明火），焦泥灰堆内部温度可达 500～700℃。隔一段时间要把因燃烧过后的灰、土和上部塌陷的土从周边扒开，以利于通风，数天后焦泥灰堆就可充分燃烧，待自然熄火后，焦泥灰即烧制结束。在浙江省农村地区，通常一堆焦泥灰数量可达 500～1000 kg，相当于硫酸钾 20～40 kg。

合理使用焦泥灰，能使蔬菜生长健壮，根系发达，增大球根，提高蔬菜的抗寒、抗旱、抗病能力。焦泥灰是一种速效性的肥料，可作基肥、追肥和种肥使用。配制培养土时可加入适量焦泥灰，一方面能提供蔬菜所需钾素和磷素等养分；另一方面能改善土壤的物理性质，使土壤疏松、通透性好，尤其是球根蔬菜施用后有利于地下部分肥大。育苗时播种后，若在其上面覆盖一层厚约 1 cm 的焦泥灰，作为盖种肥，既能提供养分，又能提高土温，可使种子提早萌发，而且出苗粗壮、整齐。焦泥灰浸出液经过充分过滤后，可用于根外追肥，特别是瓜果类蔬菜，开花之后进行叶面喷施，则果实品质好，果柄变粗，不易脱落。焦泥灰不仅是很好的钾肥，而且对多种病虫害的发生有抑制作用。

焦泥灰属碱性肥料，可在中性土壤上使用，特别适宜在山地酸性土壤上施用，但不宜在盐碱土上施用。同时，不宜与硫酸铵、氯化铵、碳酸氢铵、硝酸铵等氮肥混存和混施，以免降低肥效。焦泥灰可以长时间保管，因其钾素等成分属水溶性，在保管过程中要防止受潮和淋雨。

三、栽培种类与茬口安排

（一）生产布局

适合山地栽培的蔬菜种类品种很多，应根据海拔、环境特点、市场需求和产品储运等因素来确定适宜的蔬菜种类和品种，科学布局，安排生产。

南方中低海拔丘陵山地是与湿润平原区接壤的区域，也是传统的农业耕作区，温光条件好，≥10℃的年积温超过 5000℃，7～9 月的平均气温 24～27℃，尤其适宜安排种植如西瓜、葫芦、南瓜、茄子、辣椒、长豇豆等耐热或喜温蔬菜品种，宜通过借助各类栽培设施实施多主品种（作物）的多茬栽培，大多为一年三熟制或以上。

南方中高海拔山地区域，具有典型的温带气候特征，≥10℃的年积温超过4500℃，是山地蔬菜栽培的重要区域。宜通过创新栽培制度与合理茬口安排，实施瓜类、豆类、茄果类等喜温蔬菜的二主品种（作物）春延后栽培，以及秋冬菜的早熟栽培，错开产品采收供应期，协调平原菜区均衡上市，大多采用二年五熟制。

南方高海拔山地区域，即传统的高山蔬菜生产区，具有春季回温慢、夏季气候凉爽、昼夜温差大、秋季初霜早的高山气候特征，是夏秋淡季蔬菜生产的主要区域。宜实施单主品种（作物）的越夏反季节栽培。既可以种植反季节茄果类、瓜类和豆类等喜温蔬菜，也可安排种植喜凉性蔬菜及较耐寒的蔬菜品种，如白菜类、甘蓝类、根菜类以及莴苣、生菜、芹菜、菠菜等绿叶蔬菜，大多采用二年三熟制。一些生长期较短的蔬菜种类（如菜心）可以采用一年多茬栽培。

（二）主要栽培种类

凡是在我国南方平原地区栽培的蔬菜几乎都能够在山地栽培，但是，能够在山地种植的蔬菜并不一定适合进行规模化、商品化栽培。山地蔬菜栽培种类应根据山区地理纬度、海拔、立地条件、土壤类型、生产茬口及市场需求等情况确定，并根据市场定位、产品流向选择适销对路的种类和品种。

一般而言，在我国南方地区，低海拔山地适宜栽培的蔬菜种类与同地区平原基本相似，中高海拔地区适宜栽培的蔬菜种类有一定的局限性。根据目前南方地区高山蔬菜栽培情况，在中高海拔区域栽培的主要蔬菜种类如下所述。

茄果类蔬菜：番茄（包括普通番茄和樱桃番茄）、茄子、辣椒。

瓜类蔬菜：主要有西瓜、黄瓜、南瓜、瓠瓜等。

豆类蔬菜：主要有菜豆、豌豆、长豇豆、扁豆等。

根菜类蔬菜：主要有萝卜、胡萝卜、芜菁等。

白菜类蔬菜：主要有结球白菜、普通白菜（特别是青梗菜、菜心）等。

甘蓝类蔬菜：主要有结球甘蓝、青花菜、花椰菜（特别是松散型花椰菜）等。

绿叶蔬菜：主要有芹菜（尤其是西芹）、莴苣（莴笋、结球生菜）等。

水生蔬菜：主要是茭白。

多年生蔬菜：主要有芦笋、百合、黄花菜等。

特种谷物蔬菜：主要有迷你番薯、鲜食玉米等。

（三）栽培季节

山地蔬菜播种期的确定，应依据各类蔬菜的生物学特性、对环境条件的要求、生产季节、上市供应期，以及育苗条件、栽培管理技术水平等因素，进行综合考虑，然后推算该品种的适宜播种期。播种期安排一般原则如下：

第一，对于采收期较长、可分批上市的品种，如茄果类、豆类和瓜类蔬菜等，可适当早播，以延长产品的采收供应期，提高其产量与效益。

第二，对于采收期集中的品种，如根菜类、甘蓝、大白菜和西（甜）瓜等蔬菜品种，可以分期分批播种，以排开上市期，满足夏秋蔬菜淡季的供应。但要注意的是，对于萝卜及大白菜等品种，由于对低温敏感而容易导致先期抽薹，因而不能盲目地过早播种。

第三，利用不同海拔的温度差异特点，在不同的海拔区域内进行播种，从而形成不同的上市期，达到均衡供应的目的。

由于南方各地地理纬度不同，山地小气候环境各异，蔬菜栽培季节存在一定差异，各地需要根据实际情况、按照上述原则确定不同蔬菜种类在不同海拔的栽培季节。表2-2是浙江省山地蔬菜主要种植品种的栽培季节，可供各地参考。

表2-2　浙江省山地蔬菜主要品种适宜栽培季节

蔬菜种类	海拔/茬口	播种期	定植期	采收期
番茄	600 m 以上越夏露地或避雨栽培	3月上中旬	5月中下旬	7月中旬～10月中旬
	200 m 左右早春设施栽培	12月下旬～翌年1月上旬	3月上旬～4月上旬	5月下旬～7月中旬
	200 m 左右秋延后设施栽培	7月上中旬	8月上中旬	10月初～11月底
辣椒	500 m 以上越夏露地或避雨栽培	3月底～4月上中旬	5月下旬～6月上旬	7月上旬～10月底
	200～500 m 早春设施栽培	12月下旬～翌年1月上旬	3月上旬～4月上旬	4月中旬～8月底
	200～300 m 秋延后设施栽培	7月中旬	8月中旬	9月中旬～11月中旬
茄子	500 m 以上越夏露地栽培	3月底～4月上中旬	5月下旬～6月初	7月上旬～10月下旬
	200～400 m 早春设施栽培	前年12月下旬～翌年1月上中旬	3月底～4月上中旬	5月中旬～10月中旬
菜豆	500 m 以上越夏露地栽培	4月下旬～7月上旬	直播	7月中旬～10月中旬
长豇豆	500 m 以上越夏露地栽培	4月下旬～7月上旬	直播	7月上旬～10月上旬
	200～300 m 秋露地栽培	7月下旬～8月上旬		9月上旬～10月中旬
黄瓜	500 m 以上越夏露地栽培	4月中旬～5月上旬	直播/育苗	7月中旬～9月中旬
	200～400 m 春设施栽培	3月中旬～5月上旬		6月上旬～8月下旬

蔬菜种类	海拔/茬口	播种期	定植期	采收期
瓠瓜	500 m 以上越夏露地栽培	5 月底至 7 月上旬	直播/育苗	7 月中旬～9 月下旬
	200 m 秋延后设施栽培	7 月中旬		9 月上旬～10 月中旬
南瓜	500 m 以上越夏露地栽培	5 月中旬～6 月中旬	6 月中旬～7 月下旬	7 月中旬～10 月中旬
	200 m 早春设施栽培	11 月中旬～12 月上旬	12 月中下旬～翌年 1 月下旬	翌年 2 月中下旬～5 月底
甘蓝	500 m 以上露地栽培	4 月下旬～5 月上旬	5 月下旬～6 月中旬	7 月中旬～9 月中旬
	200～300 m 春露地栽培	12 月中下旬	2 月中下旬	5 月中下旬
	200 m 秋露地栽培	7 月全月	8 月下旬～9 月上旬	10 月下旬～12 月中旬
松花菜	500 m 以上越夏露地栽培	6 月中旬～7 月中旬	7 月上旬～8 月上旬	9 月中旬～10 月中旬
大蒜	适合各海拔区域露地栽培	9 月上旬～10 月上旬	直播	11 月至～翌年 3 月
萝卜	500 m 以上适当越夏露地栽培	6 月底～7 月初	直播	8 月下旬～10 月中旬
	200～400 m 春露地栽培	4 月上中旬		6 月上旬～7 月中旬
	秋露地栽培	8 月中旬～9 月上旬		9 月下旬～12 月中旬
莴苣	500 m 以上露地栽培	8 月	9 月	11 月上旬～12 月上旬
	200～400 m 早春设施栽培	1 月中旬～2 月中旬	2 月下旬～3 月下旬	5 月上旬～6 月上旬
芹菜	200～300 m 秋露地栽培	8 月底～9 月中旬	9 月底～10 月上旬	10 月下旬～12 月下旬
	200～300 m 山地越冬设施栽培	9 月下旬～10 月上旬	10 月底～11 月上旬	1 月上旬～2 月下旬
大白菜	500 m 以上秋季露地栽培	8 月中旬～9 月上旬	直播/育苗	11 月上旬～12 月上旬
	200～300 m 早春设施栽培	2 月中旬（宜育苗）		5 月上旬～6 月上旬
黄芽菜	200～300 m 秋露地栽培	8 月下旬～9 月上旬	直播/育苗	11 月中下旬
	200～300 m 早春设施栽培	2 月上旬～2 月中旬		5 月上旬～6 月上旬
芦笋	200 m 左右 保护地栽培	4 月上旬～5 月上旬（春播）	6 月上旬～7 月上旬	3 月中下旬～12 月中下旬
		5 月中旬～7 月上旬（夏播）	8 月下旬～9 月上旬	

（四）茬口安排与主要栽培模式

　　山地蔬菜生产茬口安排应根据不同种类蔬菜生长发育的特点，结合生产基地所处的立地条件及产品采收期、市场需求特点等进行综合分析确定。茬口安排过程中需注意不同作物能够充分利用山地温光资源，满足作物的生长积温要求；提倡水旱轮作，并利用蔬菜作物间的互作关系（表 2-3），合理间作套种与轮作换茬，促进土壤肥力的恢复和养分利用的提高，克服连作障碍，减轻蔬菜病虫害发生；充分利用各类栽培设施，提高复种指数和土地利用率，降低生产成本，提高山地蔬菜生产效益。

表 2-3　蔬菜作物轮、间、套作宜与不宜的种类

蔬菜种类	宜轮、间、套作种类	不宜轮、间、套作种类
菜豆	马铃薯、黄瓜、结球甘蓝、花椰菜	洋葱、大蒜、根茎菜
胡萝卜	洋葱、豌豆、薄荷、萝卜	莳萝
结球甘蓝	薄荷	番茄
芹菜	洋葱、番茄、结球甘蓝	
玉米	马铃薯、豌豆、菜豆、黄瓜	番茄
香葱	胡萝卜	豌豆、菜豆
黄瓜	菜豆、玉米、豌豆	马铃薯、薄荷、番茄、萝卜
韭菜	胡萝卜、洋葱、细香葱	菜豆、豌豆
生菜	胡萝卜、萝卜、草莓、黄瓜	
洋葱	胡萝卜、草莓、生菜	
芹菜	番茄	薄荷
豌豆	胡萝卜、萝卜、菜豆、玉米	洋葱、马铃薯
马铃薯	菜豆	黄瓜、番茄、豌豆
萝卜	豌豆、胡萝卜、生菜、洋葱	黄瓜
菠菜	豌豆、胡萝卜、生菜、洋葱	黄瓜
草莓	菜豆、菠菜、洋葱	结球甘蓝
番茄	洋葱、皱叶欧芹、结球甘蓝	玉米、马铃薯、黄瓜

资料来源：李式军，1998。

不同地区由于环境条件、栽培习惯的不同，茬口模式有一定的差异。这里以浙江省为例，介绍若干主要栽培茬口模式：

1. 低海拔（200～400 m）丘陵山地栽培模式

该区域温、光、水等自然条件优越，适宜各类蔬菜的正季栽培及借助各类设施的促成、半促成栽培。以一年多茬多熟栽培为主，其茬口形式多样，列举若干如下：

马铃薯—瓜类蔬菜—菜豆等蔬菜。马铃薯 1 月中下旬播种，地膜或稻草覆盖保温越冬，4 月下旬～5 月上旬采收结束；瓠瓜、黄瓜等瓜类蔬菜 4 月中下旬采用设施育苗，5 月上中旬定植，6 月下旬开始采收，8 月上旬采收结束；菜豆（蔓生类型）7 月下旬～8 月上旬播种，9 月上旬开始采收，11 月上旬采收结束。

菜豆—菜豆—萝卜。菜豆于 3 月初～4 月播种，3 月下旬～4 月下旬定植，5

月中旬～7月上旬采收结束；利用春茬支架于7月下旬直播一季菜豆，在10月下旬采收结束；11月上旬播种萝卜，翌年1月上中旬采收。

大白菜—瓜类蔬菜—甘蓝类蔬菜。大白菜于2月上旬播种、保温育苗，3月上旬定植、小拱棚覆盖，5月中下旬采收；瓜类蔬菜4月中旬播种育苗，5月中下旬定植，8月中旬采收结束；8月下旬～9月上旬，甘蓝或花椰菜播种育苗，9月中下旬定植，11月下旬采收结束。

番茄—菜豆—花椰菜。番茄于1月保护地育苗，7月下旬采收结束；菜豆于6月中下旬直播，10月上旬采收结束；花椰菜9月下旬～10月上旬播种，12月采收结束。

2. 中海拔（400～600 m）山地栽培模式

该区域气候温和，适宜大白菜的春延后栽培。通常以瓜类、豆类蔬菜夏播秋收，一般在5～7月播种，9～11月收获；或者辣椒、茄子等蔬菜在3～4月播种育苗，7月下旬～10月收获。接茬秋冬菜的早熟栽培，如春萝卜、春大白菜、早秋萝卜、夏甘蓝、早花椰菜、秋莴笋、秋芹菜等。以一年二茬两熟栽培为主，其茬口形式有：

茄果类蔬菜—花椰菜、豌豆、萝卜等冬季蔬菜。辣椒、茄子等茄果类蔬菜3月设施播种育苗，5月定植，7月中下旬开始采收，10月下旬结束；花椰菜9月下旬育苗，10月中下旬定植，12月下旬收获；豌豆在10月下旬～11月初播种；萝卜在10月上旬套种于茄果类蔬菜行间，实行冬春萝卜栽培。

夏黄瓜—秋菜豆。黄瓜于5月上旬～6月初播种，露地栽培，7月上旬开始采收，8月中旬～9月上旬采收结束；秋菜豆采用免耕直播方式，8月中下旬～9月初播种，9月中旬开始采收，10月中下旬采收结束。

瓜类蔬菜—甘蓝类蔬菜。瓜类蔬菜4月中旬播种育苗，5月中下旬定植，8月中旬采收结束；8月下旬～9月上旬，甘蓝或花椰菜播种育苗，9月中下旬定植，11月下旬采收结束。

3. 高海拔（>600 m）山地栽培模式

该区域夏季气候凉爽，宜进行喜温蔬菜的越夏栽培和喜凉性蔬菜及较耐寒蔬菜破季栽培。一般将茄果类、瓜类、豆类等延后至3～4月播种，8～10月收获；将大白菜、萝卜、莴笋、甘蓝、芹菜、花菜等秋冬菜提早在5～7月播种，8～10月收获。以一年单茬栽培为主，其茬口形式有：

马铃薯或冬绿肥、大小麦、油菜—瓜类或豆类蔬菜。马铃薯在2月初播种，5月采收结束，6月接茬单主蔬菜品种为瓠瓜、黄瓜、南瓜等瓜类蔬菜，8～10月收获；或6～7月上旬接茬菜豆，分批排开播种，8～10月收获。

冬绿肥、大小麦、油菜—茄果类蔬菜。茄子、辣椒、番茄等蔬菜于3～4月中旬播种，5～6月定植，8～10月收获。辣椒、番茄采用设施避雨长季节栽培。

冬绿肥、大小麦、油菜—甘蓝类蔬菜。结球甘蓝、花椰菜等蔬菜于5～7月播种，10月采收结束。

4. 特色高效栽培模式

近年来，通过栽培制度创新实践与产学研结合，我国南方山区摸索出了一批极具借鉴与推广意义的山地蔬菜高效栽培技术模式，为产业发展提供了强有力的技术支撑。现以浙江省创新的若干个模式为例介绍如下：

山地茄子剪枝复壮越夏长季节栽培。在海拔200～400 m的山地，1月下旬～2月中旬设施播种育苗，4月下旬～5月上旬定植，6月下旬～7月上旬采收第一茬果实，7月20日前后实施剪枝，促进新枝萌发，8月中下旬开始第二茬采收，11月上旬采收结束。第一茬每亩产量2800 kg左右，第二茬每亩产量3200 kg左右，每亩总产量在6000 kg左右。

山地大棚番茄越夏长季节栽培。在海拔650～1200 m山区，3月上中旬异地播种育苗，4月下旬～5月下旬移栽，7月下旬～11月中旬采收结束，每亩产量8000～10 000 kg。

山地春毛豆/玉米—黄瓜—花椰菜多茬栽培。在海拔600～700 m山区，毛豆/鲜食玉米3月上中旬播种，4月上中旬定植，每两畦套种毛豆一行，亩栽毛豆3000～3500穴、玉米800～1000株，6月中下旬采收；露地黄瓜6月初育苗，6月底定植，9月中下旬采收；露地花椰菜9月中旬育苗，10月上中旬移植，12月下旬～翌年1月中旬采收。每亩毛豆、玉米、黄瓜、花椰菜产量分别为600 kg、500 kg、3000 kg和1500 kg左右。

四、壮苗培育

育苗是蔬菜生产的一大特色，是争取农时、增多茬口、提早成熟、延长供应、减免病虫害和自然灾害、增加产量的一项重要措施。育苗还能节约用种，便于集中管理、培育健壮秧苗。秧苗质量的好坏，对蔬菜的优质丰产起着决定性的作用。一般植株高大、生长期长、种植密度小、种子贵重的蔬菜需要进行育苗移栽，如茄果类、瓜类、甘蓝类以及茭白、大葱等。大部分速生叶菜类一般不采用育苗移栽，但部分叶菜，如结球莴苣、菜心、芹菜等通常采用育苗移栽；豆类蔬菜由于根系木栓化早，移栽不易成活，一般直播；根菜类如萝卜、胡萝卜等移植以后主根受到破坏，根茎会发叉变形，所以不能进行育苗移栽。

山地蔬菜育苗过程中，应根据栽培蔬菜种类、栽培季节等因素，合理安排播期，就地做好增温、保温或遮阴、降温、防雨、通风等措施，创造良好的幼苗生长小气候环境，培育适应性强、生产潜力大的高素质秧苗。有条件的地区也可以借助现代集约化育苗场所进行异地育苗。山地蔬菜壮苗应当苗龄适中，生长整齐，具有生长势强、茎秆粗、节间短、叶片大而肥厚、叶色正常、根系粗壮、须根多、花芽分化良好、无病虫害等形态特征（表 2-4）。主要山地蔬菜育苗技术参见本章第二节及各论有关章节。

表 2-4 主要山地蔬菜壮苗标准

蔬菜种类	苗龄/d	真叶数/片	茎粗 /cm
番茄	30～90	7～8	>0.5
辣椒	30～90	7～8	>0.4
茄子	30～90	7～8	0.4～0.5
黄瓜、瓠瓜	30～40	3～4	0.6～0.8
南瓜	15～25	2～3	0.5
甘蓝、花椰菜	50～60	6～8	0.4
葱蒜类	45～55	5～6	1～1.5

五、整地作畦

作畦的目的主要是控制土壤中的含水量，便于灌溉与排水，改进土壤结构和肥力。菜地作畦的形式，应视当地气候条件（主要是降水量）、土壤条件及作物种类等而异。一般常见有平畦、高畦、低畦和垄等。

我国南方地区从 4 月下旬夏季风盛行一直到 10 月中旬夏季风南退，无论华南地区、长江流域或西南地区，雨季长则 5 个月、短则约 80 d，年降水量均为 800～2000 mm，并时常遭受台风的侵袭。山地蔬菜生产季节雷暴雨天气较为频繁，并随着山区海拔升高，雨量增加，湿度加大，如果田间排水不畅，极易诱发病害，严重影响蔬菜的正常生长。因此，山地蔬菜生产上大多采用深沟高畦（畦面呈龟背形）栽培，以提高土壤通透性能，增强蔬菜根系活力。

作畦时，畦的宽度取决于种植蔬菜的类型与品种。通常情况下，要求畦宽 90～120 cm，畦间沟宽 30～35 cm、深 25～30 cm，并做到沟沟相通，以利于排灌，提高土壤通透性，降低湿度，减少病害发生。

定植前 15～20 d，应结合整地施入足量基肥。一般要求每亩施腐熟有机肥2000～3000 kg、三元复合肥 30～40 kg、钙镁磷肥 30～50 kg、草木灰 1000 kg，并施生石灰 50～100 kg。基肥撒施后深翻 20～30 cm，使肥料与土壤混合均匀，然后耙平耙细，做成龟背形高畦。对于土壤酸性较强的山地，生石灰宜在耕地后开沟作畦前撒施。

六、定植与田间管理

（一）定植

定植前准备。中低海拔春季及高海拔初夏在定植前 1 周，要加强育苗场所通风并控制水分，进行炼苗；采用小拱棚育苗的在定植前 2～3 d 撤去薄膜；在定植前 1 d 苗床浇足底水，并用药剂防治病虫。土壤育苗者，起苗时要带土，尽量减少根系损伤；营养钵、穴盘、营养块育苗者，定植前 1 d 适当浇水，起苗时连同基质（或营养土）一并定植。

定植时间。定植通常选择晴天、无风天气进行；外界温度高的时节宜在阴天或晴天傍晚定植。秧苗准备好后，即可在种植田畦上按预定的距离开定植沟或定植穴。定植时植株幼苗不宜栽植过深，要求两片子叶露出土面，幼苗根入土要直，幼苗带的土块应与畦面齐平，并用周边泥土填充定植穴，浇定根水，待水渗下后，再覆盖湿土，以促进幼苗根系和土壤紧密结合，利于缓苗。秧苗定植成活后，及时用 10%～20%腐熟人粪尿或 0.2%～0.3%尿素液浇施植株根部。为防止茄果类蔬菜青枯病发生，可在定根水中加入 72%农用硫酸链霉素 SP 1000 倍液或 72%新植霉素 EC 4000 倍液一起浇入。

合理密植。合理密植是蔬菜高产、优质的基础。单位面积栽植株数主要取决于作物种类、土壤营养状况、栽培方式及技术水平、季节与气候等因素。定植密度应掌握以下原则：设施栽培宜适当稀植，露地栽培宜适当密植；爬地栽培宜适当稀植，支架栽培宜适当密植；适宜的季节气候条件下栽培密度宜小，反季节栽培密度宜大；株高相似的情况下，株幅大的宜适当稀植，株幅小的宜适当密植；株幅相似的情况下，高秆作物宜适当稀植，矮秆作物宜适当密植；同一种蔬菜，生育期长的品种宜适当稀植，生育期短的品种宜适当密植；同一品种在土壤肥力水平高的条件下宜适当稀植，在土壤肥力水平较低的条件下宜适当密植；同一品种，自根苗宜适当密植，嫁接苗宜适当稀植，如茄子一般每亩定植 1800 株左右，嫁接苗一般定植 1400 株左右，番茄自根苗一般每亩定植 2000 株左右（单秆整枝），嫁接苗一般定植 1100 株左右（双秆整枝）。此外，栽培密度也有明显的地区间差异，这与栽培习惯有关。南方山地蔬菜生产上可以参考表 2-5 推荐的定植密度。

表 2-5　主要山地蔬菜的适宜定植密度

蔬菜种类	密度/（株/亩）	蔬菜种类	密度/（株/亩）
番茄	1 800～2 200	花椰菜	2 500～3 000
辣椒	2 800～3 300	大蒜	25 000～60 000
茄子	1 800～2 000	萝卜	3 000～5 000

蔬菜种类	密度/（株/亩）	蔬菜种类	密度/（株/亩）
菜豆	3 300～3 500	莴苣	5 000～7 000
长豇豆	3 300～3 500	芹菜	18 000～22 000
黄瓜	2 400～3 000	大白菜	3 000～4 000
瓠瓜	800～1 200	黄芽菜	6 000～7 000
粉质南瓜	800～1 200	芦笋	1 200～1 500
甘蓝	3 000～3 300		

畦面覆盖。南方地区雨季降水量集中，土壤淋溶作用强烈，易造成钙、镁、钾等碱性盐基大量流失，土壤酸化板结，植株生长迟缓；而旱季空气干燥，日照强烈，易造成土壤水分大量蒸发，造成作物减产。采用地面覆盖栽培可以调节土壤温度，加速有机质分解，利于作物根系生长，具有促进早熟、增加产量、提高品质的作用，同时还具有保水保肥、防止雨水冲刷、避免土壤板结、降低空气湿度、减少病虫草危害等作用，是一项十分有效的山地蔬菜优质高产栽培技术措施。

目前，山地蔬菜生产中主要采用塑料薄膜、农作物秸秆或杂草进行地面覆盖。在春季至梅雨季节来临前定植或播种的茄果类、瓜类、豆类等蔬菜，主要以地膜覆盖栽培为主，地膜类型以白色地膜、黑色地膜、黑白双色地膜最为常见，到高温季节来临前再用农作物秸秆（稻草、麦秆等）或杂草压土进行二次覆盖。定植或播种较晚的夏秋茬山地茄果类、瓜类、豆类等蔬菜则要结合中耕清沟培土，在植株封垄前及时用农作物秸秆或杂草进行畦面覆盖，覆盖厚度 5 cm 以上。地面覆盖栽培应把握以下技术要点：施足底肥，浇透底水；进行高质量土壤耕作；地膜覆盖平整严实；蔬菜生长后期适时补充养分。采用嫁接苗栽培的，必须进行畦面覆盖，并以地膜覆盖为佳。

（二）田间管理

1. 中耕除草与培土

中耕是指作物生育期间在株行间对土壤进行浅层翻倒的表土耕作。中耕可以破碎表土板结层，增加土壤通气性，提高（春季）或降低（夏秋季）土层温度，促进土壤中好气微生物活动和养分分解，调节土壤水分状况，为作物生长发育创造良好的土壤环境。

蔬菜作物整个生育期中，通常要进行 2 次中耕。对于番茄等根系再生能力强的蔬菜作物，中耕可以促发新根，增加根系吸收面积，因此可深中耕；而对于葱蒜类等根系再生能力弱、浅根系蔬菜种类来说，一般应进行浅中耕。中耕的深度大多在 4～8 cm，一般结合除草、培土，选择在降雨、灌溉后以及土壤板结时进行。第一次中耕宜在植株缓苗后进行，第二次中耕宜在植株封行前进行，并结合清沟培土，去除田间杂草，加高畦面、加厚耕层，促进作物根系伸展，防止植株倒伏。

采用畦面覆盖栽培的不必中耕。

2. 植株调整

植株调整是指在蔬菜生长期间，人为地采取摘心、打杈、摘叶、疏花、疏果等措施，协调植株营养生长与生殖生长的关系，从而促进形成更多、更好食用器官的技术。植株调整包括引蔓、搭架、绑蔓、整枝、打叶、摘心、疏花疏果、保花保果等。

1）引蔓

引蔓是指设施栽培中对一些蔓性、半蔓性蔬菜进行攀缘引导的技术。不同的蔬菜作物采用的引蔓方法不同，对于立架栽培、缠绕性较强的蔬菜，如菜豆、长豇豆、丝瓜等仅在植株倒蔓需要牵引时进行引蔓，之后植株能自行缠绕架材向上生长；对于立架栽培、缠绕性较弱的蔬菜，如番茄、黄瓜等需要经常引蔓，并需要结合绑蔓；对于爬地栽培的蔬菜，如西瓜、冬瓜、南瓜等在主蔓长 60～100 cm 时，将主蔓（及需要保留的侧蔓）引向不同的方向进行生长。

2）搭架

需要进行立架栽培但植株不能直立生长的蔬菜，如黄瓜、番茄、菜豆等，在植株倒蔓前，利用一定长度的小竹竿、树枝等架材，将其一端直插在距离植株基部 10 cm 左右处，将各直插的架材在一定高度彼此捆绑固定，成为植株向上生长的依靠。搭架栽培，可增加栽植密度，充分利用空间和土壤。常见架形有"人"字架、四脚架、篱架、直排架和棚架。

番茄、菜豆、长豇豆、瓠瓜、黄瓜等长蔓类蔬菜，架材长度 200～250 cm；其中，番茄、瓜类宜搭双行"人"字架或直立架，菜豆宜搭双行倒"人"字架。茄子、辣椒等宜搭 80 cm 高的短支架。对于瓠瓜、丝瓜等生长旺盛、分枝较多蔬菜作物也可以搭平棚架或直立栏式架，以使茎蔓分布均匀，合理利用空间。

3）绑蔓

对于攀缘性较差的黄瓜、番茄等蔬菜，利用麻绳、稻草、塑料绳等材料将其茎蔓捆绑在架竿上称为绑蔓。绑蔓时松紧要适度，既要防止茎蔓在架上随风摆动，又不能使茎蔓受伤或出现缢痕。

4）整枝

果菜类蔬菜栽培中，在植株具有足够的功能叶时，为控制营养生长，减少养分消耗，清除多余分枝，创造一定的株形，以促进果实发育的方法被称为整枝。茄果类蔬菜初次整枝不宜过早，一般在侧枝长 10 cm 左右时进行，之后应在侧枝长 4～5 cm 时整枝。

5）打叶

在植株生长期间摘除病叶、老叶、黄叶，有利于改善植株下部通风透光条件，减轻病害的发生和蔓延，减少养分消耗，促进植株良好发育。在山地蔬菜栽培中，茄子、菜豆打叶较为频繁。

6）摘心

摘心又被称为"打顶"，是指摘除茄果类、瓜类蔬菜的主蔓（主枝）和（或）侧蔓（侧枝）的生长点的过程。摘心的目的包括抑制蔓的生长、集中营养供应果实生长。在生产中，番茄、甜瓜、西瓜经常采用摘心这种措施，瓠瓜、丝瓜在采用特殊栽培方式时常用摘心。

7）疏花疏果

疏花是指在开花期或开花前，摘除部分多余花朵或花蕾的过程；疏果是指坐果后疏去过多的果实的过程。疏花疏果是果菜类蔬菜，特别是番茄、西瓜、甜瓜、瓠瓜、南瓜等常用的一项技术，其主要作用是集中营养供应果实，以提高单果重、改进果实品质。

8）保花保果

保花保果是指采用物理、生物或化学方法促进坐果的技术，包括人工授粉、放养蜜蜂等传粉昆虫授粉以及利用植物生长调节剂处理。常用的植物生长调节剂有防落素（PCPA，又称为番茄灵）、细胞分裂素（CPPU，又称为调吡脲、4-PU-30）等。不同蔬菜选择的植物生长调节剂并不一致，如茄果类蔬菜常用防落素，瓜类蔬菜常用 CPPU。

3. 水分管理

水分是蔬菜生长发育的重要条件，在光、温等条件满足的情况下，水分是蔬菜产品品质与产量水平的限制因子。良好的水分供应，是保证蔬菜根系正常生长、显著增加叶面积、延长叶龄、增加产量的有效途径。因此，水分管理是山地蔬菜优质、高产、高效栽培的关键环节。

不同种类蔬菜对水分的要求不同，同一品种的蔬菜在不同生育期对水分的要求也不同，需要根据蔬菜种类、生育期以及温度和土壤湿度管理水分。一般而言，在蔬菜生产上，定植后需要浇定根水，定植后成活前还需浇缓苗水，缓苗后适当控水以促进扎根。营养生长盛期，水分供应以促进植株营养器官形成和养分积累为原则，应防止水分过多引起营养生长过旺。对于以果实为产品器官的瓜类、茄果类、豆类蔬菜，初花期至坐果前，一般不宜浇大水，以保持土壤湿润为原则，防止茎叶徒长与落花落蕾，待果实坐稳后再浇水，以满足果实膨大及后续花朵开花结果的需要。对于绿叶蔬菜、白菜类等蔬菜宜勤浇水，以保持其旺盛的营养生长。夏秋高温期间浇水宜在晴天早上进行，温度较低季节宜在中午前后浇水。

南方山区雨水丰沛，基本能够满足蔬菜作物的生长需要，但遇到高温干旱天气，需要及时进行灌溉。近年来，随着山地蔬菜微蓄微灌新技术的示范与推广，山地蔬菜夏秋高温季节因旱缺水与灌溉困难的矛盾基本得以解决。因此，应把微蓄微灌技术作为山地蔬菜生产发展的主要灌溉手段。此外，有水源条件而必须采用沟灌时，一般要求浅灌溉，以放半沟深的"跑马水"为宜，夜灌昼排；对于存在较为严重土传病害（如青枯病、枯萎病、黄萎病、根肿病等）的地块禁止沟灌。雷暴雨天气后，要及时清沟排水，降低田间湿度，减少蔬菜病害的发生。

4. 合理追肥

不同种类蔬菜生物学特性各异，食用器官亦不同，对营养元素的要求也不同，在生产过程中应该根据各类蔬菜的需肥特点进行合理施肥。果菜类蔬菜以果实为食用器官，对各元素的吸收量大小顺序是钾>氮>钙>磷>镁。苗期需氮较多，磷、钾的吸收相对较少；进入生殖生长期后对磷的吸收量猛增，而氮的吸收量略减。根菜类蔬菜在幼苗期需要较多的氮，适量的磷和较少的钾；根茎肥大期需要较多的钾，适量的磷和较少的氮。若前期氮肥不足，则生长受阻，发育慢；后期氮肥过多而钾肥不足，则植株地上部易引起徒长。叶菜类蔬菜产品器官以营养体为主，生长全期需氮最多；大型叶菜到生长盛期则需增施钾肥和适量磷肥。若全期氮肥不足，则植株矮小，组织粗硬，产量低，品质差。

追肥是基肥的重要补充，也是促进蔬菜食用器官形成与发育的物质保障。山地蔬菜定植后，先用 10%腐熟人粪尿或 0.2%～0.3%尿素稀释液浇定根肥，促使幼苗活棵返青；以后根据不同种类蔬菜、不同生育期情况进行追肥。对于连续坐果能力强的瓜果类、豆类蔬菜，追肥宜适时、适量、分期进行，掌握适施氮肥、多施磷钾肥，坐果后加大施肥量。一般每次每亩追施复合肥 5～10 kg，可采用滴灌、浇施或叶面喷施。对于结球甘蓝、花椰菜等甘蓝类蔬菜，莲座期宜浇施氮肥，以促进叶面积迅速增加和养分积累，结球后宜控氮控水，增施磷钾肥，促进结球紧实。蔬菜根外追肥可用 0.3%磷酸二氢钾液或 0.1%喷得利等微肥。常见山地蔬菜施肥参考量见表 2-6。

表 2-6　常见山地蔬菜施肥参考量

蔬菜种类	基肥/亩	追肥/亩
番茄	腐熟有机肥 2500~3000 kg，草木灰 1500 kg，三元复合肥 30 kg，磷肥 40 kg	（1）生长前期分次浇施 10%腐熟人粪尿或 0.3%~0.5%尿素、过磷酸钙稀释液； （2）进入结果期分 3 次追施 N、P、K 速效肥 50 kg； （3）生长期叶面喷施 0.3%磷酸二氢钾液或 0.1%喷得利等微肥 4~5 次
茄子、辣椒	腐熟有机肥 2000~2500 kg，草木灰 1000 kg，三元复合肥 20 kg，磷肥 30 kg	（1）生长前期分次浇施 10%腐熟人粪尿或 0.3%~0.5%尿素、过磷酸钙稀释液； （2）坐果后分期追施 N、P、K 速效肥，一般采收前施肥 1~2 次，采摘期每采收 2 次施肥 1 次，氮肥、复合肥交替施用，总用量 50 kg； （3）生长期叶面喷施 0.3%磷酸二氢钾液或 0.1%喷得利等微肥 4~5 次
菜豆、长豇豆	腐熟有机肥 1500 kg，草木灰 1000 kg，三元复合肥 20 kg，磷肥 30 kg	（1）生长前期浇施 10%腐熟人粪尿或 0.3%~0.5%尿素、过磷酸钙稀释液 2 次； （2）结荚后施三元复合肥 15 kg； （3）采收期每 7 d 左右施 1 次速效肥，复合肥和尿素交替施用，每次用量 5~8 kg
黄瓜、瓠瓜	腐熟有机肥 2500 kg，草木灰 500 kg，三元复合肥 20 kg，磷肥 30 kg	（1）生长前期浇施 10%腐熟人粪尿或 0.3%尿素、过磷酸钙稀释液； （2）植株摘心后施三元复合肥 15kg； （3）坐瓜后果实膨大期施三元复合肥 10 kg，尿素 10 kg，采收期每 10 d 左右施肥 1 次，前 1 次以三元复合肥为主，后 1 次以速效氮肥为主，每次用量 10~15 kg； （4）生长期叶面喷施 0.3%磷酸二氢钾液或 0.1%喷得利等微肥 4~5 次
南瓜	腐熟有机肥 2500 kg，草木灰 1000 kg，三元复合肥 20 kg，磷肥 30 kg	（1）定植后施 10%腐熟人粪尿或 0.3%尿素、过磷酸钙稀释液； （2）生长前期控氮肥，开花结果后重施追肥，果实膨大期，施三元复合肥 15 kg，尿素 15 kg。果实采收期每 15 d 左右施肥 1 次，以氮肥为主； （3）生长期叶面喷施 0.3%磷酸二氢钾液或 0.1%喷得利等微肥
甘蓝、花椰菜	腐熟有机肥 2000 kg，三元复合肥 20 kg，磷肥 30 kg	（1）定植后施 10%腐熟人粪尿或 0.3%尿素、过磷酸钙稀释液 2~3 次； （2）莲座期重施追肥，尿素 20 kg，三元复合肥 10 kg； （3）生长期叶面喷施 0.3%磷酸二氢钾液或 0.1%喷得利等微肥等 3~4 次，交替使用

蔬菜种类	基肥/亩	追肥/亩
葱蒜类	腐熟有机肥 4000~5000 kg，三元复合肥 20 kg，磷肥 50 kg	（1）春播秋收青葱，肥水管理以促为主，一促到底，每 20 d 施一次速效肥，每次施 15 kg 硫酸铵； （2）秋播夏收青葱，春季施 15 kg 尿素的返青肥，此后每 20 d 施一次速效肥，每次施 15 kg 硫酸铵

七、病虫害防治

山地蔬菜生产过程中，应贯彻"预防为主、综合防治"的植保方针，严格依照我国《蔬菜安全生产关键控制技术规程》（NY/T1654）病虫害防治要求，充分利用偏远山区良好的自然生态环境条件，结合山地蔬菜栽培种类品种的生长发育特点及主要病虫害发生发展规律，综合运用现代农业防治、物理防治、生物防治、化学防治等技术手段，改变传统单一的化学防治模式，建立安全有效的病虫害绿色防控技术体系，实现山地蔬菜的安全、优质、高效的清洁化生产，保障消费者健康利益，保护良好的农业生态环境，实现社会、经济和生态效益的和谐统一。山地蔬菜病虫害防治的具体技术参见本书山地蔬菜栽培部分。

八、采收及采后处理

蔬菜生产不仅是指从播种到采收的栽培过程，而且还包括采收及采收后的预冷、分级、包装等产后商品化处理。蔬菜经过商品化处理，既有利于保持产品固有的优良品质，甚至在某些方面可以改善品质、提高商品性，又有利于减少腐烂，避免损耗；既方便人们生活，又可使商品蔬菜增值，使生产者和经营者增加经济效益，实现双赢。

（一）采收

蔬菜采收是指蔬菜的食用器官生长发育到具有商品价值时进行收获，是蔬菜田间栽培过程中最后的环节。应根据蔬菜生长情况、产品成熟度、目标市场远近、市场供求情况、采后处理设施条件等因素，适时进行采收。对多次采收的蔬菜，在采收期间还要继续进行田间管理。

蔬菜种类繁多，食用器官（根、茎、叶、花、果实和种子）各不相同，采收方法和技术也比较复杂，若采收方法不当会引起蔬菜产品的损伤和腐烂。特别是对于供鲜食且需要进行多次采收的蔬菜作物，不正确的采收方法，也会给植株带来许多不利的影响。因此，必须掌握正确的采收方法和技术。

山地蔬菜采收前，应依照《蔬菜和水果中有机磷、有机氯、拟除虫菊酯类和氨基甲酸脂类农药多残留的测定》（NY/T 761）的标准要求，对留地蔬菜的有机磷、有机氯、拟除虫菊酯类和氨基甲酸酯类农药残留进行抽样检测，或采用酶抑制法进行快速检测，杜绝农药残留超标的蔬菜上市。

（二）采后处理技术

1. 预冷

预冷就是通过人工制冷的方法迅速除去蔬菜采收后带有的大量田间热，以延缓蔬菜的新陈代谢，保持新鲜状态。目前，国际上通常采用的预冷方法有4种，即冷风预冷、真空预冷、水预冷和接触冰预冷，在发达国家主要采用前两种预冷方法。

2. 分级

蔬菜分级是发展蔬菜商品流通的需要，在产品装运前，在产地对蔬菜产品进行分类。蔬菜分级主要依据是产品的感官品质，即根据产品的颜色、个体大小、重量、新鲜程度和损伤程度等指标进行分级。

3. 包装

蔬菜作为商品，应该有一定的包装，这是蔬菜商品化处理的重要一环，对保证蔬菜商品的质量有重要的作用。随着蔬菜商品生产发展和流通日趋商品化，对包装的要求也越来越迫切。合理的包装可以减轻储运过程中的机械损伤，减少病害蔓延和水分蒸发，保证商品质量。包装一般分两大类：一类是运输包装；一类是商品包装。目前，我国的运输包装种类很多，主要有板条箱、竹筐、塑料箱、纸箱、麻袋、草袋和尼龙网袋等。蔬菜的商品包装一般在产地和批发市场进行，也有些在零售商店进行，包装材料主要是塑料箱、纸箱、草袋、尼龙网袋和塑料薄膜包装。实行商品包装可防止水分蒸发，保持蔬菜鲜嫩，还可美化外观，提高商品质量，便于消费者携带。塑料薄膜包装一般透气性差，应打一些小孔，使内外气体进行交换，减少蔬菜腐烂。

蔬菜商品包装一般应遵循以下几个方面：一是蔬菜质量好，分级定量准确；二是尽可能使顾客看清包装内部蔬菜的情况；三是避免使用有色包装混淆蔬菜本身的色泽；四是利用安全的包装材料；五是对一些稀有蔬菜应有其营养价值和食用方法的说明。

第二节　山地蔬菜栽培关键技术

一、育苗技术

（一）苗床类型

1. 传统的露地育苗床

又称为平床，主要用于甘蓝类、葱蒜类、水生蔬菜类育苗。露地育苗床，除了应具备肥沃、疏松、保水保肥、透气性好、无病虫草等条件外，还要选择地势高、向阳、排水好、灌溉方便的地块。为了减少病虫害的发生，应尽可能选用近2~3年未种过同科蔬菜的土地作为苗床。播种前几天施足底肥，最好于播种前进行一次床土消毒。露地育苗对苗床的走向没有严格要求，只要有利于排水、便于操作即可。

2. 下陷式苗床

下陷式苗床是平原地区、山区主要的育苗床，一般埂高15~20 cm，埂宽30 cm，苗床宽度1.2~1.5 m，畦面上铺培养土3~5 cm；或挖成深15~20 cm的坑，铺上5 cm厚的培养土，床畦两边用2~3 cm宽的小竹片，搭成0.6~0.8 m高的小拱棚架，上面覆盖塑料薄膜。

3. 床架式苗床

床架式苗床发展较快，现在常用的是潮汐式多功能苗床，目前主要适合除了低温季节以外的季节育苗。潮汐式多功能苗床育苗是一种新型的灌溉育苗方式。首先，将播种后的带基质穴盘摆放到苗床上，用控制系统定时从下部缓慢地向苗床内注水，通过渗透作用使水由下而上地浸润整个基质，然后，将剩余的水排掉或抽回储液桶内，以此一涨一落类似潮汐的方式进行灌溉育苗。这种育苗方式供水均匀，育苗过程中基质始终疏松透气不易板结，使植株地上部分和地下部分长势均匀，幼苗生长健壮。潮汐式灌溉与人工灌溉相比能大幅降低能耗、减少用工、节约用水。因此，潮汐式多功能苗床育苗在培育壮苗、降本增效等方面都有较好的效果。

（二）育苗设施

山地蔬菜生产上要依据不同山地气候特点和不同的播种时期，选择适宜的育苗设施。中低海拔茄果类、瓜类蔬菜育苗需要加温设施；3~5月播种的蔬菜，因山区前期温度较低，雨水偏多，宜采用塑料大棚或中、小拱棚等简易设施保温育苗；进入5月以后，山区气温逐渐回升，采用塑料大棚或中、小拱棚育苗可将棚体两侧的围膜揭去，以便通风透光，培育壮苗；或根据需要，搭建遮阳棚或避雨棚育苗。进入6～7月，中低山区气温较高，光照强烈，宜采用遮阳网以及避雨棚覆盖育苗实施降温、遮光和防止雷暴雨侵袭，为幼苗的生长提供一个适宜的环境。

1. 加温育苗设施

山地蔬菜春季播种育苗，可采用保温增温效果好的电热温床或潮汐式多功能苗床进行育苗。

电热温床：主要利用一定功率的电阻丝通断电加热进行控温，可以保持稳定和较高的土温与苗床温度，具有育苗成功率和壮苗率高等优点。

电热苗床设置时，首先做深15～20 cm且底面平整的床畦，畦底铺3～4 cm厚的谷壳、木屑、干稻草等作为隔热层，踏实，再在隔热层上铺一层细土。苗床长度尽可能根据电热线长度来确定，一般电热线长度为100 m，则苗床长度可以为25 m或12.5 m，以保证电热线的接头位于苗床同一端。苗床布线时，要遵循"苗床两侧稍密，苗床中间稍疏"的原则。电热线铺好后再在线上铺上10 cm左右的培养土，如果使用营养钵育苗，则在电热线上铺2 cm厚的细土，再紧密摆放营养钵，用细土填实钵间护钵。连接电路，安装好控温仪，接通电源。

苗床使用中，电热线不能交叉。断线或绝缘破损的电热线不能使用。育苗结束时，小心取出电热线并绕成圈状，勿折，并妥善保管。

潮汐式多功能苗床：这是目前生产上大力推广的一种现代化育苗设施，采用电子控温和潮汐式灌溉技术相结合制造而成（图2-1）。该设施配备智能化育苗控制装置，不仅可以根据幼苗生长发育需要，对苗床进行预设定自动加温，实现定时定量从秧苗根部对作物给水与施肥，待根部湿润后，还可以进行废水回收，培育出的秧苗整齐、健壮、抗病能力强。

潮汐式多功能育苗床主要具有5个方面的优点：①灌溉水直接从育苗盘底部吸入苗盘基质内，基质吸水充分均匀，灌溉质量高；②灌水过程中，幼苗叶部保持干燥，有效降低了幼苗植株的湿度和空气湿度，减少了幼苗病害的发生和农药的使用；③与人工浇水相比，节省了劳动力，灌溉效率高；④与移动式洒水机相比，设施简单，减少投资；⑤可以根据作物不同苗龄控制生长温度。

2. 保温育苗设施

喜温类山地蔬菜春季播种时由于早期气温较低，雨水较多，生产上大多采用塑料薄膜大棚、中棚及小拱棚等设施进行育苗，可起到增温保温和避雨的作用，提高蔬菜成苗率和壮苗率，也可作为山地蔬菜栽培设施，起到遮阳避雨作用。

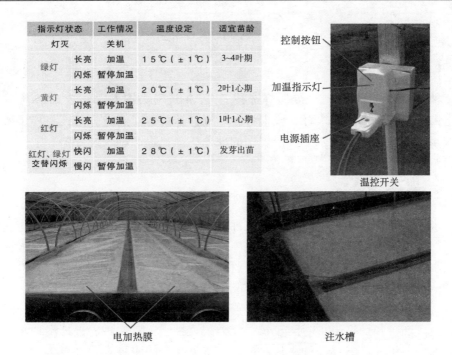

指示灯状态	工作情况		温度设定	适宜苗龄
灯灭	关机			
绿灯	长亮	加温	15℃（±1℃）	3~4叶期
	闪烁	暂停加温		
黄灯	长亮	加温	20℃（±1℃）	2叶1心期
	闪烁	暂停加温		
红灯	长亮	加温	25℃（±1℃）	1叶1心期
	闪烁	暂停加温		
红灯、绿灯 交替闪烁	快闪	加温	28℃（±1℃）	发芽出苗
	慢闪	暂停加温		

控制按钮
加温指示灯
电源插座
温控开关

电加热膜

注水槽

图 2-1　潮汐式多功能育苗床基本结构

3. 降温育苗设施

黑色遮阳网夏季覆盖后起到一种挡光、挡雨、保湿、降温的作用。在蔬菜生产上广泛应用于育苗和栽培，在山地蔬菜夏季覆盖育苗中，可以起到降温、弱光、防雨、防虫等作用。也可用于夏秋蔬菜定植后的短期覆盖，以促进移栽后缓苗。

选择遮阳网时，要结合遮阳网的性能特点、天气状况及蔬菜的光温特性进行。茄果类、瓜类和豆类等喜温及强光性蔬菜，进行夏季育苗时，以选用银灰色网或黑色 SZW-10 遮阳网为宜。小白菜、大白菜、甘蓝、芹菜、花椰菜、葱蒜类等喜冷凉、弱光性蔬菜进行夏季育苗时，宜选用 SZW-12、SZW-14 等黑色遮阳网。而对于易感染病毒病的蔬菜，或者为了驱避蚜虫，宜选用银灰色遮阳网。

4. 避雨育苗设施

由于南方山区春季雨水较多，生产上大多采用塑料薄膜大棚、中棚及小拱棚等设施进行避雨育苗。

（三）种子处理技术

1. 选种

种子处理过程中，首先要做好选种工作，挑选粒大饱满、均匀一致、无破碎、无病虫害的种子，剔除瘪籽、残损籽和草籽。播种前，应选择晴天将种子摊开，在太阳下晒种 1～2 d，杀死种子表面的部分病菌，提高种子发芽势和发芽率，使之出苗整齐。

2. 浸种

未经包衣处理的种子一般需要浸种处理。浸种就是在适宜水温和充足水量条件下，促使种子在短时间内吸胀的措施，以满足种子发芽所需要的基本水量。浸种用水量通常为用种量的 4～5 倍，浸种时间因蔬菜种类及种子大小、种皮厚度、种子结构、浸种方法等不同而异。一般情况下，瓜类中的黄瓜、西葫芦、南瓜等浸种时间较短，冬瓜、西瓜、丝瓜、苦瓜等浸种时间较长；茄果类中番茄浸种时间较短，茄子和辣椒浸种时间较长；豆类蔬菜种子不宜浸种。根据浸种水温把浸种分为常温浸种、温汤浸种、热水烫种。常见蔬菜的浸种时间见表 2-7。

表 2-7　主要蔬菜一般浸种适宜时间

蔬菜种类	适宜浸种时间/h
黄　瓜	4～6
南　瓜	6
西　瓜	6～8
丝　瓜	24
番　茄	6～8
辣　椒	12～24
茄　子	24～36
甘　蓝	2～4
花椰菜	2～4

1）常温浸种

用与种子发芽适宜温度相同的水浸种,也称为温水浸种。根据种子类型不同,浸种水温 20～30℃不等。浸种时间因品种不同而异。例如,茄果类,浸种 6～36 h;瓜类,浸种 4～24 h;叶菜类,如莴笋、生菜、芫荽等,浸种 8～10 h;芹菜,浸种 36～48 h。一般浸种法对种子只起供水作用,无灭菌和促进种子吸水作用,适用于种皮薄、吸水快的种子。

2）温烫浸种

先将种子用纱布袋包好，置于常温下清水中浸种约 15 min，将种子沥干水后，置于 55～60℃热水中烫种，及时补充热水，保持恒温 15 min，并不断搅拌，让水温自然降到室温，再转入一般浸种，最后洗净种子表皮黏附的杂质。温烫浸种时，要严格掌握温度，既不能伤害种子，又要起到消毒灭菌的作用。该浸种法对促进种子吸水效果不明显，适用于种皮较薄、吸水快的种子。

3）热水烫种

将干种子投入 75～85℃的热水中，快速烫种 3～4 min，之后加入凉水，快速降低水温至 55℃左右，转入温汤浸种，然后让水温降至室温浸种。该浸种法通过热水烫种，使干燥的种皮产生裂缝，对促进种子吸水效果比较明显，适用于种皮厚、吸水困难的种子，如西瓜、冬瓜、丝瓜、苦瓜等。

3. 药剂消毒

为了有效防止育苗、栽培过程中猝倒病、叶霉病、病毒病、早疫病、枯萎病、斑枯病、溃疡病等常见病害的发生，种子播种前还可以进行药剂消毒处理。生产上常用的药剂消毒方法如下：

1）磷酸三钠溶液浸种

种子先在凉水中浸 4～5 h，然后在 10%的磷酸三钠溶液中浸泡 20 min，捞出后用清水淘洗干净后进行催芽。此法可以杀死番茄、辣椒等蔬菜种子所携带的烟草花叶病毒等各类病毒，防止病害的发生。

2）农用硫酸链霉素溶液浸种

将种子放入清水中浸泡 4～5 h，然而转入 72%农用硫酸链霉素 SP 1000 倍液浸泡 12 h 后即可进行催芽。该方法处理对防治蔬菜作物细菌性褐斑病、腐烂病效果较好。

3）瑞多霉溶液浸种

先将种子放入清水中浸泡 4～5 h，然而转入用 25%瑞多霉 WP 1000 倍液消毒，可防止种子表面带有的晚疫病、绵腐病等病原菌。

4）药粉拌种

将蔬菜种子和药粉混合均匀，使药粉黏附在种子表面，用药量一般为种子重量的 0.1%～0.5%。常用农药有 70%敌克松 WP、50%多菌灵 WP、50%克菌丹 WP、40%拌种双 WP 等。

4. 催芽

浸种、消毒结束后，为促使种子出苗快而整齐，提高种苗质量，培育壮苗，要及时用清水冲洗种子，部分种类还需将种子放入一定温度条件下进行催芽。先将浸好的种子去除多余水分，薄层摊放在铺有一两层潮湿洁净的纱布或毛巾上，上面再盖 1 层潮湿纱布或毛巾，放置于种盘或容器内，然后置于适宜温度条件下进行，直至种子露白。在催芽期间，每天应用清水淘洗种子一两次，并将种子上下翻倒，以便发芽整齐一致。催芽所需要的温度，应根据不同蔬菜品种对温度的要求而定，番茄、辣椒、黄瓜等喜温类蔬菜温度要保持在 25～30℃，耐寒及半耐寒性蔬菜 18～25℃。催芽过程中要保持适宜的水分，但水分不能过多，以种子及催芽床湿润即可。对于单粒播种的蔬菜，当有 50%左右种子露白时，挑选露白种子及时分批播种；茄果类蔬菜如果采用催芽撒播的，一般在有 30%左右种子露白时一次性播种；高温期间莴苣、芹菜等一般浸种后在 4℃左右冰箱内催芽，待有 30%左右种子露白时一次性撒播。常见蔬菜育苗的催芽温度见表 2-8。

表 2-8　主要蔬菜催芽适宜时间与温度

蔬菜种类	适宜催芽温度/℃	催芽时间/d
黄瓜	25～30	1.5～2
南瓜	25～30	2～3
西瓜	25～30	2～3
丝瓜	25～30	4～5
番茄	25～27	2～4
辣椒	25～30	5～6
茄子	30	6～7
甘蓝	18～20	1.5
花椰菜	18～20	1.5

为了加快出芽速度，提高发芽整齐度、出芽质量和抗性，可以把萌动的种子每天在 1～5℃环境中保持 12～18 h，18～22℃环境中保持 6～12 h，连续处理 1～10 d，实行变温催芽，能够显著提高种胚的耐寒性。催芽前，将种子沥干水，用布包起来，然后把它放在适宜温度下，按所需催芽温度进行催芽。若使用恒温箱或种子发芽箱，则催芽效果更好，还能更有效地实行变温催芽。种子数量较少时，还可以采用简单的体温催芽法，即将消毒浸种过的种子装入一个纱布袋里，外面再套上一个无毒塑料袋，绑紧口，白天放在贴身内衣口袋里，夜间放在被窝里，早晚各用清水冲洗 1 次，一般经过 3～5 d 即可催好芽。

（四）育苗技术

1. 土壤育苗

土壤育苗大部分采用传统的露地直播的方式或采用阳畦和大棚育苗。由于设施简陋和自然环境条件的影响，培育的秧苗成苗率较低、容易引发土传病害、秧苗大小不匀、质量差，还往往会因冻害或病虫害等自然灾害造成缺苗。

播种前先将苗床整平，再覆一层 3 cm 左右的培养土，提前用水将苗床浇湿、浇透，一般以湿透床土 7～10 cm 为宜，然后再撒一层薄薄的细床土。播种时，将浸种消毒催芽处理后的种子均匀撒播或点播在准备好的苗床上。茄果类、甘蓝类、白菜类等小粒种子多采用撒播。一般将种子分 2～3 次撒播，若种子潮湿成团，可用细沙土或砻糠灰拌种，以保证播种均匀。瓜类种子通常按照适宜的间距直接多行点播于苗床土中，播种时种子应平放，以防出苗时子叶带"帽"。播种后，应立即用潮湿的细床土覆盖种子，一般小粒种子覆土 0.5～1 cm，大粒种子覆土 1～2 cm。然后在畦面上覆盖稻草或塑料薄膜，用于保湿。春播育苗时，为提高温度，苗床上可设简易小拱棚进行保温或使用电热线进行加温。播种时，要注意浇足底水，以保持种子出苗所需的水分。如果浇水不足而在出苗过程中进行补水，则常常会因为土壤的干湿交替，出苗不齐不匀，甚至土壤板结，造成出苗困难，影响育苗的质量。

2. 营养钵育苗

营养钵育苗便于集中秧苗培育和移栽，具有缩短育苗时间、省时省工、成苗率和壮苗率高等特点，是当前蔬菜生产上重要的育苗方式。

1）培养土的配制

培养土质量好坏，对于幼苗生长发育的优劣有很大关系。在育苗过程中，所需养分基本上来自苗床培养土，所以培养土必须肥沃，并具有良好的物理性状。培养土要求用 50%～60%的园土，35%～40%的充分腐熟的农家肥（如栏肥、堆肥、厩肥）和 5%～10%的砻糠灰或草木灰配制而成。然后按每 500 kg 培养土加复合肥 3～4 kg、磷肥 3～4 kg、石灰 1 kg 和 50%多菌灵 WP 0.5 kg 的配比，进行充分混合，用薄膜覆盖堆沤 10 d 后，即可使用。

菜园土必须是 1～2 年内没有种过与育苗对象同科蔬菜的土壤，取其 15 cm 以内的表土。用于配制培养土的有机肥，如堆肥、栏肥、厩肥和垃圾肥等，必须充分腐熟；园土、垃圾肥、厩肥和堆肥等，都必须捣碎过筛，清除杂物。在培养土中加入石灰，不仅可以调节培养土的酸碱度，而且可以促进发酵，增加钙质。糠灰和草木灰不仅富含钾，还可以使土壤颜色变深，多吸收阳光，提高土温等。对配制好的培养土，应起堆存放备用，用薄膜盖好，防止养分流失。

2）营养钵选择、装钵及摆放

目前，生产上营养钵一般为黑色和灰色的暗色塑料钵体，应根据育苗龄长短及秧苗大小，合理选择营养钵规格。辣椒和番茄等蔬菜，以选用口径 6.5～8.0 cm 的营养钵为宜；黄瓜、茄子和小西（甜）瓜等瓜类品种，以选用口径 8～10 cm 的营养钵为宜。

装钵前应调节培养土水分，特别是尽可能使培养土水分均匀。装钵时，将预先准备好的培养土装入营养钵中，土面距钵口 1 cm，然后压实。在大棚畦面上沿大棚走向，开一个深 8～10 cm、宽 1.3 m 左右的坑，长度因育苗数量而定，并要求坑底平整。然后，将营养钵呈"品"字形摆放在坑内或摆放在温床上。营养钵应排列紧密，钵间无明显缝隙，每床营养钵四周用细土护钵，以保持钵土的水分及温度。塑料营养钵苗床，可供直播或分苗使用。

3. 穴盘育苗

穴盘育苗采用商品育苗基质一次装盘，无须配制营养土，既适合集约化育苗，又能用于分户生产，与传统的营养钵育苗相比，基质穴盘育苗具有显著的优越性：①简化工序，提高育苗效率；②提高成苗率，节省成本；③控制病虫害传播；④缩短定植缓苗期；⑤秧苗可以长途运输，适合规模化、专业化生产。

育苗穴盘是一种塑料硬质箱体，由一定数目连体的孔格组成，孔格底部有渗水孔，孔内可以盛装培养土或基质用以育苗。其播种灵活方便，管理技术简单，定植时基本不伤根，缓苗快，生长迅速，是山地蔬菜早熟丰产的一项有效的育苗措施。根据塑料穴盘孔格数不同，育苗穴盘可分为 32 孔、50 孔、72 孔、105 孔、128 孔、200 孔、288 孔等不同规格。

选择育苗穴盘时，主要根据育苗的大小和苗龄的长短来确定。瓜类、茄果类蔬菜宜采用 50 孔或 72 孔穴盘，其他蔬菜宜采用 72 孔或 128 孔穴盘。例如，辣椒育苗可用 50 孔或 72 孔穴盘，瓜类和茄子育苗可用 50 孔穴盘，甘蓝育苗可用 105 孔或 128 孔穴盘，白菜、生菜和芹菜育苗可用 288 孔穴盘等。育苗时，将穴盘摆放入棚，先在畦面铺上旧塑料薄膜或园艺地布与畦土隔离，再摆放 2 个平行穴盘，然后在四周覆土护盘，覆土厚度以与盘面持平为宜，并压紧压实。

生产上，根据穴盘内使用的基质不同，可以分为营养土育苗和商品基质育苗两种类型，目前多采用后者。

4. 育苗块育苗

育苗基质块是以优质泥炭为主要原料，经过风干、粉碎、分选、调节酸碱平衡等无害化处理后，再经过化验分析，辅以适当的营养成分和调节剂，通过压缩机定向压制而成。育苗基质块可以为各类作物种苗提供最佳的生长条件，是一种集基质、肥料、消毒、容器等功能于一体的新型育苗基质产品。使用时，只需把基质块用水充分膨胀，就可进行播种或分苗，苗期重点做好水分、温度管理，无须施肥，育成的幼苗健壮整齐，病害发生少，定植后无须缓苗，具有操作简便、省工省力、成苗迅速、培肥土壤等优点，既适合于工厂化育苗，也易于基层农户直接使用，适合于蔬菜育苗技术相对落后的地区使用，具有良好的应用和市场推广前景。

该产品省去了传统育苗方法中的取土、配肥、消毒、装钵等烦琐工序，克服了费种、费工、病害多、难保全苗等诸多育苗难题。基质块具有保水透气、提高地温、减少病害、控苗简便、带基质定植等优势，还具有用种量少、出苗率高、缩短苗期、无须缓苗等优点。每亩育苗地可节省人工 6～7 个，节约用种 15%～50%，出苗齐，保全苗，移栽成活率达 99% 以上，一般作物可提前 7～15 d 上市、单产增加 20%～40%；显著提高土壤有机质，有效改良土壤板结与碱化，提高钙、锌、铁等离子的活化度，促进作物均衡健壮生长，减少农药施用量，显著提高作物品质。

5. 嫁接育苗

对于土传病害比较严重的地块栽培茄果类、瓜类蔬菜，宜采用嫁接育苗。嫁接育苗是把要栽培蔬菜的幼苗、苗穗（去根的蔬菜苗）或从成株上切下来的带芽枝段，接到另一野生或栽培植物的适当部位上，使其产生愈合组织，形成一株新苗。蔬菜嫁接用到的主要方法、嫁接前准备工作及嫁接苗的管理技术如下：

1）主要嫁接方法

蔬菜的嫁接方法较多，常用的有靠接法、插接法、劈接法和斜切接法等。瓜类以插接为主，辣椒及苦瓜等则采用劈接法，番茄、茄子主要采用劈接和斜切接法。

靠接法主要采取离地嫁接法，操作方便，同时接穗和砧木均带根，嫁接苗成活率也比较高。靠接法的主要缺点是嫁接部位偏低，防病效果较差，需要重视嫁接苗定植后的栽培管理技术克服这种缺点，可用于黄瓜、丝瓜、西葫芦等的嫁接。

插接法的嫁接部位高，远离地面，防病效果好，但蔬菜采取断根嫁接，容易萎蔫，成活率不易保证，主要用于以防病为主要目的的蔬菜嫁接，如西瓜、甜瓜等。由于插接法插孔时，容易插破苗茎，因此苗茎细硬的蔬菜不适合采用插接法。

劈接法的嫁接部位也比较高，防病效果好，但对蔬菜接穗的保护效果不及插接法，主要用于苗茎较硬的蔬菜防病嫁接，如茄子、辣椒等蔬菜的嫁接。

斜切接法的嫁接部位较高，防病效果好，留的真叶数适中，对促进蔬菜的早熟、高产作用明显。该方法嫁接成活率高、伤口愈合快、操作简便、嫁接效率高，适用于苗茎较硬的蔬菜防病嫁接，如番茄、茄子等蔬菜的嫁接。

2）砧木选择

对嫁接砧木的基本要求是：与蔬菜的嫁接亲和性强并且稳定；对蔬菜的土传病害抗性强或免疫；能明显提高蔬菜的生长势，增强抗逆性；对蔬菜的品质无不良影响或影响较小。主要瓜菜常用砧木与嫁接方法见表2-9。

表2-9　主要瓜菜常用砧木与嫁接方法

瓜菜名称	砧木种类	常用品种	常用嫁接方法
黄瓜、瓠瓜、苦瓜、丝瓜	南瓜、瓠瓜（葫芦）、丝瓜、冬瓜	'黑籽南瓜'、'京欣砧5号'、'京欣砧6号'、'新土佐'、'真优台木'、'真藤台木F1'、'日本雪松'，'银砧1号'、'银砧2号'，'丝砧一号'	插接法、靠接法、劈接法
西瓜	瓠瓜（葫芦）、南瓜、野生西瓜	'南砧一号'、'超丰抗生王'、'京欣砧优'、'京欣砧4号'、'超丰F1'、'西嫁强生'、'予凯'、'韩国玄和'、'日本雪松'、'日本相生'	插接法、靠接法、劈接法
甜瓜	瓠瓜（葫芦）、南瓜	'甬砧2号'、'京欣砧3号'、'果砧二号'、'予凯'、'香砧'、'日本雪松'、'极品金根'、'金根强力'、'金根勇士'、'富士金根'	插接法、靠接法、劈接法
番茄	野生番茄	'果砧一号'、'浙砧1号'、'和美2号'、'久留大佐'、'板砧一号'、'春树'	靠接法、劈接法、斜切接法
茄子	野生茄子	'托鲁巴姆'	靠接法、劈接法、斜切接法

3）嫁接前准备

蔬菜嫁接应在温室或塑料大棚内进行，场地内的适宜温度为25～30℃、空气湿度90%以上，并用草苫或遮阳网将地面遮成花阴。

嫁接用具主要有刀片、竹签、嫁接夹等。

刀片：用来切削蔬菜苗和砧木苗的接口，切除砧木苗的心叶和生长点。一般使用双面刀片。为方便操作，对刀片应按图2-2所示进行处理。

竹签：用来剔除砧木苗的心叶和生长点，以及砧木苗茎插孔。一般用竹片自行制作。先将竹片切成宽0.5～1 cm、长5～10 cm、厚0.4 cm左右的片段，再将一端（孔端）削成图2-3所示的形状，然后用砂皮纸将竹签打磨光滑。插孔端的粗度与蔬菜苗茎的粗度相当或稍大一些，若蔬菜苗的大小不一致，苗茎粗度差别较大，可多预制几根粗细不同的竹签备用。

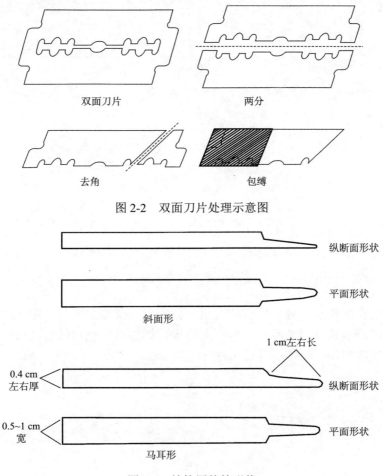

图 2-2　双面刀片处理示意图

图 2-3　嫁接用竹签形状

嫁接夹：用于固定嫁接苗的接合部位。目前多用塑料夹、塑料套管，可从市场购买。

其他：还应准备运苗箱（运送接穗、砧木及嫁接苗）、水桶、水盆、工作台、工作凳、塑料膜及拱棚支架等。

4）嫁接技术

靠接法操作要点：靠接法应选苗茎粗细相近的砧木和蔬菜苗进行嫁接。如果两苗的茎粗相差太大，应错期播种，进行调节。靠接过程包括砧木苗去心和苗茎削切、蔬菜苗茎削切、切口接合及嫁接部位固定等几道工序，见图 2-4。

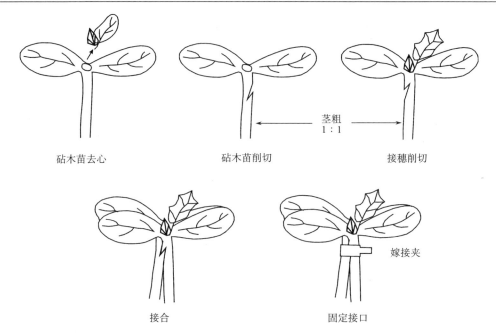

图 2-4　靠接过程示意图

插接法操作要点：普通插接法所用的砧木苗茎要比蔬菜苗茎粗 1.5 倍以上，主要是通过调节播种期使两苗茎粗达到要求。插接过程包括砧木苗去心、插孔，接穗蔬菜苗茎削切、插接等几道工序，见图 2-5。

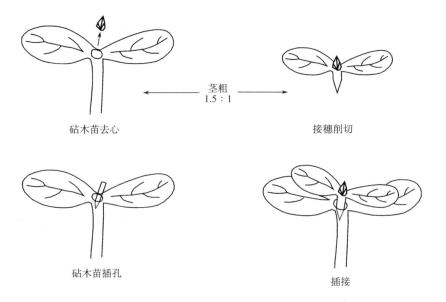

图 2-5　插接过程示意图

劈接法操作要点：劈接法对蔬菜和砧木的苗茎粗要求不甚严格，视砧木、接穗苗茎的粗细差异程度，一般分为半劈接（砧木苗茎的切口宽度为苗茎粗度的 1/2 左右）和全劈接两种形式。砧木苗茎较粗、蔬菜苗茎较细时采用半劈接；砧木与接穗的苗茎粗度相当时用全劈接。劈接的操作过程包括砧木苗茎去心、劈接口、插接、固定接口等几道工序，见图 2-6。

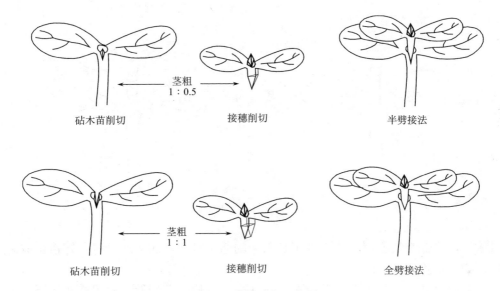

图 2-6　劈接过程示意图

斜切接法操作要点：多用于茄果类蔬菜嫁接。当砧木苗长到 5～6 片叶时，用刀片在砧木第二片真叶上方的节间斜切，去掉顶端，形成 30°～40° 的斜面，斜面长 1.0～1.5 cm，用 1.5 cm 长的塑料管套（管中间应先割开，可以半包围状固定伤口）套住，然后切接穗苗，保持接穗顶部 2～3 片真叶和生长点，削成与砧木相反的斜面，并去掉下端，形成与砧木斜面大小相等的斜面，然后与砧木贴合固定。斜切接的操作过程包括砧木苗茎斜切接口、插套管、蔬菜苗茎斜切接口、贴合固定等几道工序，见图 2-7。

5）嫁接苗管理要点

温度管理：嫁接后 8～10 d 内为嫁接苗的成活期，对温度要求比较严格。此期的适宜温度是白天 25～30℃，夜间 20℃左右。嫁接苗成活后，对温度的要求不甚严格，按一般育苗法进行温度管理即可。

空气湿度管理：嫁接结束后，要随即把嫁接苗放入苗床内，并用小拱棚覆盖保湿，使苗床内的空气湿度保持在 90%以上，空气湿度低时要向畦内地面洒水，但不可在苗上洒水或喷水，以避免污水流入接口内，引起接口染病腐烂。3 d 后适

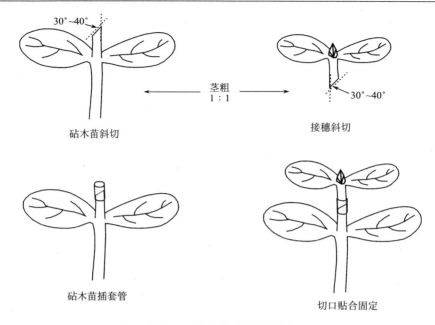

图 2-7　斜切接过程示意图

量放风，降低空气湿度，并逐渐延长苗床的通风时间，加大通风量。嫁接苗成活后，撤掉小拱棚。

光照管理：嫁接当天以及嫁接后 3 d 内，要用草苫或遮阳网把嫁接场所和苗床遮成花阴。从第 4 天开始，要求于每天的早晚让苗床接受短时间的太阳直射光照，并随着嫁接苗的成活生长，逐天延长光照的时间。嫁接苗完全成活后，撤掉遮阴物。

嫁接苗自身管理：

第一，分床管理。一般嫁接后第 7～第 10 天，把嫁接质量好、接穗苗恢复生长较快的苗集中在一起，在培育壮苗的条件下进行管理；把嫁接质量较差、接穗苗恢复生长也较差的苗另行集中，继续在原来的条件下进行管理，促其生长，待生长转旺后再转入培育壮苗的条件下进行管理。对已发生枯萎或染病致死的苗要从苗床中剔出。

第二，断根。靠接法嫁接苗在嫁接后的第 9～第 10 天，当嫁接苗完全恢复正常生长后，选阴天或晴天傍晚，用刀片或剪刀从嫁接部位下把接穗苗茎紧靠嫁接部位切断或剪断，使接穗苗与砧木苗相互依赖进行共生。嫁接苗断根后的 3～4 d 内，接穗苗容易发生萎蔫，应进行遮阴，同时在断根的前 1 d 或当天上午需将苗钵浇一次透水。

第三，抹杈和抹根。砧木苗在去掉心叶后，其苗茎的腋芽能够萌发长出不定芽，这些不定芽应随时抹掉。另外，接穗苗茎上也容易产生不定根，不定根也要随发生随抹掉。

二、节水灌溉技术

南方丘陵山地水资源总量充足，年均降水量一般为 800～2000 mm，但受季风环境和复杂地形的综合作用，降水时空分布不均、年际变化大，季节性、区域性干旱频繁发生。由于山区水利设施薄弱，灌溉条件差，缺水干旱成为制约山地蔬菜可持续发展的主要因素之一。从大部分山区实际情况看，夏秋高温季节山区干旱发生频率高达 60% 以上，区域性、季节性、资源性缺水十分突出。节水灌溉技术的推广应用有效缓解了干旱缺水给蔬菜生产带来的威胁，提高了山地蔬菜的抗灾能力，确保了高产稳产和优质高效。目前，山地蔬菜生产上常用的节水灌溉技术有滴灌、喷灌和微蓄微灌等。

（一）滴灌技术

滴灌技术是通过干管、支管和毛管上的滴头，在低压下将水一滴一滴地、均匀而又缓慢地滴入作物根区附近土壤中的灌水形式。投资较大，每亩在 1500 元左右。

1. 滴灌系统的组成

滴灌系统主要由首部枢纽、管路和滴头三部分组成。

首部枢纽：包括水泵、化肥罐过滤器、控制与测量仪表等，其作用是抽水、兑肥、过滤，以一定的压力将一定数量的水送入干管。

管路：包括干管、支管、毛管以及必要的调节设备（如压力表、闸阀、流量调节器、过滤器等），其作用是将加压水均匀地输送到滴头。有时，为了在灌水的同时施肥，在干管或支管上端还装有肥料注入装置。

滴头：滴头通常放在土壤表面或者浅埋保护，其作用是使水流经过微小的孔道，以点滴的方式滴入土壤中。

2. 滴灌的优点

滴灌有多方面的优点。第一是节水，与大水漫灌比，膜下滴灌可节水 70% 以上。第二是节省劳力、降低劳动强度，使用滴灌产品，打开阀门后所有滴头同时滴水，无须用人看管，省工省力。第三是减少作物病害，使用滴灌给水，可以降低环境湿度，从而明显减少作物病害。第四是节肥，与普通的撒施、穴施、沟施等追肥方式相比，利用滴灌随水追肥，可节肥 50% 以上。第五是保护土壤，滴灌水肥一体化以后，不易造成土壤盐渍化，也不易造成土壤板结。此外，使用滴灌还有明显的增产效果。

3. 使用方法

1）滴管铺设

每畦双行定植的果菜类蔬菜，宜铺设 2 条滴灌管，滴灌管距离植株基部 5 cm 左右。采用地膜覆盖时，滴孔宜朝上；无畦面覆盖时，滴孔可侧面。滴管铺设时，除了畦两端需要临时（生长期）固定外，一般应每隔 5～10 m 设置固定卡，固定卡可以用 10# 铁丝做成"∩"形。

2）输水压力调整

把水压调至 0.03～0.05 MPa，压力过大易造成软管破裂。没有压力表时，可从滴水软管的运行上加以判断。若软管呈近似圆形，水声不大，可认为压力合适。若软管绷得太紧，水声太大，说明压力太大，应予调整。

3）供水量调控

灌溉水量要依作物的不同生育期以及天气情况来确定。通常，刚定植的蔬菜，滴灌时间较长，以畦沟两侧有水外渗为度；高温干旱季节滴水时间为 20～30 min；其他时间段若需滴水，一般滴水时间控制在 10 min 左右。

4. 注意事项

为了滴灌正常进行，在使用中应注意以下几个方面：一是防止滴孔堵塞。需要定期清理过滤装置，追肥时一定要溶解好，并清除杂质。二是注意水压。压力要适中，避免软带破裂。三是采用肥水同灌时，宜选用全溶性肥料，并注意施肥浓度。四是保管好塑料管材。产品采收后应将布置在地面的管材和软带收集起来，放到避光和温度较低的地方保存，再用时要检查是否有破裂漏水或堵塞，维修后再重新布设。

（二）喷灌技术

喷灌是一种利用水泵加压将灌溉水通过喷头喷射到空中，分散成细小的水滴，像雨水一样均匀地落下，从而补充土壤水分的灌溉方法。其突出的优点是对地形的适应性强、机械化程度高、灌溉均匀、灌溉水利用系数较高，尤其是适合于透水性强的土壤，并可调节空气湿度和温度。但喷灌基础建设投资较高，而且灌溉效果受风的影响大。

1. 喷灌系统的组成

喷灌系统通常由水源工程、泵及配套动力机、输配水管道系统和喷头等部分组成。

1）水源工程

包括河流、湖泊、水库、池塘和井泉等都可作为喷灌的水源，但都必须修建相应的水源工程，如泵站及附属设施、水量调节池和沉淀池等。

2）泵及配套动力机

喷灌需要使用有压力的水才能进行喷洒。通常是用水泵将灌溉水从水源点吸提、增压、输送到管道系统。喷灌系统常用的水泵有离心泵、自吸式离心泵、长轴井泵、深井潜水泵等。在有电力供应的基地常用电动机作为水泵的动力机。在用电困难的基地可用柴油机、拖拉机等作为动力机与水泵配套。动力机功率大小根据水泵的配套要求而定。

3）管道系统

一般包括干管和支管两级，在支管上装有用于安装喷头的竖管，其作用是将压力水输送并分配到田间喷头中去。干管和支管起输、配水作用，竖管安装在支管上，末端接喷头。在管道系统上装有各种连接和控制的附属配件，包括弯头、三通、接头、过滤器、闸阀等。有时，为了在灌水的同时施肥，在干管或支管上端还装有肥料注入装置。

4）喷头

喷头装在竖管上或直接安装于支管上，是喷灌系统中的关键设备。喷头的作用是将管道系统输送来的水通过喷嘴喷射到空中，形成下雨的效果洒落在地面，灌溉作物。

2. 喷灌方式及其优缺点

按照管道可移动程度喷灌系统分为固定式、半固定式和移动式。

1）固定式喷灌

其干支管全部固定不动，田间喷灌设备固定或移动。这种方式运行管理方便，工作效率高，易于保证喷灌质量，但系统所需管材量大、投资高，目前多用于经济作物灌溉及所需灌溉次数频繁、劳动力成本高的地区。对地形复杂的丘陵山区，管道移动不便，多采用固定式喷灌。

2）半固定式喷灌

干管固定，支管及喷头移动的系统称为半固定式。当支管在一个位置喷洒作业完毕，就移动到下一个灌水位置。这种系统可以减少支管及喷头数量，设备投资减少，但相应增加了劳动强度及运行管理的难度。

3）移动式喷灌

移动式喷灌系统分为移动管道式喷灌系统和喷灌机组。移动管道式喷灌系统除水源、机泵外，其余的各级管道和喷头等均能移动，这样一套管道及喷洒设备可在不同地块上轮流使用，从而提高了管道及喷洒设备的利用率，降低了系统投资，但拆装管道及设备的劳动强度大、工作条件差。机组式喷灌系统以喷灌机为主要设备构成。喷灌机组具有集成度高、配套完整、机动性好、设备利用率高和生产效率高等优点，规模蔬菜生产基地适宜采用。

3. 注意事项

水泵运行中若出现不正常现象（杂音、大幅振动、水量下降等），应立即停机，并注意轴承温升不可超过 75℃。

观察喷头转动有无不均、过快或过慢甚至不转动现象，转向是否灵活，有无异常现象。

应尽量避免引用泥沙含量过多的水进行喷灌，否则水泵叶轮和喷头的喷嘴易磨损，并影响作物生长。

对于不同的土质和作物，需更换喷嘴。调整喷头转速时，可通过拧紧或放松摇臂弹簧来实现，也可转动调位螺钉来调整摇臂头部的入水深度和控制喷头转速。调整反转的位置可改变反转速度。

（三）山地微蓄微灌技术

长期以来，受山区自然条件和社会经济发展水平的限制，农业"靠天吃饭"的状况未能得到根本改变。山地蔬菜生产因旱欠收或绝收现象时有发生，水资源匮乏已成为制约蔬菜产业健康发展的主要瓶颈。山地微蓄微灌技术系统能在不用电、不用泵的情况下使用，对作物进行高质量灌溉，有效解决了山区、半山区用电不便、山地蔬菜灌溉困难的难题。据实地测算，在 1 kg 自然水压条件下，内镶式滴灌管的每个出水孔出水量约 2.4 kg/h，单位亩面积的滴灌每小时约可供水 2.4 t，一只 100 m³ 蓄水池一次能满足 3.3 hm² 左右的菜地灌溉。

微蓄微灌系统由两部分组成，首先是收集山涧小溪的水，也就是"微蓄"，然后通过塑料水管连接滴灌系统进行"微灌"。即在田块上坡建造一定大小容积的蓄水池（一般以 60～120 m³ 为宜），水池与下坡田块的高差在 10～15 m，把以往流失的山涧细小水源，通过引水形成"微蓄"，再利用山坡自然高差产生的水压，通过输水管安装连接到田间的微灌系统，在不需外加能源动力的情况下，形成自流灌溉。

微蓄微灌系统由水源、引水管、引水池、蓄水池、输水管路及田间微灌设备组成，其基本结构如图 2-8 所示。

1. 基本原理

山地自流式微蓄微灌是适宜山地应用的一种专用高效节水微灌系统。其原理

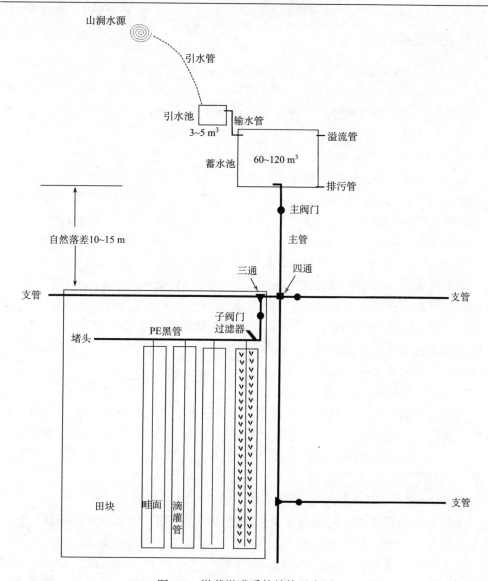

图 2-8　微蓄微灌系统结构示意图

是在农田上方修建容积数十至数百立方米的小型蓄水池,利用山坡地势落差(10～15 m)产生自然水压,通过塑料管道连接蓄水池和田间的滴灌系统,对地势相对较低的地块实行自流灌溉。该系统可有效解决山区用电不便的问题,使滴灌系统能在不用电、不用泵的情况下使用,适合山区、半山区和丘陵等非平坦地形上的蔬菜微灌,也适用于山地西瓜、水果、花卉、中药材等多种经济作物的抗旱灌溉。

2. 主要优点

生产应用表明，微蓄微灌把山区自然流失的细小水源蓄积起来，做到"小水大用"，增强抗御自然灾害能力，有效提升山地蔬菜的产量与品质，在旱季缺水时能发挥极其重要的抗旱作用。该项技术具有"省工节本、灌溉效果好、增产增效明显"等优点。

1）省工节水，节省能耗

由于微蓄微灌利用山坡地势落差产生的自然水压进行自流灌溉，因此不用电，不用水泵，节约了能源。微灌通过输水管网将水供应到作物根系分布范围的土壤，减少了输水损失，水资源利用率可达 95% 以上。自流灌溉可节约灌溉用工，大大提高劳动效率，降低了劳动强度。

2）土壤不易板结，提高灌溉质量

采用沟灌或浇灌用水量大，土壤流失较严重，土壤通透性差、容易板结，而微蓄微灌可以定时定量灌溉，且均匀度高，灌溉后能较好地保持土壤疏松、减轻土壤板结，有利于农作物的生长。采用内镶式滴管灌溉，出水均匀。据实地测算，内镶式滴灌管每个滴孔供水量 2.4 kg/h 左右，滴水 1 h 可渗透至 30 cm 深处，使根区土壤潮湿，提高了灌溉质量。

3）水、肥同施，提高肥料利用率

传统灌溉用水量大，所施肥料随水分流失较多，肥料利用率不高。利用微灌施肥（将配好的肥料通过施肥器连接到输水管网中）的肥料几乎全部随水渗入耕作层内，土层表面化肥积累较少，有效防止了养分流失，大大提高肥料的利用率，一般可节省肥料用量 15% 以上，同时还减少了化肥对农区水系的污染。

4）降低田间湿度，减少植株发病率

由于采用地膜覆盖下的微滴灌技术，植株地上部不会溅上水珠，降低了空气及地表湿度，有效抑制了病虫害的发生。据浙江省临安市高虹镇木公山村山地菜豆实地调查，结荚期锈病发生率滴灌区平均为 6.5%，而对照区高达 23.6%；马啸乡浪广村山地番茄 7~8 月高温干旱期间未采用微灌的脐腐病发生严重，病果率为6.5%、裂果率 5.8%，而滴灌区未发生脐腐病，裂果仅 2.3%。

5）促进蔬菜优质高产

由于微灌能适时适量、均匀准确地为作物补充水分，使作物能在最佳的水分状态下生长。同时，可有效改善土壤的理化性状，为作物生长创造良好的水、肥、温、气等环境条件，促进蔬菜的优质高产。使用滴灌的番茄果形大，色泽亮丽，无裂果，质量优，单果重 150 g 以上的优质果占 90% 以上；菜豆生长整齐，条直均匀，商品性佳。

3. 系统构成

按照水流输送方向，一套完整的山地微蓄微灌系统主要由水源、引水过滤池、塑料输水管（主管、地下管道）、蓄水池、输水管网、控制首部、田间微灌系统等部分构成。其中，微蓄部件主要是引水管路，多采用普通聚氯乙烯管，管径一般为 40～80 mm。微灌部件主要有控制首部、输水管路和滴灌管。

1）控制首部

通常设在微灌系统出水处，由出水阀、过滤器、施肥器组成。出水阀是主管与 PE 黑管之间的控制阀，其管口内径与 PE 黑管配套，为 25 mm。过滤器是滴灌系统长期安全使用的重要保障，不使用过滤器或过滤器损坏会造成滴灌管堵塞。应用的施肥设备主要有压差式施肥器。

2）输水管路

由主管、支管组成。主管一般用聚氯乙烯管，管径为 75～110 mm。支管为黑色聚乙烯管（PE 黑管），管径为 25 mm。支管与主管连接处装一出水阀，用于控制灌水。

3）滴灌管

采用内镶式滴灌管，因其滴头镶嵌在管壁内侧而得名，是目前世界上应用广泛、性能先进的滴灌带。内镶式滴灌管滴头采用了流道消压技术，即滴灌管内水进入滴头时，水通过滴头内一条弯曲狭长的流道，水流与流道壁产生摩擦，形成细微的水流而消压，从而使滴灌管近端和远端的滴头压力均匀，出水一致。常见的内镶式滴灌管管壁厚度有 0.2 mm、0.4 mm、0.6 mm 多种，滴头间距有 0.3 m、0.4 m、0.5 m 等规格，滴头每平方厘米工作压力 0.1～1.0 kg，特点是出水量均匀，抗堵塞性能强，结构紧凑，滴头不会脱落，造价较低。

4. 安装要求

1）水源选取

选择灌溉区上有山泉水、山沟水、涵洞水，引水点以上有相应的集雨面积，有较好的植被保护，无污染，也可利用适宜高度的山塘作为水源。引水点与灌溉菜地之间要有相应的落差。

2）引水池建造

引水池又称为沉淀过滤池，大小一般以 3～5 m³ 为宜。来水在引水池中先行沉淀泥沙，然后通过水管进入蓄水池。池体尺寸根据来水量确定，水源充足的池体可略小，反之则适当加大。一般尺寸为长 2 m、宽 2 m、高 1～2 m。施工时，其底部先预埋一根水管，用于清洗池体，离底部 30～40 cm 处再预埋两根输水管

（一根备用），输水管与蓄水池相连。为避免平时杂质进入过滤池，在非使用时期池顶应用预制混凝土板盖住。

　　3）引水管埋设

　　在引水池的水流入口处设置好拦污栅，以拦截汇流中挟带的枯枝残叶、杂草等污物。开挖埋设沟，埋设引水管。铺设引水管时，应尽量顺坡而下，不要起伏太大，引水管埋设深度宜在 40 cm 以下，不允许水管裸露，水管的接头要紧密不漏气。

　　4）蓄水池建造

　　蓄水池与灌溉菜地的落差应在 10 m 以上，蓄水池大小根据水源大小和需灌溉面积确定，一般以 60～120 m³ 为宜。形状多呈长方形，长 6～8 m，宽 4～6 m，高 3 m 左右。蓄水池建造质量要求较高，池体应深埋地下，露出地面部分以不超过池体 1/3 为宜。施工中应按要求设置进水管，为减轻进水流对池底的冲刷，在进水暗管的下方池底上设置石板或混凝土板块。在水池圈梁以下处埋设直径为 10 cm 溢流管，以防止池水超蓄，使多余池水从溢流管泄入排水渠。距离池底 10 cm 左右处预埋两根出水管（一根备用），并在池底埋设排污管。池体按施工方式可分为实砌池、浆砌石池和混凝土池等。

　　实砌池：池墙用砖块实砌，厚 26～28 cm。池墙、池底整体砌成，池底平砖，最后用 1∶3.5 水泥砂浆抹面，厚 3 cm。这种实砌池适合 10 m³ 以内的引水池和 20～50 m³ 的小型蓄水池。

　　浆砌池：池底为水泥砂浆砌石，厚 25 cm，墙体厚 40 cm。内壁和池身用水泥砂浆抹面防渗。浆砌石池适合 50～80 m³ 的蓄水池。

　　混凝土池：外墙用砖头或浆砌石筑造（厚 35 cm），墙体内侧用钢筋水泥（厚 25 cm）现浇。池底混凝土厚度 5～8 cm，一次现浇而成，洒水养护 7～14 d。适合 80～120 m³ 的蓄水池。

　　5）主、支管道埋设

　　输水主管与蓄水池下部的供水主阀门连接，为节约土地、防止老化、延长使用寿命，主管多埋设于地面 40 cm 以下，一般不宜埋在路中、沟里，以防损坏。支管设在每个田块的端面，为便于移动，多铺设在地面。

　　6）阀门安装

　　蓄水池下部安装出水主阀门，根据输水需求在主管与支管连接处安装分阀门（调节阀），支管与每一田块的连接处安装一个子阀门（出水阀），以调节水压或分区灌溉。

　　7）地上部分安装

　　安装田间微灌设备时，先将 PE 黑管的一端与进水处的过滤器连接，另一端用堵头封堵，再通过专用配件将内镶式滴灌管与输水管相连，滴灌管的末端用堵头堵住。

滴灌管田间设置一般采用单畦单管铺设注，即将内镶式滴灌管置于每畦两行植株中间，管长与畦长相同，用专用配件将内镶式滴灌管与放置在灌溉地端面的输水管连接即可。滴灌管的滴孔应朝上，使水中的少量杂质沉淀在管子底部。最后畦面覆盖地膜，以减少水分蒸发，控制畦面杂草。对于无地膜覆盖的栽培，每畦（双行定植）铺设两条滴管时给水效果更佳。

5. 系统维护

微蓄微灌系统的设计安装，包括蓄水池的定点与大、小输水管道的管径与走向、控制部首的安装调节等，应委托农业部门或微灌工程技术人员进行，以确保系统的建设质量与使用效果。使用过程中要落实管理责任制，有专人管理维护，同时注意以下内容：

系统建成后第一次使用前，应拆除过滤器后将系统中的全部阀门打开，放水冲洗，冲除安装过程积聚在管道内的沙泥、塑料粒子等。然后安装过滤器、分区测试滴灌管滴头的工作压力（一般每平方厘米为 0.8~1.2 kg）与前后端的出水均匀度，调试至正常为止。

采取分片或分区灌溉，一次灌溉持续时间 1~2 h。当第一个灌区完成滴灌改换第二个灌区时，应先打开第二灌区的出水阀，再关闭第一灌区的出水阀门。

定期清洗引水池、蓄水池、过滤器。每年使用前应将水池墙体、池底淤泥，清洗干净。定期清洗各级过滤器，及时清除过滤器中积聚的杂质，防止堵塞；检查过滤器是否完好无损，发现滤网损坏及时更换。

定期冲洗滴灌管。新安装的滴灌管首次使用时，要充分放水冲洗滴灌管，把管内杂质冲洗干净，然后封堵滴灌管末端的堵头，再开始使用。滴灌系统每使用 5 次左右，要拆开滴灌管末端堵头，把使用过程中积聚的杂质冲洗出滴灌管。

防止滴灌管破损。在锄地等农事操作时，要避免损坏滴灌管；滴灌时出水压力保持在 1 kg 左右即可，防止压力过高而损坏滴灌管。发现滴灌管破损漏水时，应立即裁截并用接头进行连接。

山地蔬菜灌溉季节结束，应将滴灌的地上部分（过滤器、施肥器、PE 黑管、滴灌管等）收回并妥善保管。

冬季来临前，为防止严寒将管道冻坏，应注意将田间位于主支管道上的排水阀门打开，尽量排净里面的余水，阀门在冬季不必关闭。

三、蔬菜连作障碍及其防治技术

同一植物或近缘植物连作以后，即使在正常管理的情况下，也会出现生长发育状况变差、病虫害严重、产量下降、品质变劣的现象被称为连作障碍，俗称"重茬病"。连作障碍必定产生于连作土壤，但连作土壤未必一定产生连作障碍。

（一）引起蔬菜连作障碍的原因

1. 蔬菜自身原因（自毒作用）

自毒作用是同种作物的一些个体通过向环境中释放某些代谢或分解的化学物质，而对其他个体生长产生直接或间接的有害影响，又称为自身化感作用。植株通过淋溶、残体分解、根系分泌向环境中释放化学物质，而对自身产生直接或间接的毒害作用，这种现象被称为自毒作用。目前，已在番茄、黄瓜和辣椒等多种设施园艺作物组织和根系分泌物中分离出包括苯甲酸、肉桂酸和水杨酸在内的10余种具有生物毒性的酚酸类物质，这些成分当积累到一定程度时，会影响下茬作物的生长。有些根系分泌物还能刺激一些有害微生物的生长和繁殖，引起下茬蔬菜病害，从而造成连作障碍。

2. 环境因素引起的连作障碍

土壤养分不均衡。同种蔬菜的根系分布范围及深浅基本一致，对肥料中各元素的吸收比例也基本相同，因连作长期消耗，极易导致土壤中某种养分的缺乏。如果耕地不到位，很容易引起该土层中一些大量或微量元素的缺失，致使蔬菜的生长发育不良。

土壤盐渍化与酸化。在连作条件下，施用过量的化学肥料，超出土壤自身的调节平衡能力，使大量的盐分在土壤中积累。盐分跟随水的蒸发向表层土转移，导致盐分集中于土壤表层形成盐渍。盐渍可导致土壤板结，影响植物根系的伸长生长和对水分、养分的吸收，也会影响土壤微生物的活动，最终导致蔬菜减产。在设施大棚高湿条件下，再加上高温的影响，不仅加快了土壤固相物质的分解速度与盐基离子的释放，也增加了盐分的表聚性。土壤酸化，即土壤 pH 下降，一方面是由于过量施用化学肥料，特别是酸性肥料，破坏了土壤的缓冲能力和离子平衡能力；另一方面是由于连作作物的残根或根系分泌物中存在一些有机酸，如甲酸、乙酸、乙二酸等，随着连作年限的上升，不断积累而使土壤酸性增强。土壤酸化破坏了离子平衡性，易发生缺钙、缺锌等生理性病害，影响作物正常的生长发育。

根际微生物变化。土壤微生物和酶是土壤生态系统的重要动力，土壤中所进行的一切生物学和化学过程都要由微生物和酶作用才能完成。同一种作物连作后，可使某些特定的微生物群得到富集，特别是植物病原真菌，从而有利于植物根部病害的发生，不利于土壤中微生物种群的平衡，最终导致作物产量逐年降低。土壤微生物比例失调，是导致土壤分解能力下降的直接原因，间接导致连作蔬菜无法正常补给元素生长发育受阻。另外，土壤中有害真菌的增多，使连作后期的蔬菜受到病害感染的可能性大大上升。例如，茄子的黄萎病、瓜类作物的枯萎病、番茄的青枯病、辣椒的疫病以及大白菜的根肿病等。

（二）连作障碍的调控技术

1. 合理轮作与间作

根据不同蔬菜的特性，制定合理的蔬菜轮作换茬制度，是有效防控连作障碍简单而有效的方法。例如，春番茄间作丝瓜—芫荽(香菜) —花椰菜、春大白菜—夏萝卜—秋糯玉米—青蒜等轮作模式，既能吸收土壤中的不同养分，使养分得到充分利用，又可减轻土传病害的发生，提高单位面积产量和产值。轮作换茬后，根系土壤微生物种类、数量、活性均得到有效改善，可提高土壤分解能力，减轻自毒作用。

对于连年种植同类山地蔬菜的田块，采用水旱轮作、实行一年水稻两年瓜菜，可避免土壤返盐，提高肥料利用率，降低病虫为害，提升农田可持续生产能力。

间作套作不仅能有效防止连作障碍，也能节约土地、提高土地利用率。例如，在蔬菜生产中，葱蒜类与其他蔬菜作物间作，葱蒜类根系分泌物可以有效地杀灭某些有害病菌，减少相关病害的发生。

2. 选择抗性良种

不同作物及同一作物的不同品种对重茬的抗性和耐性差异较大，所以，选育、选择抗（耐）重茬的品种是解决蔬菜作物连作障碍的一条重要途径。选用抗病、优质、高产的品种，还可以提高蔬菜的适应能力及抗病能力。

3. 应用嫁接技术

嫁接可以改善植株根系吸收特性、改变内源激素含量、使植株光合作用能力加强、提高保护酶活性等，使蔬菜嫁接苗抗病增产。嫁接可减轻化感物质的毒害，如黄瓜和西瓜的根系分泌物对其产生自毒作用。瓜类蔬菜、茄果类蔬菜抗病砧木的筛选与应用，更是防止土传病害的有效技术，在山地蔬菜生产上应用越来越普遍。

4. 土壤耕翻与消毒灭菌

连作的土壤易板结、硬化，不利于后茬蔬菜的生长，而土壤翻耕不仅能改善土壤的物理性质，还能使土壤中养分、生物群落等重新混合，消除不利富集或缺失等极端情况。间隔 1～2 年进行土地的深耕，配合土壤消毒灭菌，能使植物的株高、茎粗、光合速率等得到显著的提升，根系形态明显改善，根长和根系活力增加，植株生长发育良好，产量提高。

土壤消毒的方法很多，主要有石灰消毒法、高温消毒法、热水消毒法、太阳能消毒法、药剂消毒法。此外，还有火焰消毒技术、蒸汽消毒技术、生物熏蒸技术等。目前生产上普遍采用的是药剂消毒法，常用的药剂有氰氨化钙（石灰氮）、溴甲烷、3,5-二甲基-1,3,5-噻二嗪烷-2-硫酮（棉隆）以及克菌丹、恶霉灵、霜霉威、甲霜灵、敌克松等，使用效果较安全与理想的是棉隆太阳能消毒法。

5. 合理施肥与灌溉

在现代农业生产中，不合理的施肥是导致连作障碍的原因之一，所以要尽量选好肥料、选对肥料。有机肥具有减轻和防御土壤盐分表面聚集的作用，并可改善土壤物理结构、提高微生物活性、保持土壤肥力，还可消除农药残毒和重金属污染，防止连作障碍，促进蔬菜生长。比较科学的施肥方法是测土配方施肥，在蔬菜生产中提倡叶面施肥，可有效补充锌、镁、硼、铁、铜等微量元素，调节作物生长，防止发生生理病害。此外，可以考虑施用生物肥料。生物肥料中含有大量有益菌，土壤接种有益菌后，可有效抑制某些病原菌的生长，从而改善土壤微生物环境，提高土壤自身的降解能力，防止病害的传播与自毒作用。

灌溉一方面为蔬菜提供水分，另一方面可去除土壤表面的盐渍。盐分溶于水中，随水的流动而重新分布，可有效降低土壤中盐分的含量，对防止连作障碍有一定效果。

6. 应用土壤改良剂改良土壤

使用土壤改良剂可以有效改善土壤物理性质和微生物种群。提倡使用的土壤改良剂有石灰石、蛭石、珍珠岩等天然矿物，粉煤灰等无机废弃物以及作物秸秆、豆科绿肥和畜禽粪便、泥炭等有机物料，生物控制剂、微生物接种菌、菌根、好氧堆制茶、蚯蚓等生物改良剂。

7. 采用有机生态型无土栽培

有机生态型无土栽培是不用天然土壤，而使用基质，不用传统的营养液灌溉植物根系，而使用有机固态肥并直接用清水灌溉作物的一种无土栽培技术。与传统的土壤栽培相比，具有以下优点：利用农业废弃物作基质可保护生态环境，可提高作物的产量与品质，避免土壤的连作障碍、土传病害，减少农药用量，节水节肥省工，利用非耕地生产蔬菜等；还具有一次性运转成本低、操作管理简单、对环境无污染、产品品质好等特点。

四、蔬菜测土配方施肥与水肥一体化技术

蔬菜测土配方施肥是以肥料田间试验、土壤测试为基础，根据蔬菜的需肥规律、土壤供肥性能和肥料效应，在合理施用有机肥料的基础上，提出氮、磷、钾及中、微量元素等肥料的施用品种、数量、施肥时期和施肥方法。

蔬菜测土配方施肥技术的核心是调节和解决蔬菜需肥与土壤供肥之间的矛盾，有针对性地补充蔬菜所需的营养元素，蔬菜缺什么元素补什么元素，需要多少补多少，实现各种养分的平衡供应，满足蔬菜生长的需要，达到提高肥料利用率和减少肥料用量、提高蔬菜产量、改善蔬菜品质、节支增收的目的。

（一）测土配方施肥的原理

测土配方施肥是以养分归还（补偿）律、最小养分律、同等重要律、不可代替律、肥料效应报酬递减律和因子综合作用律等为理论依据，以确定不同养分的施肥总量和配比为主要内容。

养分归还（补偿）律。蔬菜产量的形成有 40%～80% 的养分来自土壤，但不能把土壤看作一个取之不尽、用之不竭的"养分库"。为保证土壤有足够的养分供应容量和强度，保持土壤养分的携出与输入间的平衡，必须通过施肥这一措施来实现。依靠施肥，可以把作物吸收的养分"归还"土壤，确保土壤肥力。

最小养分律。土壤中相对含量最少的养分制约着蔬菜产量的提高，最小养分会随着条件改变而改变；只有补施最小养分，才能提高产量。经济合理的施肥方案是将蔬菜所缺的各种养分同时按蔬菜所需比例相应提高，蔬菜才会高产。

同等重要律。对蔬菜正常生长发育而言，不论大量元素或微量元素，都是同样重要缺一不可的，即缺少某一种微量元素，尽管它的需要量很少，仍会影响某种生理功能而导致减产；微量元素与大量元素同等重要，不能因为需要量少而忽略。

不可代替律。蔬菜需要的各营养元素，在蔬菜内都有一定功效，相互之间不能替代。例如，缺磷不能用氮代替，缺钾不能用氮、磷配合代替。缺少什么营养元素，就必须施用含有该元素的肥料进行补充。

肥料效应报酬递减律。从一定土地上所得的报酬，随着向该土地投入的劳动和资本量的增大而有所增加，但达到一定水平后，随着投入的单位劳动和资本量的增加，报酬的增加却在逐步减少。当施肥量超过适量时，作物产量与施肥量之间的关系就不再是曲线模式，而呈抛物线模式了，单位施肥量的增产会呈递减趋势。

因子综合作用律。蔬菜产量高低是影响蔬菜生长发育诸因子综合作用的结果，但其中必有一个起主导作用的限制因子，产量在一定程度上受该限制因子的制约。

为了充分发挥肥料的增产作用和提高肥料的经济效益，一方面，施肥措施必须与其他农业技术措施密切配合，发挥生产体系的综合功能；另一方面，各种养分之间的配合作用，也是提高肥效不可忽视的问题。

（二）测土配方施肥的实施

测土配方施肥包括"测土、配方、施肥"三个核心环节。

1. 测土

土壤样品采集：土壤样品采集应具有代表性和可比性，并根据不同分析项目采取相应的采样和处理方法。应在蔬菜播种栽培之前或农闲时进行，也可在蔬菜生长期进行田间测土，为及时追肥提供数字依据；采样深度为 0～20 cm；采样时应沿着一定的线路，按照"随机"、"等量"和"多点混合"的原则进行。一般采用"S"形布点采样。在地形变化小、地力较均匀、采样单元面积较小的情况下，也可采用"梅花"形布点取样。混合样品采集要根据沟、垄面积的比例确定沟、垄采样点数量。

样品的制备：将采回的土样，放在牛皮纸上，摊成薄薄的一层，置于室内通风处阴干（风干场所力求干燥通风，并要防止酸蒸汽、氨气和灰尘的污染）。

粉碎过筛：通过机械破碎，将土样全部通过 2 mm 或 0.25 mm 孔径的筛子。

土壤化验：土壤的常规分析包括全氮、全磷、全钾、碱解氮、有效磷、速效钾、有机质、pH 8 项指标。针对土壤的理化性状和种植作物的不同以及蔬菜所必需的微量元素选择性地测定微量元素指标。

2. 配方

通过对土壤样品的 pH、有机质、全氮、全磷、全钾、碱解氮、有效磷、速效钾 8 项指标的分析，结合作物营养生理和自然气候实际，提出配方施肥方案。即根据土壤测试得到的土壤养分状况、所要种植蔬菜预计要达到的产量（目标产量）以及这种蔬菜的需肥规律，结合专家经验，计算出所需要的肥料种类、用量、施用时期、施用方法等。一般是由土壤肥料专家制定配方，也可以通过测土配方施肥专家系统进行配方，并将配方制作成配方施肥卡提供给农户指导施肥。

3. 施肥

按照配方施肥卡将各种肥料进行合理施用。可以将单质肥料配合施用，也可以直接使用配方肥。所谓配方肥就是根据蔬菜需肥规律、土壤供肥性能和肥料效应，以各种单质化肥或复混肥为原料，采用掺混或造粒工艺制成的适合于特定区域或特定蔬菜的肥料。施用配方肥易于操作，方便简单，因此提倡推广施用配方肥。

（三）蔬菜缺素症状的识别

蔬菜缺素症是指蔬菜因缺乏某种必需营养元素而出现的生理病症。病症出现的部位主要取决于所缺乏元素在植物体内移动性的大小。氮、磷、钾、镁等元素在体内有较大的移动性，可以从老叶向新叶中转移，因而这类营养元素的缺乏症都发生在植物下部的老熟叶片上。反之，铁、钙、硼、锌、铜等元素在植物体内不易移动，这类元素的缺乏症常首见于新生芽、叶。对于出现的缺素症，经诊断确认后宜立即追施含有相应元素的肥料进行矫治。

1. 缺氮

蔬菜缺氮时表现为植株矮小，生长缓慢，茎短而细，多木质化。叶片小；叶色淡绿以至黄色，自老叶向新叶逐渐黄化，叶片基部呈黄色，干枯后则呈浅褐色。结球的蔬菜不易结球或结球不良；根菜类根不易膨大；甘蓝类如结球甘蓝、花椰菜等缺氮时老叶和茎部会出现紫红色；茄果类还表现出花、果发育迟缓，异常早熟，种子少，籽粒重轻等现象。

2. 缺磷

缺磷的特征是生长缓慢，植株矮小，叶色暗绿，无光泽，下部叶片变紫色或红褐色；花少，果少，果实迟熟；侧根生长不良，根菜类根不膨大；果菜类延迟结实和果实的成熟推迟。例如，马铃薯缺磷时，叶片呈暗绿色，薯块变小，耐储性差；番茄缺磷时叶脉紫红色。

3. 缺钾

缺钾时的症状为老叶叶尖和边缘发黄，后变褐，叶片上常出现褐色斑点或斑块，但叶中部靠近叶脉处叶色常不变，严重时幼叶也表现同样症状。叶菜类在生长初期即出现症状，如大白菜缺钾，外叶边缘先变黄，后逐渐向内伸展，叶缘枯萎，但症状常在结球后出现。根菜类在根膨大时出现症状；结球蔬菜类在结球开始时才出现症状，并且叶片皱缩，手摸有硬感；果菜类在生育初期不出现症状，而在果实膨大时才在老叶出现症状。

4. 缺钙

蔬菜缺钙植株矮小，生长点萎缩，顶芽枯死，生长停止；幼叶卷曲，叶缘变褐色并逐渐死亡；根尖枯死，甚至腐烂，果实顶端亦出现凹陷、黑褐色坏死。蔬菜种类不同，其症状也有所差异。番茄、甜椒缺钙典型症状是产生脐腐病，大白菜、甘蓝缺钙常见叶球中心叶枯黄，典型症状是缘腐病，胡萝卜缺钙根部出现裂隙，莴苣缺钙顶部出现灼伤，黄瓜缺钙顶端生长点坏死、腐烂。酸性土壤容易发生缺钙症状。

5. 缺铁

蔬菜缺铁产生缺铁失绿症，从新叶片的最尖端表现出病症，顶芽和新叶黄白化，最初在叶脉间部分失绿，仅在叶脉残留网状的绿色，以后全部呈黄白色，不产生坏死的褐斑。碱性土壤容易发生缺铁症状，这是与缺钙的显著不同点。

6. 缺硼

缺硼症状在茎与叶柄处表现，茎尖坏死，叶和叶柄脆弱易折断。茎、花蕾和肉质根的髓部变色坏死，折断后可见其中心部变黑。白菜、芹菜叶柄产生横向裂纹。

7. 缺锌

缺锌时顶芽不枯死，新叶产生黄斑，小叶呈丛生状，黄斑逐渐向全叶扩大。

8. 缺镁

症状首先出现在低位衰老叶片上，下位叶叶肉为黄色、青铜色或红色，但叶脉仍呈绿色。

（四）水肥一体化技术

水肥一体化是将养分和水分的供应结合起来的一项农业新技术。其原理是按照作物的需水要求，通过低压管道系统与安装的施肥罐，将水与肥料完全溶解，以较小的流量均匀、准确地直接输送到作物根部附近的土壤中，供作物根系直接吸收利用，从而达到精确控制灌水量、施肥量及灌溉和施肥时间，显著提高水和肥的利用率。实践中，应制订科学的设施方案，将施肥与灌溉融为一体，通过灌溉把含有养分的水直接滴在作物根际周围，既可保证蔬菜对养分的吸收，又可保持整个土层养分水平不过量，减少肥料用量和土壤对养分的吸附、固定。该技术可灵活、方便、准确地控制施肥时间与数量，增加土壤湿润空间、促进根系向深层生长，减少水分蒸发，还可将由硝酸盐产生的农业面源污染降到最低限度，节水、节肥、省工的优势明显。适于在山地蔬菜规模化生产过程中推广与应用。

1. 技术优点

1）大幅度提高肥、水利用率
滴灌系统通过管道输水，其输水利用系数高达97%以上，同时灌水均匀，可将水分的棵间蒸发、深层渗漏和地表流失降到最低，省水 50%～70%；滴灌施肥将水溶性肥料施入蔬菜根区土壤，定时定位，少施勤施，减少了由淋溶、杂草生长和流失而造成的肥料损失，一般可省肥 30%～40%。

2）改善环境小气候，增加产量，提高品质

滴灌施肥以小流量、均匀、适时、适量地向土壤补充水肥，使蔬菜根系活动区的土壤维持在适宜的含水量和最佳营养水平。此外，灌溉水分主要借助毛细管的作用，不破坏土壤团粒结构，透水性和保湿性能良好，有利于养分的活化，为蔬菜生长创造了一个水、肥、气、热协调的小环境，增强了抵御不良天气的能力。

3）减少病害发生，促进早熟

水肥一体化技术可根据蔬菜作物的需肥规律，适时进行精确的水肥调控，有效降低了田间湿度，并可通过滴灌加入对口农药，对根部病害与土壤害虫、线虫进行防治，减少了病（虫）害的发生。由于精确的水肥供应，蔬菜生长周期保持持续、旺盛的生长发育，可以提前进入结果期或提早采收。

4）节能、省工，劳动效率高

通过与滴灌技术结合，改变了传统的肩挑手提的施肥浇水方式，降低了劳动强度，提高了工作效率。滴灌后省去了中耕松土，也无须人工追肥，最大限度减少了山地蔬菜传统施肥所需要的用工量。

2. 系统组成

滴灌施肥系统一般由水源、首部枢纽、输水管道系统、滴灌带与滴头 4 个部分组成。按输水管道系统在田间的布置方式可分为固定式、半固定式和移动式三类。设施栽培一般采用固定式系统。

1）水源

山地蔬菜生产中滴灌施肥系统建设可以结合微蓄微灌系统建设一起进行，水源要求大体相同，可以选择灌溉区上游的山泉水、山沟水、涵洞水，引水点以上有相应的集雨面积，所用水质应符合国家农灌水水质标准。

2）首部枢纽

主要包括水泵、肥料罐、过滤器、压力表、调压阀、肥料泵、逆止阀等。

（1）肥料罐与吸肥系统。肥料罐是用于储放肥料的容器。施肥机械应根据肥料、作物、外界因素、各种施肥机械的特点等来选择，合理、正确地选用恰当的施肥机械，可让配方施肥技术发挥出更加有效的作用。生产上常用的施肥机械有以下几种：

压差式施肥器。压差式施肥器由储液罐、进水管、输水管和调压阀等部分组成。压差式施肥器施肥操作过程是：待灌水系统正常工作后，首先把可溶性肥料或肥料溶液注入储液罐内，之后封闭罐盖，再打开阀门使供肥管接通，并接通进水管，此时，储液罐与输水管道的压力保持平衡。然后，关小施肥调压阀门，使阀门前、后的输水管道内产生压差，罐中肥料在压力作用下，通过输肥管进入阀门后输水管道中，这又造成储液罐内压力降低。如此循环往复，直至罐内肥料施完为止，再添加新的肥料。压差式施肥器的优点是加工制造简单，造价较低，不需外加动力设备。缺点是肥料溶液浓度变化大，无法控制，罐体溶液容积有限，添加化肥次数频繁。

开敞式肥料罐自压施肥装置。在自压灌水系统中，使用开敞式肥料罐或修建一个肥料池非常方便。只需把肥料箱放置于自压水源下适当位置，将肥料供水管通过控制阀门与水源相连接，将输液管及阀门与灌溉系统的主管相连接，按要求开启程度打开供肥阀门完成施肥。开敞式肥料罐通常在单棚独立灌溉系统或自压灌水系统中使用。

注入泵。灌溉系统中常采用活塞泵或隔膜泵，向灌溉管道注入肥料溶液或农药。根据驱动水泵的动力源，又可分为水力驱动和机械驱动两种形式。使用该类装置的优点是施肥装置能均匀向灌溉水源提供肥料，从而保证了灌溉水的肥液浓度的稳定，施肥质量好，效率高。缺点是需要另外增加动力设备和注入泵，因此造价较高。

图2-9　精确灌溉施肥机

文丘里吸肥器。利用文丘里原理把液肥从化肥罐吸入灌溉系统，无须动力。目前，国内部分企业已利用该原理开发出精确灌溉施肥机（图2-9），采用手动、自动双控系统，经济实用。该施肥机通过一组文丘里注肥器直接、准确地把肥料液按比例注入灌溉系统中，在 $0.3\sim300\ hm^2$ 的灌溉区域内可实现多种肥料的配比施肥工作。

其结构主要由两部分组成：

肥料泵：利用电泵把化肥溶液注入灌溉系统，需要动力，可保证输入速度均匀稳定，适宜大规模生产使用。

旁通管系统：把装有配制好母液的肥料罐并联到近水泵的灌溉主管上，打开三通，部分灌溉水流向肥料罐，由于存在压力差，肥料液随水流回流到主供应管，无须动力。

MixRite 自动比例泵（图2-10）。以流动压力水为动力，水压流失低且不需要其他任何动力设置。自动比例泵内的水动力引擎驱动比例泵，将液体添加剂直接吸入并且溶于水流中。吸取添加剂部分和比例泵主体是通过一个连接到水流动力的活塞机心杆结合在一起的,这个装有止倒流的活塞机杆在一个圆柱体内转动,将水压出去的同时, 装在底部容器里的液体添加剂通过管道均匀地吸入水流中。

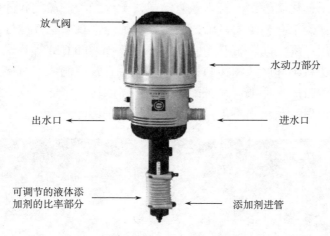

　　放气阀

　　水动力部分

　　出水口　　进水口

　　可调节的液体添加剂的比率部分　　添加剂进管

图 2-10　MixRite 自动比例泵

　　（2）过滤器。作用是滤除水中杂质,以防滴头堵塞。常用有滤网式、碟片式、离心式和沙砾过滤器等,其中离心式过滤器和沙砾过滤器只能滤去颗粒较大的杂质。滤网式过滤器、碟片式过滤器(80 目以上)能去除较小的杂质。通常过滤器应安装在化肥罐的后面,以防化肥中的杂质堵塞滴头。当水质较差时应使用二级过滤,并要求第二级过滤器在 100 目以上。

　　（3）阀门与流量计。阀门种类很多,其中逆止阀可防止管道内水倒流到水源。在系统的末端安装放气阀,防止“水锤”的产生。调压阀起调节平衡系统压力的作用,应装在化肥罐的前面以防化肥污染水源。流量计用于计量灌水、施肥的用水量。

　　3）输水管道

　　输水管道与水泵选择应根据灌区内农作物生长的需水量来确定。输水管道包括干管、支管和滴灌带。干管采用普通聚氯乙烯管,支管采用黑色聚乙烯管（PE黑管）,不仅施工方便,且耐腐蚀、耐冲刷,管壁光滑,输水阻力小。所有干管、支管均需埋入地下 40 cm 以下。

　　4）滴灌带与滴头

　　滴头为精密部件,一般要求灌溉水中的杂质粒度不大于 120 目,才能保证滴头不堵塞。滴头的种类很多,按滴头与毛管的连接方式可分为管间式和管上式。目前蔬菜栽培中用得较多的有内镶式滴灌、发丝管、孔口滴头、多孔软毛管等数种形式,滴头流量选择一般为 2~6 L/h。滴头类型与流量选用,宜视地势平整度

和种植的蔬菜种类而定。在地形复杂、地块不规整或系统压力不稳定时以选用管
上补偿式滴灌管为好，山区菜地大多采用内镶式滴灌带。内镶式滴灌带是将滴头
镶于管内壁的一体化滴灌管，管内壁有涂层，十分光滑，藻类和固体悬浮物不易
在管壁上附着；滴头有自滤窗，消压采用紊流流道，抗堵塞性能好，对水压也有
一定的补偿作用；滴头间距有 0.3 m、0.4 m、0.5 m 和 0.6 m 等规格，灌溉后在滴
头周围形成葱头状湿润区（图 2-11）。多孔软毛管没有滴头，直接在软毛管上打
滴孔，此类滴灌带成本低廉，系统配置简单，对水压要求低，推广应用较多，其
缺点是滴灌带前后滴头出水不匀，单管铺设长度短。

图 2-11　近观滴头及其周围葱头状湿润区（地表）

5）滴灌系统的田间布置

所有蔬菜均可进行肥水同灌。实践中，依据灌溉形式主要分为两种：①地表
滴灌，滴灌管（带）铺在地表面；②地埋式滴灌，滴灌管埋在地下 30～35 cm 处，
水通过地下毛管的滴头缓慢滴出渗入土中，再通过毛细管作用浸润作物根部。微
灌滴管带视栽培品种、窄宽行不同，每畦配置 1～2 条。该技术对土壤的扰动较小，
有利于作物保持根层疏松通透的环境条件，使地表土壤干燥，减少杂草生长。

3. 滴灌肥料的要求

滴灌施肥所选用的化肥必须溶解度大，杂质含量低（不溶性杂质含量不大于
0.5%）。最好选用水溶性复合肥，溶解性好，养分含量高，养分多元，见效快。
当两种或数种肥料混用时，应注意肥料的匹配，防止因肥料间的化学反应产生沉
淀，使用微量元素尽可能采用螯合物的形式。化肥的溶解度是指在一定温度下，

100 g 水中所能溶解的化肥的质量，常以 g/100 g 来表示。常用化肥在常温下的溶解度及营养元素含量见表 2-10。

表 2-10　常用化肥常温下的溶解度及营养元素含量

肥料名称	溶解度/（g/100g）	营养成分	比例/%
硝酸铵	1180	N	33～34.5
硫酸铵	700	N	21
磷酸二胺	420	N	21
		P_2O_5	48
硝酸钠	730	N	16
硝酸钾	140	N	12～14
氯化钾	277	K_2O	50～60
硫酸钾	67	K_2O	50
尿素	800	N	45～46
硼砂	5	B	
硫酸铜	22	Cu	25
硫酸铁	29	Fe	19
硫酸锰	105	Mn	26～28

4. 滴灌施肥的步骤

进行滴灌施肥时须根据种植蔬菜的目标产量、土壤肥力及肥料利用率等因素确定施用何种肥料和每种肥料最适用量。然后将预先计算好的当天肥料用量放入化肥罐中，充分溶解成母液，再把母液注入灌溉系统，使其在管道中与灌溉水充分混匀，最后通过滴头准确地施入蔬菜根标土壤。滴灌施肥的肥料浓度可根据土壤类型、基础肥力、土壤含水量、蔬菜品种、生长期等因子进行适当调整，一般追肥浓度为 0.25% 左右。

5. 滴灌施肥使用中应注意的问题

1）建立合理的肥水同灌制度

根据蔬菜种类、生长期、土壤类型、气候条件等因素的不同，确定灌水量和灌水间歇期，同时根据蔬菜生长的具体情况确定施肥量与施肥间歇期。肥水同灌须控制肥料的用量和浓度，既要避免灌溉水量太多，使土壤水分超过田间持水量，导致水分向根系吸水层以下的深层土壤渗漏，造成水分和养分的流失，又要避免肥料使用过多，引起肥害。与其他田间管理措施一样，将每次的灌水与施肥的起止时间、肥料名称、浓度和用量记入田间管理档案，确定专人配肥、操作和维护保养。

2）防止肥料污染水源

在首部枢纽中要装止逆阀，防止肥水倒流入水源，引起水质富营养化。肥水同灌结束时，需及时用清水冲洗（再用清水灌溉一段时间），以防肥料在系统内滞留，滋生藻类和产生氨气。

3）防止灌溉系统阻塞

引起滴灌系统堵塞的原因有：①水中存在大颗粒的固体杂质，如大小不等的土粒、沙粒，池底淤泥和鱼卵，管道上脱落的铁锈、塑料碎屑等。②灌溉水或系统中藻类的生长，导致滴头、出水口、小管道的堵塞。③化肥沉淀。水中溶解的化学物质种类很多，对滴灌系统影响最大的是钙和碳酸氢根，在进行肥水同灌时会因温度和 pH 的变化而发生沉淀。一般情况下，碳酸氢钙浓度大于 1 mmol/L，在 pH 大于 7.5 时就会发生严重沉淀。数种化肥同时使用时，也要注意发生沉淀，必要时应分开使用。④根系生长侵入滴孔引起堵塞。应根据引起滴灌系统堵塞的原因采取相应的措施预防。

4）进行地面覆盖

畦面覆盖地膜或干草可起到保水、防盐的作用。由于在土壤表面设置了一层不透气的物理阻隔，使土壤水分的垂直蒸发受到阻碍，切断了土壤与空气的交换通道，使土壤水分的蒸发速度相对减缓，提高了土壤水分的利用效率；同时因地面覆盖降低了地表蒸发，防止土壤盐分向上聚积，从而降低了土壤次生盐渍化。此外畦面覆盖还可有效抑制杂草，促进作物生长。

（五）常见蔬菜的施肥要点

1. 叶菜类蔬菜的营养与施肥

1）养分吸收特点

氮、钾需要量相似；养分吸收高峰在生长前期，结球叶菜类在结球初期（莲座期）；浅根型、不耐湿、不耐旱，需钙、硼量大，易造成缺钙、硼。

2）施肥技术

（1）大白菜。每亩推荐施肥量（N-P_2O_5-K_2O，kg）：夏播 15-4-15；秋播 20-6-20。

每亩基施腐熟厩肥或堆肥 1000～2000 kg，或饼肥 100～150 kg，或有机无机复合肥 100 kg。在土壤缺硼地区，每亩基肥中要配施硼肥，加施硼砂 1 kg，与基肥混合后施用。

选用硫酸钾，1/3 作基肥，2/3 用追肥。

追肥要依据"前轻后重"原则。进入莲座期应追施腐熟人粪尿、尿素、硫酸钾等速效肥，结球初期应重施追肥，每亩施复合肥 15～20 kg。

适宜生长土壤 pH 为 6.5～8.0；盐碱土、pH>8 时易缺钙，可用 0.3%～0.5%硝酸钙或氯化钙溶液喷施。

沙土、泥沙土（土壤有效硼< 0.5 mg/kg），气候干旱时易缺硼，结球期以 0.1%～0.2%硼砂溶液喷施。

（2）甘蓝。每亩推荐施肥量（N-P_2O_5-K_2O，kg）：18-6-12。

每亩基施腐熟厩肥或堆肥 1000～2000 kg，或饼肥 100～150 kg，或有机无机复合肥 100 kg。

基肥施氮肥 40%，磷肥 100%，钾肥 50%（硫酸钾）。

还苗后、莲座期及结球初期分别施追肥一次。

适宜生长在石灰质土壤上；易缺钙，可用 0.3%～0.5%硝酸钙或氯化钙溶液喷施。

阳离子交换量低的沙土、泥沙土，结球期易缺镁，以 1%～2%硫酸镁溶液喷施，每隔 7d 喷 1 次，连喷 3 次。

2. 茄果类蔬菜的营养与施肥

1）养分吸收特点

要求土壤通气，排水良好；花芽分化在苗床中进行，应保证苗床氮磷钾的充分供应；对钾、钙、镁的需求量大，果实采收期易发生脐腐病（缺钙）；果实采收期长，需要边采收边补充养分。

2）施肥技术

（1）茄子。每亩推荐施肥量（N-P_2O_5-K_2O，kg）：20-10-22。

每亩基施腐熟厩肥或堆肥 2500～5000 kg，或饼肥 100～150 kg，或有机无机复合肥 100 kg。

磷、钾肥主要作基肥施用。

苗期、第三层果采收前为主要追肥期，盛花期后养分吸收增加，每隔 15 d 左右追肥 1 次，亩每次施肥量为硫铵 10～15 kg 或尿素 7.5 kg。

采果盛期用 0.3%～0.5%硫酸钾叶面喷施，可延长采果期。

施磷过多易导致果皮硬化，生育期最好不用追施磷肥。

（2）番茄。每亩推荐施肥量（N-P_2O_5-K_2O，kg）：20-10-25。

每亩基施腐熟厩肥或堆肥 2500～5000 kg，或饼肥 100～150 kg，或有机无机复合肥 100 kg。

磷肥、钾肥主要作基肥施用。

苗期每亩施尿素 8～10 kg 或硫酸铵 15～20 kg；坐果后、第一果穗果实膨大期为主要追肥期，占总追肥量的 30%～40%，每亩施复合肥 20～25 kg；第一果穗采收后每亩追硫酸铵 15～20 kg，磷二铵 10 kg，配合施人粪尿。

氮肥过多、碳氮比代谢失调，易产生落花落果，果实畸形。

供钾不足，植株易早衰，抗逆性下降。采果盛期要用 0.3%～0.5%硫酸钾或磷酸二氢钾叶面喷施，以延长采果期。

对钙的反应敏感，缺钙易发生脐腐病，可用 0.3%～0.5%硝酸钙或氯化钙溶液喷施。

微量元素锌、锰、铜能使果实着色鲜艳、品质改善。

（3）辣椒。每亩推荐施肥量（N-P$_2$O$_5$-K$_2$O，kg）：15-8-12。

每亩基施腐熟厩肥或堆肥 2500～5000 kg，或饼肥 100～150 kg，或有机无机复合肥 100 kg。

磷肥、钾肥主要作基肥施用。

苗期每亩施尿素 5～6 kg，过磷酸钙 7.5 kg；开花坐果、第一次采果前重施，一般每亩施复合肥 30～40 kg；以后每采收 1～2 次追肥 1 次，每次每亩施复合肥 10～15 kg。

采果盛期用 0.3%～0.5%硫酸钾或磷酸二氢钾叶面喷施，可延长采果期。

对锌敏感，可用 0.1%～0.2%硫酸锌喷施，能提高植株的抗病性，使果实含锌量提高。

3. 瓜菜类蔬菜的营养与施肥

1）养分吸收特点

适宜中性沙壤土和黏壤土，不耐低温和高湿。苗期需磷量较多，否则影响花芽分化；开花结果后需钾较多，否则影响果实膨大的品质；适当控氮，协调营养生长与生殖生长；果实采收期长，需要边采收边补充营养。

2）施肥技术

（1）南瓜。每亩推荐施肥量（N-P$_2$O$_5$-K$_2$O，kg）：夏播 18-10-18。

每亩基施腐熟厩肥或堆肥 3000～6000 kg，或饼肥 150 kg，或有机无机复合肥 100～150 kg。

氮肥 1/3 作基肥，1/3 作苗肥，1/3 作结瓜期追肥。

磷肥一次性作基肥施入，采用过磷酸钙或复合肥。

钾肥选用硫酸钾或硫基复合肥，1/2 作基肥，1/2 作追肥。

沙土、泥沙土（土壤有效硼＜0.5 mg/kg），气候干旱时易缺硼，开花期以 0.1%～

0.2%硼砂溶液喷施可提高坐果率。

（2）黄瓜。每亩推荐施肥量（N-P_2O_5-K_2O，kg）：20-10-18。

每亩基施腐熟厩肥或堆肥 3000～6000 kg，或饼肥 150 kg，或有机无机复合肥 100～150 kg。

黄瓜根系浅，不耐土壤溶液的高浓度，适宜富含有机质的中性或弱酸性土壤，对速效养分要求较高，以生理酸性肥料为佳。氮肥 1/3 作基肥，1/3 作苗肥，1/3 作结瓜期追肥。追肥要掌握少量多次的原则，根据不同生育期灵活运用。

磷肥一次性作基肥施入，采用钙镁磷肥或复合肥。

钾肥选用硫酸钾或硫基复合肥，1/2 作基肥，1/2 作追肥。

对钙、镁肥反应敏感，在中性土壤上以 0.3%硝酸钙及 1%～2%硫酸镁溶液喷施。

开花期以 0.1%～0.2%硼砂溶液喷施可提高坐果率；0.3%硫酸锌喷施增产显著。

4. 豆类蔬菜的营养与施肥

1）养分吸收特点

要求土壤排水良好，质地疏松，最适 pH 以 5.5～6.7 为宜；根瘤菌固氮，对氮要求低，磷钾的要求高；固氮过程中需要钼，应施钼肥；钙镁的丰缺对植株生长和豆荚发育影响大；多数豆类采收期长，需要边采收边补充养分。

2）施肥技术

以毛豆为例。每亩推荐施肥量（N-P_2O_5-K_2O，kg）：5-8-10。

每亩基施腐熟厩肥或堆肥 1000～2000 kg，或饼肥 50～100 kg，或有机无机复合肥 50～100 kg。

氮磷钾肥全部一次性施；酸性土壤以钙镁磷肥为好，中性、微碱性土壤以过磷酸钙为好。钾肥以硫酸钾为好。

播种时以钼酸铵拌种，每千克种子用肥 1.0～2.0 g，先用少量 50℃左右热水溶解，再用水配成 1.5%～3.0%钼酸铵溶液喷洒在种子上。

用根瘤菌接种。

结荚后用 0.3%～0.5%磷酸二氢钾叶面喷施可防止后期缺钾。

5. 根菜类蔬菜的营养与施肥

1）养分吸收特点

要求土壤深厚，排水良好，质地疏松肥沃。生长初期养分吸收类似于叶菜类，块根膨大期是营养吸收高峰；生长后期供氮过高易使地上部分生长过旺，影响产量；对土壤中的磷吸收能力强，对缺硼敏感。

2）施肥技术

以萝卜为例。每亩推荐施肥量（N-P$_2$O$_5$-K$_2$O，kg）：12-4-12。

每亩基施腐熟厩肥或堆肥 1000～2000 kg，或饼肥 50～100 kg，或有机无机复合肥 50～100 kg。

追肥在分苗期和莲座期以氮肥为主，配施钾肥；在肉质根膨大前期以追施钾肥为主，配施少量氮肥，追肥过晚或氮素浓度过大会导致肉质根产量降低或产生苦味。

2/3 氮肥作基肥，1/3 在块根膨大前施用。

磷肥全部作基肥一次性施用。

钾肥以 50%作基肥，50%在块根膨大期施用。

0.2%硼砂溶液喷施可防止肉质根组织粗糙，褐变发硬。

五、病虫害绿色防控技术

（一）防治原则

坚持"预防为主、综合防治"的植保方针，从山地农业生产全局和农业生态系统的总体出发，创造不利于病虫草害发生，而有利于作物及有益生物生长繁殖的环境条件，针对不同病虫草的发生特点和发展规律，因种、因时、因地、因害制订防治预案，综合农业防治、物理防治、生物防治和化学防治等各种必要的技术措施，依照"安全、准确、经济、有效"的原则，做好山地蔬菜病虫害绿色防控工作。

（二）主要防治方法

1. 农业防治

农业防治是指为防治蔬菜作物病虫害所采取的农业技术措施，以调整和改善蔬菜作物的生长环境，增强蔬菜作物对病虫的抵抗力，创造不利于病虫害生长发育或传播的条件，从而抑制、避免或减轻病虫的危害。

利用农业生产过程中的各种关键环节，从优质丰产栽培技术方面入手，加以优化改进，创造有利于蔬菜生长发育，不利于病虫草害发生和为害的条件，是实现山地蔬菜无公害生产的根本措施，也是贯彻"预防为主、综合防治"植保方针，做好山地蔬菜病虫害防治的基础。农业防治技术包括选用抗性品种、轮作换茬、间作套种、调节播期、合理耕作、种子处理、地面覆盖、合理施肥、科学灌溉等。

1）选用抗性品种

不同蔬菜品种对同一种病害或虫害的危害有不同程度的抵抗能力。通过选用抗性品种能够减轻病虫危害，减少化学农药用量，简便易行，经济有效，并起到事半功倍的效果。目前，在我国蔬菜生产中，尤以抗病品种应用效果最为明显。例如，浙江以往山地蔬菜生产中选用的'百灵'、'浙杂203'等番茄品种对青枯病、叶霉病抗性较好；'黑珍珠804'、'浙芸3号'等菜豆品种具有早熟、抗病、耐热、丰产性突出等优点；'津春4号'、'津优35号'等黄瓜品种对枯萎病、霜霉病、白粉病抗性较好，适合南方山区选用。

2）轮作换茬

轮作换茬是山地蔬菜栽培重要的丰产措施，也是防治病虫草害的有效手段，尤其是对土传病害和单食性或寡食性害虫防治效果显著。合理轮作可使病原物得不到寄主而数量减少直至消灭，也有减轻杂草危害的作用。同时，轮作还可以起到调节地力、改变根部微生物群落的效果。因此，山地蔬菜生产过程中，应当合理调整种植茬口，提倡蔬菜作物的品种轮作与水旱轮作，减少各种病虫草害发生。例如，通过安排瓜类与非瓜类作物实行三年以上轮作，可以较好地预防细菌性角斑病、炭疽病、枯萎病等病害的发生；番茄生产上，通过与非茄科作物轮作，对枯萎病、青枯病、叶霉病等均有一定的预防作用；大白菜与禾本科作物或非十字花科作物实行隔年轮作，可减轻菌核病、黑腐病、白斑病的危害。

3）间作套种

不同蔬菜种类之间存在着一定的互作关系，或有利或有害，或相生或相克。依据蔬菜之间相生相克的原理进行合理搭配、合理种植，能够有效减轻一方或双方病虫害的发作，增强肥料利用率，不仅能大大减少化学农药的使用，促进蔬菜提质、增产、增收，而且能保护自然生态环境。蔬菜间作套种应掌握以下基本原则：同一科同一属的蔬菜一般宜与不同科或不同属的蔬菜进行间作；高矮不同的蔬菜间作；喜光与耐阴的蔬菜搭配；生育期长的与生育期短的间作；根系深浅对养分要求不同的间作；植株株型直立的与株型开展的配合。

例如，十字花科蔬菜间种莴苣、番茄或薄荷等含有生物碱、挥发油或其他化学物质的作物，能驱避菜粉蝶。据报道，玉米间作白菜，田间气温比单作田下降0.5℃、地面温度下降2℃，可使白菜病毒病减少20％以上、白斑病减少18％，白菜软腐病、霜霉病的发作也明显减轻；玉米与辣椒间作，可因玉米的遮阴作用，改善田间小气候、降低地温，有利于辣椒根系发育、增强苗期的抗病能力，辣椒日灼病和病毒病比单作田减少72％；玉米与辣椒隔行种植，可使辣椒病毒病减轻56.9％。在白菜田间种大蒜、葱、韭菜、辣椒等作物，它们产生的刺激性气味或分泌物能够杀菌和驱避害虫。马铃薯与大蒜间作可抑制马铃薯晚疫病发生。

4）调节播期

通过提早或推迟播种，使山地蔬菜易受病虫为害期与田间病虫出现高峰期错开，减轻病虫危害，可获得事半功倍的效果。例如，萝卜病毒病发病程度与播种期有关，播期早发病重，播期晚发病轻。

5）合理耕作

山地蔬菜生产过程中，合理的土地翻耕措施可以直接影响土栖害虫和在土壤中越冬的病原物。深翻可把遗留在地表面的病残体、菌核、表层土壤中的害虫蛹卵等，翻埋到土壤深层，促进病残体的分解腐烂，使潜伏在病残体内的越冬病原物加速死亡，使菌核不能萌发出土，害虫蛹不能羽化出土。也可以把许多土壤中的土栖害虫和病原物翻到地表面，使之暴露在不良的气候条件和天敌的侵袭之下。例如，土地的秋冬季深翻，可使翻到地表面的大量害虫冻死。

6）地膜覆盖

农业生产上常见的地膜有透明膜、双色膜、黑膜、彩色膜。目前应用较多的是黑膜、透明膜和双色膜。黑膜具有抑制杂草生长、增温、保湿、防止水土流失，使用后易回收等优点；透明膜土壤升温较快；银黑双色膜一面为黑色，另一面为银灰色，使用时黑色的一面向下，银灰色一面向上，兼具黑膜的作用，还有驱避蚜虫、预防病毒病发生、减少土表盐分积聚等优点。应结合整地作畦或在植株移栽后随畦覆盖。

7）合理施肥

山地土壤肥力普遍较差，生产过程中应通过合理施肥为蔬菜生长提供充足的营养，增强其对病虫草害的抵抗能力。在肥料使用上，应把有机肥使用作为山地蔬菜栽培的基本施肥原则，坚持有机肥、化肥、微肥配合使用。通过多施充分腐熟的有机肥，增加山地土壤有益微生物群落及活力，改善山地土壤的团粒结构和理化性状。化学肥料使用应以三元复合肥为主，适当增施磷、钾肥，叶面追施微肥，注意氮、磷、钾三元素的平衡。尤其在氮肥施用上，应多施铵态氮肥如碳酸氢铵、尿素，少施硝态氮肥如硝酸铵和含有硝态氮的复合肥料，用钙镁磷肥代替过磷酸钙。在施肥中应注意微量元素施用。

8）科学灌溉

山地土壤缺水，易使矿质元素的移动性降低，同时诱发出现各种缺素症状。例如，水分供应不均，影响番茄对钙的吸收，容易发生脐腐病。而灌水过多及雨后积水，则会影响土壤中病原菌、害虫的活动和传播扩散，影响蔬菜根系发育，诱发或加重茄子绵疫病、辣椒疫病、瓜类根腐病等。山地蔬菜生产过程中，各地应根据蔬菜作物的类型、发育期、需水关键期和需水量，以及地块的墒情安排灌溉时间和灌溉量，做到科学灌溉，积极推广微蓄微灌、膜下滴灌等节水灌溉技术，雨后及时排除积水，减少病虫害的发生。

此外，深沟高畦、合理密植、植株调整、中耕除草、清洁田园、适时采收等农业措施，都能减轻病虫害的发生。

2. 物理防治

各种有害病原菌和害虫的生长发育都对环境条件有相应的要求，而且害虫在生长过程中均会表现出各种习性（如某些害虫有趋光性）。物理防治就是利用物理手段创造不利于病菌和害虫生长的环境，并阻隔其与蔬菜作物的接触，减少病虫害的发生和蔓延，从而减少化学农药的使用。利用各种物理因素及机械设备或工具防治蔬菜病虫害，具有方法简便，经济有效，无污染、副作用少的优点。可以作为山地无公害蔬菜生产过程中病虫害综合防治的辅助措施或应急手段。

1）防虫网隔离

菜粉蝶、甜菜夜蛾、蚜虫、潜叶蝇、白粉虱、蓟马等害虫在山地蔬菜栽培上发生较普遍，这些害虫繁殖速度快、抗药性强，除直接危害蔬菜瓜果等作物外，还通过传播病毒病等病害造成危害，喷药防治往往效果不佳，并可能造成蔬菜农残超标和环境污染，不利于无公害和绿色食品的生产。

防虫网是以添加了防老化、抗紫外线等化学助剂的优质聚乙烯为原料，经拉丝织造而成，形似窗纱，具有抗拉、抗热、耐水、耐腐蚀、无毒、无味等特点。防虫网以人工构建的屏障，将一部分个体较大的害虫拒之网外，达到防虫的目的。既可防虫，又能恰当地遮光；特别是银灰色防虫网更兼有避蚜虫效果，在夏秋季节虫害发生高峰期使用，可以达到不用药或少用药的目的，是推广无公害山地蔬菜生产的有效设施。

2）色板诱虫

色板（黄、蓝板）诱杀技术是利用某些害虫成虫对黄、蓝色具有强烈的趋向性或驱避性的特性，对害虫进行物理诱杀或者驱赶的技术，是当前无公害蔬菜生产过程中虫害防治的重要措施。例如，在当前蔬菜生产中，可以利用蚜虫、粉虱、潜叶蝇、黄曲条跳甲成虫对黄色有强烈趋性的特点，在菜田放置涂上黏着剂的黄色黏虫板进行诱杀，可有效减轻其危害。也可以利用蓟马趋蓝特性，将涂胶（或涂凡士林、黄油等）的蓝板悬挂于大田中，引诱蓟马飞向蓝板，利用黏胶将其黏住捕杀，从而控制其危害。色板种类与设置方法见表 2-11。

悬挂时用塑料绳或铁丝穿过色板的两个悬挂孔，将其固定好，再将色板两端拉紧垂直悬挂。对于低矮生蔬菜，色板悬挂高度要求距离蔬菜顶端 15～20 cm，并随作物的生长而调整相应高度。对于需要采用棚架的高秆或蔓生蔬菜，色板悬挂高度以棚架中部为宜，悬挂方向以顺行为好，保持板面朝向作物为宜。

表 2-11　色板种类与设置方法

防治对象	色板种类	每亩设置数量/片	悬挂高度（板下沿距作物顶端）/cm
蚜虫、叶蝉	黄板	30（规格 25 cm×30 cm）	30～40
粉虱			15
潜叶蝇		或 40（规格 25 cm×20 cm）	4～20
黄曲条跳甲			10～15
蓟马	蓝板	20（规格 25 cm×40 cm）	0～5
		或 40（规格 25 cm×20 cm）	

3）性诱剂诱杀

性诱剂诱杀害虫技术是近年来国家倡导的绿色防控技术，其原理是通过人工合成雌蛾性成熟后释放出的一些被称为性信息素的化学成分，吸引田间同种寻求交配的雄蛾，将其诱杀在诱捕器中，使雌虫失去交配的机会，不能有效地繁殖后代，减低后代种群数量，从而达到防治的目的。利用性诱剂杀虫具有选择性高、无抗药性、对环境安全、无污染等优点，与其他防治技术配合使用，可以显著提高农产品质量。

诱杀不同害虫需要采用不同的诱捕器和诱芯，诱捕器的放置密度也不同。诱杀斜纹夜蛾时，一般每亩设置 1 个斜纹夜蛾专用诱捕器，每个诱捕器内放置斜纹夜蛾性诱剂诱芯 1 根；诱杀甜菜夜蛾时，每亩设置 1 个甜菜夜蛾专用诱捕器，每个诱捕器内放置性诱剂诱芯 1 根；诱杀小菜蛾时，每亩设置 3～5 个小菜蛾性诱剂，可用纸质黏胶或水盆作诱捕器（保持水面高度，使其距离诱芯 1 cm）。斜纹夜蛾、甜菜夜蛾等体型较大的害虫专用诱捕器底部距离作物顶部 20～30 cm，小菜蛾诱捕器底部应靠近作物顶部，距离顶部 10 cm 即可。春秋季每 30 d 更换诱芯 1 次，夏季每 20 d 更换诱芯 1 次。利用性诱剂诱杀害虫时，集中连片使用，诱杀效果较好；一般在蔬菜基地四周诱捕器放置密度越高，越靠近中心诱捕器可以稀疏放置。

4）杀虫灯诱杀

利用害虫的趋光性，引诱成虫扑灯，再配以特制的高压电网触杀，达到杀灭害虫的目的。目前农业生产上推广应用较多的杀虫灯为频振式杀虫灯。频振式杀虫灯的主要元件是频振灯管和高压电网，频振灯管能产生特定频率的光波，引诱害虫靠近，高压电网缠绕在灯管周围，能将飞来的害虫杀死或击昏，以达到防治害虫的目的。其诱杀力强，能够诱杀菜蛾、甜菜夜蛾、斜纹夜蛾、各种天蛾、瓜娟螟、菜螟等 50 多种鳞翅目蔬菜害虫成虫，降低落卵率 70% 左右。使用成本低，适合蔬菜规模生产大面积连片使用，是无公害蔬菜病虫害防治的重要方法。

目前，山地蔬菜生产上大多采用频振式光电杀虫灯或频振式太阳能杀虫灯。

一般山区开阔地带，每 3 hm² 设置 1 盏，狭长地带则每 2 hm² 设置 1 盏。每年 4 月中下旬装灯，10 月上旬撤灯。其最佳装灯高度离地面 1.5～2.0 m。频振式杀虫灯具有杀虫谱广、诱虫量大等特点，对蔬菜害虫许多种类均具诱杀效果，对蔬菜鳞翅目害虫控害效果尤为显著。

5）温汤浸种与热水烫种

温汤浸种。用于多种蔬菜的种子简易消毒处理。消毒时将种子放在 55℃ 温水中浸种 10～15 min，然后催芽，可除去种子表面病菌。例如，山地番茄、辣椒可在播前采用此方法。

热水烫种。热水烫种是消灭种子内部潜伏病菌和害虫常用的有效方法。但不同蔬菜或同种蔬菜的不同品种，其种子耐热力不同，烫种时应确定好安全有效的浸种温度和时间。例如，豌豆种子开水烫 2～5 s，蚕豆种子烫 30 s，可全部杀死潜蛀种子内的豆象，而不影响发芽率。

6）种子干热消毒

一些瓜类和茄果类等种子，经干热空气处理后，有促进后熟、增加种皮透性、促进萌发和种子消毒等作用。黄瓜、西瓜和甜瓜种子经 70℃ 处理 2 d，有防治黄瓜绿斑花叶病毒病（CGMMY）的良好效果；在 60℃ 环境中干热处理甜椒种子 3～4 h，可减轻病毒病发生。干燥的黄瓜或番茄种子在 70℃ 恒温下处理 72 h，可预防黄瓜枯萎病、黑星病和番茄病毒病，山地蔬菜的晒种也缘于此技术。

7）遮阳网覆盖

强光、高温、暴雨是影响我国南方夏季蔬菜生长的主要障碍性因素，也是诱发一些病害流行的重要条件。山地蔬菜生产中，合理利用遮阳网覆盖，可以有效降低田间光照强度和土壤温度，调节和改善菜田生态环境，还能减缓风雨袭击，保护蔬菜幼苗。同时对蔬菜立枯病、番茄青枯病、黄瓜细菌性角斑病、辣椒病毒病等具有一定的防治作用。

8）银灰膜驱蚜

蚜虫喜欢黄色，却怕银灰色，因此可通过地面铺设银灰膜或植株上部挂条、拉网，既可防治蚜害，又可防治病毒病。

9）植物诱杀法

利用害虫对植物喜食程度不同和产卵的趋性，在菜田种植适合的植物来诱杀。例如，在番茄、辣椒田零星种植几棵玉米可诱集棉铃虫产卵，然后集中处理玉米以防治棉铃虫。在茄子田附近种植少量马铃薯可诱集马铃薯瓢虫，然后集中消灭。

10）隔离法

在地面、畦面覆地膜，或地面覆草，可以阻隔土中害虫潜出为害，也可阻挡土中病原物向地面扩散传播和杂草出土。

3. 生物防治

生物防治是指利用生物及其产物（利用天敌、病原微生物、昆虫性信息素等）控制害虫的方法，具有高效、经济、持久、安全等特点。利用有益生物及其产品来防治病虫，具有范围广、资源丰富、不污染环境，对人、畜和蔬菜安全，无药害的特点，是无公害蔬菜生产病虫害防治的重要发展方向。

1）蔬菜病害的生物防治

（1）拮抗微生物的利用。利用对病原菌有拮抗作用的抗生菌，施于蔬菜的根围，适宜的条件下能转化土壤中的氮、磷元素，供植物吸收利用，同时还分泌抗生素，抑制病原菌的侵入。例如，施用 5406 菌肥、"垦易"生物活性肥，可对黄萎病、枯萎病等土传病害的病原菌有较强抑制作用，施用木霉菌可防黄萎病，施用枯草杆菌可防软腐病等。蔬菜生产中多施用秸秆肥、饼肥、绿肥、腐殖酸肥、厩肥等有机肥，都可以促进土壤中腐生微生物的生长而抑制病原菌的活动。

（2）抗生素的利用。抗生素是抗生菌发酵所得到的代谢产物，可以抑制、杀伤其他有害微生物，具有很强的选择性。目前蔬菜生产中，用于病害防治的有井冈霉素、多抗霉素、庆丰霉素、农抗 120、农抗武夷菌素、农用硫酸链霉素、环丙沙星、木霉素、751 等。其中，应用最多的是农用硫酸链霉素和新植霉素，可以防治蔬菜的多种细菌病害。例如，利用 4000～5000 倍农用硫酸链霉素、新植霉素溶液喷雾可以防治黄瓜、甜椒、辣椒、番茄、十字花科蔬菜的多种细菌性病害。

（3）植物抗菌剂利用。葱蒜类蔬菜体内含有抗菌性物质，对其周围蔬菜的病菌有很强的杀灭作用。可把大蒜磨碎压汁兑水施用。大蒜素现已能从大蒜中大规模提取或人工合成。抗菌剂 401 就是人工合成的大蒜素，抗菌素 402 是其同系物，二者对多种真菌、细菌有杀死和抑制作用。

2）蔬菜虫害的生物防治

（1）天敌治虫。目前，蔬菜生产中害虫的天敌主要有青蛙、七星瓢虫、草蛉、赤眼蜂、小花蝽、黄缘步甲、寄生蝇等。其中，赤眼蜂寄生于害虫卵，在害虫产卵盛期放蜂，每亩每次放蜂 1 万头，每隔 5～7 d 放 1 次，连续放蜂 3～4 次，寄生率 80%左右。赤眼蜂在防控玉米螟方面已显示出很好的防治效果，平均每亩玉米地一次投放两个赤眼蜂卵块，经过 1～2 d 可以孵化出赤眼蜂，然后，赤眼蜂将卵产在玉米螟卵块里，并以寄生的方式吸收玉米螟卵块中的营养，最终达到杀死玉米螟虫卵的目的。而丽蚜小蜂可以寄生白粉虱的若虫，当番茄每株有白粉虱0.5～1 头时，释放丽蚜小蜂"黑蛹"每株 5 头，每隔 10 d 放 1 次，连续放蜂 3 次，若虫寄生率达 75%以上。利用天敌昆虫防治害虫，首先要提高当地天敌对害虫的自然控制作用。因此，要注意保护害虫的自然天敌，尽量创造有利于害虫天敌生存的有利条件；有时还要采取人工大量饲养繁殖和释放害虫天敌，以增加天敌的数量，抑制害虫的发生和为害。

（2）以菌治虫。引起昆虫疾病的致病微生物有真菌、细菌、病毒等多种类群。这些致病微生物可以通过人工扩大培养，制成生物制剂喷洒于田间使昆虫染病而亡，从而达到防治害虫的目的。目前，生产上应用较多的是苏云金杆菌（Bt）乳剂、NPV 等。其中，Bt 乳剂对鳞翅目害虫具有良好的防治效果，主要用于结球甘蓝、大白菜、番茄、辣椒、豆类蔬菜生产中，防治棉铃虫、菜青虫、小菜蛾、玉米螟、烟青虫和豆荚螟等害虫。例如，防治菜青虫可在卵孵盛期开始喷药，每亩用苏云金芽孢杆菌 WP 25～30 g 或苏云金芽孢杆菌 EC 100～150 ml，7 d 后再喷 1 次，防治效果达 95%以上。

（3）抗生素治虫。杀虫剂主要有浏阳霉素、阿维菌素、甲维盐等。其中 10% 浏阳霉素 EC 对螨触杀作用较强，残效期 7 d，对天敌安全，用 1000 倍液在叶螨发生初期开始喷药，每隔 7 d 喷 1 次，连续防治 2～3 次，防效可达 85%～90%。阿维菌素对叶螨类、鳞翅目、双翅目幼虫有很好的防治效果，用 1.8%阿维菌素 EC，每亩用量 10 ml（稀释 6000 倍），每 15～20 d 喷 1 次，防治茄果类叶螨效果在 95%以上；每亩用 15～20 ml，防治美洲斑潜蝇初孵幼虫，防治效果达 90% 以上，持效期 10 d 以上，同样用量稀释 3000～4000 倍，防治一、二龄小菜蛾及二龄菜青虫幼虫，防治效果在 90%以上。

（4）激素类杀虫剂。主要有灭幼脲、抑太保、优乐得、藜芦醇等。

4. 化学防治

利用化学农药防治病虫害，使用方便，防治对象广泛，防治效果快而明显，能迅速地控制病虫害的蔓延为害。但是化学防治过程中，化学农药的不合理使用容易发生药害，杀伤有益生物、污染环境，使防治对象产生抗性。尤其是蔬菜生产过程中，菜田病虫害种类多，为害重，单靠化学防治用药频繁而量大，极易出现农残超标等问题。在山地蔬菜生产中，化学农药的使用应当注意以下事项：

1）严禁使用的农药

严禁在蔬菜上使用的农药主要有 3911、呋喃丹、灭多威、克百威、涕灭威、对硫磷、甲基对硫磷、久效磷、磷胺、甲胺磷、异丙磷、三硫磷、氧化乐果、磷化锌、氯化苦等高毒、高残留农药（国家标准　蔬菜病虫害安全防治技术规范　第 1 部分:总则　GB/T 23416.1—2009），以及毒死蜱、三唑磷等一些残效期长、易检出的中毒农药。

2）对症下药

适用于蔬菜生产的农药主要有噻唑膦、噻森铜、噻菌铜、噻唑锌、氢氧化铜、农用硫酸链霉素、氟硅唑、抑霉唑、醚菌酯、四氟醚唑、啶酰菌胺、异菌脲、啶酰菌胺、苯甲·嘧菌酯、烯酰吗啉、霜脲·锰锌、甲霜灵锰锌、腐霉利、代森锰锌、啶酰菌胺、硝苯菌酯、咪鲜胺、吡唑醚菌酯、氟啶虫胺腈、灭蝇胺、溴氰虫酰胺、啶虫脒、四聚乙醛、联苯·噻虫胺、丁醚脲、氟苯虫酰胺、氯虫·噻虫嗪、丁氟螨酯、乐果、辛硫磷、阿维菌素、二甲戊灵（除草剂）、精吡氟禾草灵（除草剂）等（国家标准 蔬菜病虫害安全防治技术规范 第 1 部分:总则 GB/T 23416.1—2009）。各种农药都具有一定的防治范围和对象，在决定施药时，首先要弄清防治对象，然后对症下药。

3）适时用药，抓住防治关键期

要全面地看问题，做到适时用药。从虫龄大小、生活习性、外界气温、对人畜和作物安全等方面综合考虑，抓住防治的关键时间。例如，烟青虫的防治，应在幼虫三龄前（幼虫未蛀入辣椒果实之前）用药防治，才能取得最好的防治效果。斜纹夜蛾成虫产卵聚集成块，幼虫三龄前群集取食，此时用药效果最佳。有的农药在高温、强光照的情况下易分解失效，而某些夜蛾幼虫有晚间活动的习性，这种情况下，可考虑傍晚时施药，既可提高药效，又可减少施药者中毒的机会。

4）合理的用药量和施用次数

无论哪一种农药，施用浓度或用量都要适当，且不要随便加大，以免引起药害、污染环境及更快地产生抗性。要按照说明书进行，注意按规定的稀释浓度和用药量及施药间隔时间。切忌天天打药和盲目加大施药浓度和施用量。

5）选用适当的剂型及适当混用方法

选择低残留的农药。每一种剂型都有它的特点和优点，如颗粒剂的施用对人畜安全，不污染环境，而且对害虫的天敌影响少。农药的适当混合使用，可防止害虫抗性产生，同时起到兼治和增效作用，还可减少用药次数。

为降低农业残留量并避免病菌和害虫对农药产生抗性，不可长期单用一种农药。一般一种农药用 2~3 次后，就应换其他农药品种，换药时应选择化学结构、有效成分、作用机制不同的农药品种交替使用。例如，防治菜蚜，可选用有机磷农药与菊酯类农药交替使用。此外，农药合理混配不仅可以提高功效，扩大使用范围，还可以病虫兼治，减少用药量，提高施药效果，同时还能有效地规避病虫抗药性等。不同杀菌剂混配的主要方式是将内吸性的具有治疗作用的杀菌剂与具有保护作用的杀菌剂混配。内吸性杀菌剂被植物体吸收后，可传输到植物体的各个部位，能杀死植物体内的病菌，而具有保护作用的杀菌剂，则残留于植物体表，阻止病原菌入侵。例如，混方多菌灵就是由内吸治疗性的多菌灵与保护性的井冈霉素混配而成；多福混剂则是由多菌灵与福美双混配而成。

保护地蔬菜要尽量选用粉尘剂和烟雾剂，以降低棚内温度。可选用的粉尘剂主要有 5%灭克、6.5%万霜灵、5%百菌清、5%霜克、5%霜霉威；烟雾剂有 10%百菌清、45%百菌清、10%百一速、10%杀毒矾等。

当两种或两种以上不同类的病害混发时，则需选用对症的农药配制混合药剂来防治。例如，当瓜类霜霉病、白粉病混发时，宜选用 40%疫霉灵 WP 与 25%三唑酮（粉锈宁）WP 混合剂。

6）注意施用农药与保护天敌的关系

在蔬菜害虫防治中，化学防治与生物防治往往是互相矛盾的，主要是由于一些农药对天敌起了严重的杀伤作用，破坏原来的生态系统，引起害虫的猖獗。可以通过选择农药的剂型、使用方法、施用次数及施用时间或者是施用有选择性的化学农药来解决矛盾。

7）尽量使用无残毒化学剂和有机助剂防治病虫害

用 0.2%的小苏打防治黄瓜白粉病、炭疽病，高锰酸钾溶液 1500～2000 倍液防治黄瓜枯萎病、灰霉病，疫霜灵 WP 300 倍液加蔗糖与尿素各 200 倍液防治黄瓜、西葫芦霜霉病等。

六、山地蔬菜的农机化应用技术

我国南方丘陵山区地块小，农作物品种多，生产规模小，耕作制度多样，一直以来农业生产以人畜力为主，目前农机化水平仍然很低，尚处于摸索阶段。同时，随着我国工业化和城镇化进程加快，农业与第二、第三产业收入差距迅速扩大，南方丘陵山区成为我国最重要的劳动力对外输出区域，青壮年劳动力大量转移，使得农村适龄劳动力季节性短缺、老龄化趋势十分明显，迫切需要加快推进山区农业机械化，实施"机器换人"，提高劳动生产率，降低劳动强度。山地蔬菜生产中的农机应用对保障农产品有效供给，提升山地蔬菜种植效益，促进农民增收和农业增效，具有十分重要的现实意义。

山地蔬菜栽培中常见的农业机械介绍如下：

（一）开沟作畦机

作业工序包括开沟、松土、整理沟形。开沟：左、右翻的犁（将畦两侧的土壤向里翻到畦面）；松土：旋耕器（松碎畦面土壤）；整理沟形：整形器（平整畦面、对畦边整形）。开沟作畦机上的发动机动力通过三槽皮带轮、三根三角皮带传至行走离合器皮带轮上，动力分两路传递，一路经离合器上的小链轮链条带动安装在开沟机提升转轴上的双链轮，再由主动链轮通过链条将动力传至开沟机离合器及开沟机齿轮箱总成，开沟机离合器和齿轮带动刀盘转动，刀盘上的旋耕刀和削壁刀便对土壤进行切削和抛撒，由分土板导向分土，通过操纵机构控制刀盘的运转和停止；另一路通过行走离合器、变速箱操纵机构，以控制机组的前进与停止，从而完成开沟作业。整形铲的作用是在刀盘刀片切铲沟形后，在行走机构的推动、挤压下，铲起沟中残留的泥土，使沟形更加光滑整洁。

（二）播种机

1. 露地直接播种机

以 2BS-JT10 精密蔬菜播种机为例，该播种机要求播种田块畦面平整，土壤颗粒细小，土壤湿度适宜。为实现播种速度最大化，畦宽宜与播种机要求宽度一致（畦宽 1.05～1.10 m），但在实际应用中，若畦面窄可少用些播种盒，畦面宽可来回播。对种子净度要求较高，应清除掉种子里的杂物。该播种机的播种程序是前滚筒压实土地，开沟器开沟，然后播种器进行播种作业，覆土刮片覆土，后滚筒将播过种的土地压实。播种时可根据播种蔬菜品种的要求，调节行距、株距、每穴播种粒数、播种深度等。对于宜浅播的蔬菜，可拆下开沟器。与人工播种相比，播种机具有播种速度快、节约种子、密度均匀、出苗整齐、成活率高等优点。

2. 基质育苗播种机

以 2BS-QJ 基质播种机为例，该机器采用针头气压吸附式，不同大小的种子用不同的针头，最大限度降低了种子破损率和漏播率，达到精密播种的效果。该机器适用于不同规格的播种盘，并可根据需要调节播种速度，平均播种速度为250盘/h 左右。播种时，每穴播 1 粒种子，要求种子净度高（防杂质堵住吸头）、发芽率达到95%以上。基质可采用草炭、蛭石和珍珠岩为原料，根据育苗作物、苗龄等因素，确定基质配方、选择适宜穴盘（72 穴、128 穴或 200 穴）。

（三）移栽机

以 2ZY-2A（PVHR2-E18）乘坐式 2 行蔬菜移栽机为例。该机械 1 人乘坐，操作简单，行驶 1 次种植 2 行，株行距可调节，要求畦宽 0.845～1.045 m。该移栽机要求，采用 128 孔苗盘育苗，苗龄夏秋季 30 d 左右（早熟品种不超过 30 d，晚熟品种不超过 35 d）、冬春季 60 d 左右。为保证移栽质量，只能有 1 株秧苗顺利通过苗钵。移栽前 2 d，秧苗基质喷透水，以增加重量。机械移栽的畦面要平整，土壤颗粒细，畦宽符合移栽机要求，沟内也要平整，保证移栽机平稳行走，确保秧苗定植深度一致。移栽机作业效率为定植 3600 株/h。

（四）施肥机

该系统主要由主控制器、高精度的 EC、pH 传感器、液压水表阀门、压力调节阀、压力计、过滤器、肥料泵等元件组成，在灌溉施肥过程中，肥料泵以微量的脉冲注肥，可以保证精确的肥料施用剂量。该施肥机采用模块化设计，具有结构简单可靠、适用范围广、控制精度高、界面友好等优点，实现了对作物的高产优质栽培所需要的合理营养供给。

（五）收获机

1. 叶菜类收获机

结球甘蓝收获机为叶菜类蔬菜收获机械的典型代表。采用旋转式双圆盘的拔取装置，通过传送带将结球甘蓝输送至圆盘割刀处完成切割。工人 A 操作收获机械和拖拉机，工人 B 负责剥去剩余的结球甘蓝外包叶，工人 C 最后挑选叶球并装箱。

2. 根菜类收获机

根菜类蔬菜收获机最有代表性的为胡萝卜收获机。主要工作部件有松土铲、拔取输送带、圆盘割刀、分选装置等。其中，切叶部分的工作原理：由于托盘与输送带呈一定的角度，当胡萝卜输送至托盘处时，根部被托盘挡住，胡萝卜樱叶于根茎结合处被圆盘割刀切除。经该装置切割的胡萝卜切口整齐，切割质量好。

3. 果菜类收获机

番茄收获机主要收获用于加工的番茄，为果菜类蔬菜收获机械的典型代表。机械包括切割捡拾装置、输送装置、果秧分离装置、分选装置等。作业时，番茄果秧由往复式割刀割断，番茄秧及果实被捡拾装置捡拾后随输送带至果秧分离装置进行果秧分离，经过间隙时可排出一部分的泥土、石块等杂质，分离后的番茄秧随回收输送带排出，果实随加工输送带至分选装置进行分选，经过鼓风机时可进一步去除碎片等杂质，分选装置中不符合要求的果实被剔除，符合要求的果实则输出装车。

（六）植保机械

1. 履带式喷雾（灌）器

发动机经胶带和多档变速箱减速换向，分别驱动履带驱动轮、隔膜泵和离心风机，实现喷雾机的行走、喷药和送风。履带式喷雾器由机架、操纵系统、发动机、行走系统、传动系统、多自由度调节装置、高压喷雾系统和多路风送系统等组成（图2-12）。具有一机多用，装卸方便，药桶容量大，一次装罐大面积喷洒，自走式作业，省工、省力等优点。

图 2-12　筑水 3WZ51 履带式喷雾（灌）器

2. 热力烟雾喷雾器

热力烟雾喷雾器是以脉冲式喷气发动机为动力，利用其尾气的热能和动能把药液气化后喷出呈烟雾状而达到良好防治病虫害效果的超低量植保机械（图2-13）。具有喷射弥雾面积大，药物粒径小，渗透力强，药效发挥充分，杀虫杀菌率高，省工、省药、省水，污染小等特点。这种喷雾机既可以在大棚设施内使用，也可以在露地使用，但不宜在外界风力较大时使用。此外，操作喷雾机时，操作人员应戴上防毒面罩。

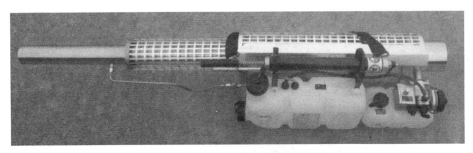

图 2-13　F-16A 热力烟雾喷雾器

（七）地膜覆盖机

地膜覆盖机有人力覆膜机和机械动力覆膜机两种。一般由开沟器、压膜轮、覆土器、框架等构成。操作时需注意的事项：①开始铺膜时，应将机具置于地头、埂边，摆正方向，然后拉长地膜、缓缓放下铺膜机，并将膜边压在压膜轮下，液压手柄放在浮动位置。②牵引式铺膜机起车要缓，以免拉断地膜。机车行进速度要均匀，一般可控制在 3～5 km/h。③作业中途尽量减少停车，更不得倒车，转急弯。

现阶段，山区农业机械化水平较低，迫切需要政府组织相关专业技术人员学习考察，及时了解国内外先进农业机械应用动态，选择符合本地区实际需求的农机具，有针对性地开展适应性试验，掌握第一手数据资料，最终确定适合山地蔬菜生产的耕作机械，进行面上推广，从而提高本地区山地蔬菜生产机械化水平。

第三章 山地茄果类蔬菜栽培

茄果类蔬菜是以浆果为食用器官的一类蔬菜作物,主要包括番茄、茄子和辣椒。茄果类蔬菜果实营养丰富,味道鲜美,既可鲜食、炒食,也适合加工,具有较高的食用和加工价值。茄果类蔬菜适应性较强,经济价值较高,在我国广泛栽培,也是我国南方山地栽培的主要蔬菜种类。

茄果类蔬菜喜温暖不耐炎热,温度低于10℃时生长停滞,高于35℃时容易早衰。茄果类蔬菜多为喜光蔬菜,栽培期间要求有较强的光照和良好的通风条件,花芽分化对光照长度不敏感;幼苗生长慢,需进行育苗栽培;分枝能力强,连续分化出花芽和侧枝,需进行整枝打杈;耐旱性较强,不耐高湿,空气湿度大时易落花落果;生长期长,产量高,对养分需求量较大,栽培上需要有充足的养分供应。夏季高温对茄果类蔬菜的产量和品质都有明显影响,利用山地气温相对较低的优势进行茄果类蔬菜的越夏栽培,有利于保障产品的稳定供应。但是,茄果类蔬菜栽培上病虫害较为严重,且存在明显的连作障碍,因此在茬口安排和地块选择方面要尤其注意。

第一节 山地番茄栽培技术

番茄(*Solanum lycopersicum*)是茄科茄属一年生或多年生草本植物,以成熟多汁浆果为产品,果实富含维生素 A 源、维生素 C、维生素 E、叶黄素、玉米黄素和番茄红素等营养物质和功能成分,是我国南方山地广泛栽培的蔬菜类型。在浙江省临安市、安吉县、苍南县、婺城区、龙泉市,湖北省长阳县、恩施州以及湖南省绥宁县、四川省乐山市、广西壮族自治区桂林市等地已形成一定规模的山地番茄生产基地。

一、特征特性

番茄根系发达,再生能力强,分布广而深,主要分布在 30 cm 的耕层内,横向分布可达 1.3~1.7 m;在空气湿度较高时,番茄主茎容易发生气生根,因此在以防治土传病害为主要目的的嫁接栽培中,应采用地膜覆盖。番茄的茎半蔓性或半直立性,基部木质化,需支架栽培;分枝性强,每个叶片基部均能够发生侧枝,栽培上需要及时整枝;第一花序位于第 6~第 9 节间,花序与叶片相间而生,花序间隔节位一般为 1~3 叶。

根据生长习性的不同，番茄可分为有限生长类型和无限生长类型。有限生长类型植株较为矮小，主茎的顶芽是花芽（花序），主茎上发生的花序数量在品种间存在较大的差异，矮封顶类型品种主茎花序数 3～4 个，高封顶类型品种主茎花序数 5～6 个；有限生长类型品种开花结果早而集中，适宜于密植，多用于早熟栽培。无限生长类型植株高大，顶芽是叶芽，条件适宜时无限向上生长，生长势旺盛，结果期长，单株结实多，多为中晚熟品种，中、高海拔山地栽培宜选择无限生长类型品种。

番茄生长发育适温为 20～30℃，低于 10℃时生长停止，高于 30℃光合作用减弱，35℃以上生长停止。种子萌发适温为 25～30℃，幼苗期要求温度 20～25℃，开花期适温为 20～30℃（夜间 15～20℃），结果期适温为 25～28℃（夜间 15～20℃）。整个生长期适宜地温为 20～25℃。

番茄喜光，光饱和点为 1000～1800 μmol/（m^2·s）（50 000～80 000 lx），光补偿点为 50～100 μmol/（m^2·s）（2500～5000 lx）。通常要保证光强在 600 μmol/（m^2·s）以上，光照不足时生长不良，常会引起落花落果，易使植株发生徒长、开花坐果少、营养不良等多种生理障碍和病害。番茄吸水能力较强，属半耐旱性蔬菜，适宜的空气湿度为 45%～55%，土壤湿度 60%～80%。

番茄对土壤要求不太严格，但高产应以排水良好、土层深厚、富含有机质的壤土或沙壤土为宜。可在 pH 5.5～7.0 的酸土中生长，但以中性或微酸性土壤最适。番茄生长期长，需肥量大，对肥料三要素的需要量以钾最多、氮次之、磷最少。生育前期需要较多的氮、适量的磷和少量的钾，以促进茎叶生长和花芽分化；坐果以后，需要较多的磷和钾；在结果盛期还应加入适量的钙肥，以防脐腐病。

二、生产茬口

番茄喜温暖而不耐炎热，不同海拔山地栽培季节和茬口安排差异很大（表 3-1），各地应根据气候特点及番茄生长发育对环境条件的要求，并结合市场行情，确定适宜的栽培季节。

目前生产上，南方低海拔山地多采用早春茬或秋延后栽培，避开越夏困难时段。其中早春茬一般 12 月下旬～翌年 2 月上旬播种，3 月下旬～4 月上旬定植，5 月下旬开始采收，7 月中旬采收结束；秋延后番茄一般在 6 月下旬～7 月上旬播种，8 月上旬进行定植，10 月初～10 月底结束采收。在冬季比较温暖的地区（如浙江省温州市低海拔山区），多采用连续生长或换头（再生）方式实施长季节栽培；选择无限生长型品种，一般于 9 月中旬播种，11 月上旬移栽，翌年 2 月开始采收，6 月中旬采收结束，采收期长达 5 个月。广东、海南等华南地区因为冬春气温较高，秋冬茬番茄播种时间通常在 8 月，可采收至 12 月。

表 3-1　南方部分省份山地番茄主要生产茬口

茬口类型	区域及海拔	播种期	定植期	采收期	栽培方式
早春茬	东南（浙江、江西）500 m 以下	12 月下旬～翌年 2 月上旬	3 月下旬～4 月上旬	5 月下旬～7 月中旬	设施或露地
	华中（安徽）600 m 左右	4 月	5 月中下旬	6～7 月	露地
秋延后	东南（浙江、江西）500 m 以下	6 月底～7 月上旬	8 月上旬	10 月初～10 月底	设施或露地
越夏茬	东南（浙江、江西）500～1000 m	3 月上旬～4 月上旬	5 月中下旬	7 月下旬～10 月中旬	露地或避雨设施
	华南（广东、广西）300～500 m	2 月上中旬	3 月下旬～4 月上旬	6 月～7 月下旬	露地
	华南（广东、广西）500～800 m	4 月下旬	6 月上旬	8 月上旬～9 月下旬	露地
	西南（贵州）1000～1300 m	4 月上中旬	5 月中下旬	8～10 月	露地
	华中（湖北）800～1500 m	3 月上旬～4 月中旬	5 月中下旬	7 月下旬～10 月中旬	露地

　　南方中、高海拔山区，与平原地区相比，夏季气温较低，生产上多采用越夏长季节栽培方式栽培。一般 3 月上旬～4 月上旬进行播种，5 月中下旬定植，7 月下旬夏秋蔬菜淡季时段开始采收上市。

　　本节主要介绍高山番茄越夏长季节栽培技术。

三、栽培要点

（一）地块选择

　　为保证山地番茄优质高产稳产，种植地块选择应综合考虑以下因素：

　　首先，要选择 3 年以上未种过茄果类或瓜类作物，如茄子、辣（甜）椒、西瓜等作物的地块。最好选择未栽种过茄科作物的旱地与水田种植。

　　其次，要选择土层较深、土质疏松肥沃、土壤呈中性或微酸性的沙质壤土。种植地块排灌条件良好，雨后能及时排水，干旱时方便灌溉。不宜选择冷水田和低洼地块。

　　最后，要选择适宜的海拔和坡向。一般应选择具有典型山区气候特征的中、高海拔区域山地，并以朝向东坡、南坡、东南坡、东北坡为宜。浙江、江西、安徽等地以 600～1000 m 的中、高海拔区域为宜，湖北、四川、重庆、贵州等地则以海拔 1000～1500 m 的高海拔区域为宜。

（二）品种选择

目前生产上，番茄优良品种很多，山地越夏长季节栽培应选择适应性较强、抗逆性好、产量高、商品性好、产品符合市场需求的优良品种。我国南方地区常用的品种主要有'浙杂 806'、'浙杂 203'、'百利'、'格雷'、'钱塘旭日'、'天福 518'、'川科 5 号'、'中杂 105'、'粉贝贝'、'夏日阳光'、'千禧'、'黄妃'等。各地可以根据栽培习惯、市场需求等选择适宜的品种。

1. 浙杂 203

早熟，无限生长型品种。植株长势中等，叶量偏中，7~8 叶着生第一花序，花序间隔 3 叶，连续坐果能力强；成熟果大红色、高圆形，平均单果重 300 g 左右；果实硬度高，果肉厚，耐储运，商品性好；高抗叶霉病、番茄花叶病毒病(TMV)和枯萎病，中抗青枯病，耐黄瓜花叶病毒病（CMV），灰霉病、晚疫病发病率低，适应性广。

2. 百利

早熟，荷兰引进无限生长型品种。植株生长旺盛，坐果能力强；果实微扁圆形，色泽鲜红，中型果，大小均匀，平均单果重 180～200 g；成熟果质地硬，无裂果、无青皮现象，口味佳，商品性好，耐储运；抗烟草花叶病毒、茎腐病、黄萎病和枯萎病，抗青枯病能力一般。每亩栽植 1600～2000 株。

3. 格雷

早熟，荷兰引进无限生长型品种。丰产，生长势中等；果实高扁圆形，均匀整齐，中型果，平均单果重 190～210 g；熟果亮红色，光泽秀美，口味好，质地硬，无裂纹，无青皮现象，耐运输；抗烟草花叶病毒病、筋腐病、叶霉病、枯萎病。耐热性强，对环境适应性好，每亩栽植 1600～2000 株。

4. 钱塘旭日

中晚熟，无限生长型品种。株型紧凑，长势强，叶宽大，深绿色；连续坐果能力强，单株结果 12～15 个；果实圆正，成熟果大红色，着色均匀，大小适中，平均单果重 180～220 g；果实坚硬，不裂果，货架期长；高抗灰叶斑病、灰霉病、叶霉病，中抗枯萎病、黄萎病、根腐病、早晚疫病以及烟草花叶病毒、巨细胞病毒。

5. 天福 518

早中熟，无限生长型品种。植株长势强，叶色深绿；果色大红艳丽，果面光滑亮泽，商品性好，平均单果重 220～280 g；果实硬度好，果肉厚，酸甜适中，品质优，耐储运，货架期长达 30 d 以上；高抗病毒病、青枯病，中抗叶霉病，对根结线虫病具有较强的抗性，耐热耐湿、耐低温弱光，抗逆性强。

6. 中杂 105

中早熟，无限生长型品种。植株长势中等，果实圆形，幼果无绿色果肩，成熟果粉红色，果面光滑，大小均匀，平均单果重 180～220 g；果实硬度高，酸甜适中，品质优，耐储运；抗番茄花叶病毒病（TMV）、叶霉病和枯萎病。

7. 夏日阳光

中熟，无限生长型品种。植株长势强，花序大，花量较多，坐果能力强；果实圆形、黄色，单果重 15～20 g；果皮颜色鲜亮、硬度适中，肉质细嫩稍紧实，水分充足，口感极佳，耐储藏，货架期长。抗黄萎病、枯萎病和番茄花叶病，易感黄化卷叶病，耐低温弱光能力弱。

8. 粉贝贝

有限生长型品种。植株长势强，株高 150 cm 左右，半蔓生，花穗长，产量高；成熟果粉红色，卵圆形，平滑无棱沟，光泽好，果脐部光滑，果肉粉红色，平均单果重 15～20 g；果实硬度较好，口感甜脆、味浓，不易裂果，较耐储运；抗番茄黄叶曲叶病毒（TY）、烟草花叶病毒（TMV）、叶霉病与根结线虫病。

（三）育苗

1. 播种育苗

1）种子消毒与浸种

播种前，可用 10%的磷酸三钠溶液浸种 20 min，然后用清水洗净；或采取温烫浸种，先将种子于凉水中浸 10 min，捞出后放入 55～60℃温水中不断搅动，并随时补充热水保持恒温 10～15 min，再将种子捞出放入凉水中散去余热，再浸泡 4～5 h。最后，将消毒处理后的种子移入 30℃温水中，继续浸种 12～24 h 催芽，期间翻动种子次数，并用温水淘洗 1～2 次，3～4 d 出芽。浸种后也可不进行催芽，晾干后直接播种。

2）播种前准备

可采用苗床育苗或穴盘、育苗盘育苗，建议采用穴盘育苗。

培养土用无病菌的水稻土晒干后打细过筛，再与充分腐熟发酵的猪、羊、鸡粪或农作物秸秆堆肥、焦泥灰（草木灰）、珍珠岩按 6 : 1 : 2 : 1 比例混合拌匀，用薄膜密封堆制 1 个月以上。提倡用市售的茄果类蔬菜专用育苗基质。

采用苗床育苗时，按每亩大田准备育苗床 $10 \sim 15 \, m^2$，筑成畦宽 $1.0 \sim 1.2 \, m$、沟深 20 cm 的畦面，将配制好的营养土均匀铺在育苗床上，厚度为 10 cm 左右。

若采用穴盘育苗，可选择 50 孔或 72 孔穴盘。育苗基质先加水预湿，使基质的含水量达到 40%左右，放置 $2 \sim 3 \, h$ 后将基质装入育苗穴盘中，使每个孔都填满，并刮平育苗穴盘表面的基质。

3）播种

对于山地越夏栽培茬口，播种应选择在 3 月上旬～4 月上旬进行。根据定植密度及种子发芽率水平，一般每亩大田用种量 15 g 左右，剔除霉变籽、瘪籽等。

采用苗床育苗，播种前 $1 \sim 2 \, d$，将苗床浇透水，播种时疏松床土，将种子掺少量细沙或木屑和匀，均匀撒播于苗床，播种后覆盖一层细营养土，厚度以盖没种子为度，然后加盖稻草或薄膜，再搭好小拱棚保温保湿。

采用穴盘育苗，先将穴盘装满培养土，刮平，每穴播 1 粒种子，撒上少量百菌清或多菌灵可湿粉（预防猝倒病等苗期病害），浇透水，盖上细培养土（以盖没种子为度），齐整摆放在小拱棚内，四周覆土后，再盖上地膜保湿。

4）温、湿度控制

播种后地温应控制在 $20 \sim 28 \, ℃$。在 25℃左右温度下，一般 $3 \sim 4 \, d$ 即可出苗。当室外温度适宜番茄幼苗生长时，应揭去棚膜，加强通风，但要防雨水冲刷。苗期的主要管理工作是浇水，一般土表见白才能浇水，通常在晴天上午 9:00～10:00进行，用水量要适中，傍晚不能浇水，以防徒长。

5）分苗

苗床播种后 20 d 左右，当幼苗长至 2 叶 1 心时可采用 10 cm×10 cm 塑料钵分苗，也可以按照 10 cm×10 cm 行间距假植于分苗床。分苗用的培养土应在播种用的培养土中每立方米另加三元复合肥 3 kg 拌匀，堆积 15 d 以上，这样的培养土可基本满足育苗期间秧苗对肥料的要求。采用穴盘育苗时无须分苗。

2. 嫁接育苗

砧木应采用与接穗亲和性好、抗病性强的品种，如'浙砧 1 号'、'和美 2号'与'果砧 1 号'等。

砧木 4 叶 1 心、接穗 3 叶 1 心时为嫁接适期。嫁接前将砧木苗浇足水，砧木、接穗苗可用 75 ％百菌清 WP 800 倍液喷洒，嫁接用具可用 75%乙醇进行消毒处理。

嫁接主要采用针接法。针接法具有技术操作简单、嫁接速度快、成活率高等优点。操作要点：选择茎粗约 0.3 cm 的砧木和接穗幼苗为嫁接材料，用刀片将砧木和接穗苗的茎横向割断，将粗约 0.1 cm、长约 2 cm 的金属细针的一端（约 1/2 长度）插入砧木切口处，金属细针的另一端（约 1/2 长度）插入接穗切口处，使砧木和接穗的切口紧密相贴。

再将嫁接苗置于 22～25℃和 85%相对湿度的光遮蔽环境下，进行 4～7 d 的嫁接养护，等嫁接切口愈合后，逐步揭除遮光物进行炼苗，等嫁接苗接口愈合成活后，再转入正常的培育管理。

（四）定植

1. 整地与作畦

整地要求早翻与深翻，若是空闲地，以早翻晒白为佳。作畦要求深沟高畦，种植地块为水田的畦沟深 25～30 cm、畦宽 1.4～1.5 m（连沟）；种植地块为旱地的畦沟深 15～20 cm、畦宽 1.3～1.4 m（连沟）。畦面作成龟背形，畦中间稍高，两边稍低。

2. 施足基肥

一般每亩施腐熟栏肥 2000～2500 kg，钙镁磷肥 35～50 kg，复合肥 30～40 kg 等。栏肥和碳铵作基肥时，必须在畦的中间开沟深施入，钙镁磷肥、复合肥等肥料可以撒施畦面，然后浅翻土拌匀。

为了调节土壤酸碱度，增加土壤中的钙质含量，减少番茄青枯病、脐腐病等病害发生，需在整地时每亩施生石灰 75～100 kg。生石灰可以在作畦后撒施于畦面，然后浅翻入土拌匀，也可以将一半生石灰撒施后进行翻耕，将另一半在作畦后，撒施于畦面，然后整理畦面时将其翻入表层土中。

3. 土壤消毒

定植前结合整地用漂白粉杀菌剂进行土壤消毒，每亩均匀撒施漂白粉 6 kg，耕翻土壤并灌水，覆盖薄膜闷 5～7 d。

4. 定植

山地越夏栽培番茄定植时间在 5 月中旬前后。定植前一周，要在苗床内喷施一次内吸性杀菌剂，如百菌清、代森锰锌等，利于秧苗防病，提高抗逆性；

起苗前 1～2 d，将苗床浇透水，利于起苗带土，减少根系损伤。定植宜在晴天进行，每畦栽种 2 行，株距 35 cm 左右（单秆整枝）或 50 cm 左右（双秆整枝），嫁接苗宜适当稀植；栽后立即浇点根肥水，可用 10%稀薄人粪尿或 0.1%～0.2%的尿素或复合肥液，并按浓度 3000～5000 倍加入 72%农用硫酸链霉素 SP 或 72%新植霉素 WP 一起浇入。对于采用嫁接苗种植的地块，必须采用地膜覆盖栽培。

山地番茄越夏长季节栽培，应提倡设施避雨栽培。可根据地形采用钢管、毛竹片等架材搭建棚跨度 6 m 以上、顶高 2.3 m 以上的简易或标准大棚，覆盖顶膜。

（五）田间管理

1. 中耕培土

山地番茄在生长前期，通常结合施肥进行中耕除草 1～2 次，要做到浅中耕、不伤根系，同时做好清沟培土，注意防止嫁接苗接穗自根造成二次感染。在植株封垄之前，进行畦面铺草，覆草厚度 15 cm 以上，利于降低地温、保湿、保肥、防止杂草危害。采用地膜覆盖栽培者无须中耕。

2. 肥水管理

在施足基肥的前提下，山地番茄在生长前期宜控制施肥，并要少施氮肥，防止植株徒长，一般施催苗肥 1～2 次，可用 15%～20%腐熟人粪尿或 0.2%尿素液追施。在第一穗果进入膨大期后要重施肥，即每隔 10～15 d 追施一次，每次可追施高氮高钾三元复合肥 10～15 kg 或尿素 8～10 kg，各种肥料可交替追施，根外追肥可用 0.2%磷酸二氢钾液喷施叶面。一般南方高山地区有较充足的雨水条件能满足高山番茄的生长需要，但遇到干旱天气，需要及时灌溉，一般采用浅沟灌，但时间要短，即放"跑马水"，及时排掉沟水，否则易引发病害。有条件的地区可采用微蓄微灌。

3. 搭架绑蔓

番茄植株长到 30～35 cm 开始搭架，就地选取长 2 m 左右的小山竹、小杂木作为架材。将架材插入土中 20 cm 深，每株番茄旁插一根，搭架方式可采用"人"字形支架或每畦 2 行篱壁式支架，搭好支架后用塑料绳或布条将植株主秆与架材连成"∞"形活节缚牢，并随着植株升高及时向上绑蔓，防止倒伏，保证结果层枝叶始终固定在离地面 50～150 cm 内，使番茄植株不断伸长、开花、结果和采收，达到长季节栽培目的。

4. 植株调整

通常采用单秆整枝或双秆整枝。单秆整枝只留主秆,将叶腋处发生的侧枝全部抹去;采用嫁接苗栽培时,为了降低种苗成本,可以采用双秆整枝,双秆整枝除了保留主秆外,在主茎基部第一花序下留一最强壮的分枝,其余侧枝全部抹除,抹除的侧枝宜小不宜大。此外,应及时去除黄叶、病叶、病果、畸形果,带出田间集中销毁。秋季天气转凉后在已坐好的最后一档果以上留 2~3 片叶打顶,打顶时间以当地常年初霜期来临前 45 d 左右。

5. 保花保果

正常的季节,一般番茄每穗花序有 6~8 朵花,坐果后留 3~4 个果,其余疏除。在一些恶劣的天气,气温超过 35℃,连续干旱,或气温低于 20℃连续阴雨都会造成番茄落花落果,可采用防落素(对氯苯氧乙酸)喷花;使用浓度为14~16 mg/L,即 2.2 %防落素原液加水 1400~1500 倍,温度低时浓度要高些,温度高时浓度要低些。

(六)采收

为提高番茄果实品质的商品价值和经济效益,必须在果实转红时采收,分级包装后投放市场。一般在番茄七八成熟,果色由绿转红呈炒米色或一点红时及时采收,剪除果蒂,剔除病果、僵果,按果实的大小等级,分别装入纸箱。

第二节　山地茄子栽培技术

茄子(*Solanum melongena*)是茄科茄属一年生草本植物,原产于东南亚,现在主要的栽培种为圆茄和长茄。由于地域消费习惯不同,南方省份茄子栽培种类也存在明显差异。茄子富含维生素、矿物质和碳水化合物,是我国南方山地广泛栽培的蔬菜类型。目前,在浙江省临安市、浦江县、景宁县、淳安县、龙泉市和安徽省宁国市、四川省泸州市、湖南省蓝山县等地已形成一定规模的山地茄子生产基地。

一、特征特性

茄子茎木质化,粗壮直立,通常栽培无须搭架。茎和叶柄颜色与果实颜色有相关性:紫色茄,茎及叶柄为紫色;绿色茄和白色茄,茎及叶柄为绿色。

茄子的分枝、开花结果很有规律,一般早熟品种第 1 朵花着生在主茎 6~8叶、中晚熟品种在 8~9 叶。第 1 朵花所结的果实被称为"门茄"或"根茄"。在第 1 朵花直下的叶腋所生的侧枝特别强健，几乎与主茎的长势相当，这样便出现了第 1 次双权假轴分枝。此后，主茎或侧枝上长出 2～3 片叶时，又各着生一朵花，这两朵花所结的果实称为"对茄"。同样在叶腋里，发生第 2 次双权假轴分枝，又各着生一朵花，共结 4 个果，称为"四门斗"。此后，按上述规律发生第 3 次双权假轴分枝，共开 8 朵花，结 8 个果，称为"八面风"。当发生第 4 次双权假轴分枝时，共开 16 朵花，结 16 个果，称为"满天星"。只要条件适宜，以后仍按同样的规律不断地自下而上分枝、开花、结果。如果任其生长，茄子植株将非常茂盛，不仅影响通风透光，而且影响到坐果；另外，早熟栽培的茄子栽培密度较大，田间密不通风，所以，整枝打叶是茄子高产栽培的关键措施之一。一般将"门茄"以下的侧枝全部抹除，侧枝抹除后一般不再整枝，但要及时摘除下部老叶、黄叶及病残叶。

　　茄子喜温且较耐热，种子发芽适温 25～30℃，最低发芽温度 11℃。幼苗期发育适温白天 25～30℃，夜间 15～20℃。15℃以下生长缓慢，并引起落花，10℃以下停止生长，0℃以下受冻死亡。超过 35℃，花器发育不良，果实生长缓慢，甚至成为僵果。生产上，最好安排在室温能达到 15℃以上的季节。同时为了提高花芽质量，一定要控制夜温，不能过高。

　　茄子对光照要求严格，光饱和点为1400～1600 μmol/(m^2·s)(70 000～80 000 lx)，补偿点20～50 μmol/(m^2·s)(1000～2500 lx)，日照时间长，光照度强，植株生育旺盛；日照时间短，光照弱花芽分化和开花期推迟，花器发育也不良，短柱花增多，落花度高，果实着色也差，特别是紫色品种更为明显。

　　茄子枝叶繁茂，结果多，需水量较大。但对水分要求随着生长阶段不同而有差异。门茄形成以前需水量少，门茄迅速生长以后需水多一些，对茄收获前后需水量更大，要充分满足水分需要。缺水会严重减产，品质下降。茄子喜湿但忌水渍，土壤潮湿，通气不良时，易引起沤根，空气湿度大容易引发病害。

　　茄子对土壤的适应性广，沙质和黏质土均可栽培，适合的土壤酸碱度 pH 为6.8～7.3，较耐盐碱。茄子对肥料要求，以氮肥为主，钾肥次之，磷肥较少。果实膨大期（结果期）需要补充大量氮肥，并适当配施钾肥，幼苗期磷肥较多，有促进根系发育、茎叶粗壮和提高花芽分化质量的作用。

二、生产茬口

　　目前，我国南方山地茄子栽培上主要有早春茬、秋冬茬和越夏茬三种类型（表3-2）。低海拔区域山地多采用早春茬方式进行栽培，通常每年 12 月下旬～翌年 1 月上旬播种，2 月下旬～3 月上中旬定植于大棚，5 月下旬开始采收，8 月中旬采收结束；中、高海拔区域山地多采用高山反季节越夏栽培，通常每年 3 月下旬～4 月中旬播种，5 月下旬～6 月上旬定植于大田，7 月上旬开始采收上市，10 月 20

日前后采收结束。由于不同地区的地理纬度、海拔以及栽培习惯存在较大差异，各地应根据实际情况选择适宜的栽培季节、栽培方式及栽培茬口。

表3-2　南方部分省份山地茄子主要生产茬口

茬口类型	区域及海拔	播种期	定植期	采收期	栽培方式
早春茬	东南（浙江、江西）200～400 m	12月下旬～翌年1月上旬	2月下旬～3月上中旬	5月下旬～8月中旬	设施保温
秋冬茬	东南（浙江、江西）200～400 m	7月上旬	8月上中旬	9月下旬～翌年2月	设施或露地
越夏茬	东南（浙江、江西、福建）500～1000 m	3月上旬～4月上旬	5月中下旬	7月下旬～10月中旬	露地或避雨设施
	华中（湖北、安徽）800～1400 m	3月中旬～4月中旬	5月中下旬	7月上旬～10月下旬	露地

近年来，浙江地区海拔200～400 m的山地，多采用越夏剪枝复壮栽培方式生产。通常在每年1月下旬～2月中旬播种，4月下旬～5月上旬定植于大田，6月下旬～7月上旬开始采收上市，7月20日前后进行剪枝处理，待进入夏末秋初时，茄子迅速恢复生长发育、开花结果，直至11月初采收结束。

本节重点介绍低海拔地区越夏茄子剪枝复壮栽培技术与高海拔地区茄子越夏栽培技术。

三、栽培要点

（一）低海拔地区茄子剪枝复壮栽培技术

1. 地块选择

为充分发挥模式优势，保证山地茄子优质高产，种植地块选择应综合考虑以下因素：

首先，土壤条件良好。应选择土质疏松肥厚、富含有机质、pH 6.8～7.3、排灌方便的沙质壤土。

其次，海拔和朝向适宜。浙江地区200～400 m低海拔区域山地适宜，通常以选择阳坡为好。长江流域以南气候条件与之相近的低海拔区域山地适宜。

最后，具备轮作条件。应选择2～3年内未种植过茄果类作物的水田或旱地。

2. 品种选择

应选择适应性强、抗逆性好、恢复生长快、优质丰产、适销对路的早熟品种。

南方地区常用的品种主要有'杭茄 1 号'、'引茄 1 号'、'杭丰 1 号'、'浙茄 1 号'、'丰田 1 号'、'704 农友长茄'、'瑞丰 2 号'、'园杂 16'等。各地可根据当地栽培习惯及市场需求特点选择适宜的栽培品种。

1）'杭茄 1 号'

早熟，株高 70 cm 左右，直立性较弱，分枝能力强，结果性良好，平均单株坐果数约 30 个；果实长且粗细均匀，平均果长 35～38 cm，横径 2.2 cm，单果重 48 g 左右；果实紫红透亮，皮薄且肉质嫩；耐寒性强，低温坐果好，抗病性强。

2）'引茄 1 号'

中早熟，生长势旺，株高 100～120 cm，株型较直立紧凑；第 1 雌花着生在第 9～第 10 节，花蕾紫色，中等大小，平均单株结果数 25～30 个；果长 30 cm 以上，横径 2.4～2.56 cm，单果重 60～70 g；茄条直，果皮紫红色，商品性好，皮薄而肉质糯，口感佳；中抗青枯病，抗绵疫病和黄萎病，在高温条件下坐果率较高。

3）'杭丰 1 号'

极早熟，株高约 70 cm，开展度 80 cm×70 cm；第 1 花序着生于第 10 节上，坐果多；茄条直而不弯，整齐美观，尾部细，果长 30～40 cm，横径约 2.2 cm，平均单果重 60 g 左右；果色紫红油亮，皮薄，果肉白，细嫩味甘，纤维少，适口性好；耐寒性强，抗病、丰产。

4）'704 农友长茄'

台湾品种。生长健壮，株型直立，茎紫黑色；花穗多花性，紫色，结实力强；果实细长，紫红色，适收时长约 30 cm，横径约 3 cm，果重 100 g 左右；萼紫绿色，肉白色，皮薄肉嫩，煮食品质最佳，商品性好；抗青枯病，耐湿、耐热，适应性强。

5）'丰田 1 号'

早熟，生长势强，株型较直立，分枝性中等；果实长条形，果皮紫红透亮，光泽好，粗细均匀，果长 30～35 cm，横径 2.2 cm 左右，商品性特佳。具有抗病性强，耐热、耐湿，丰产等优点。

6）'浙茄 8 号'

早熟，生长势较强，分枝性中等，株高约 80 cm，开展度 80 cm 左右；第 1 朵花节位在 8～9 节，单株结果数约 25 个；果实长条形，尾部较尖，果长 34 cm、横径 2.5 cm 左右，单果重 100 g 左右；果皮紫红透亮，皮薄肉白，品质糯嫩，商品性好；耐低温性强，中抗青枯病和黄萎病。

7）'园杂 16'

中早熟，植株生长势强，连续结果性好。门茄在第 7～第 8 片叶处着生，果实扁圆形、圆形，纵径 9～10 cm，横径 11～13 cm，单果重 350～700 g，果皮紫黑色，有光泽，肉质细腻，味甜，商品性好。一般亩产 4500 kg。

3. 育苗

1）种子消毒与浸种

播种前，先用 10% 的磷酸三钠溶液浸种 20 min，然后用清水洗净；或在 50～55℃的温水中温烫浸种 15～20 min。再将消毒处理后的种子移入 30℃温水中，继续浸种 12～24 h 催芽，期间翻动种子次数，并用温水淘洗 1～2 次，5～6 d 出芽。经消毒的种子也可以在晾干后直接播种。

2）苗床育苗

（1）苗床准备：取菜园土、腐熟栏肥等按 4：3 的比例配制成营养土，用薄膜密封堆制，高温杀菌，充分腐熟。

按每亩大田准备育苗床 10～15 m²，筑成畦宽 1.0～1.2 m、沟深 30 cm 的畦面，将配制好的营养土均匀铺在育苗床上，厚度为 10 cm 左右。采用大棚内套小拱棚，加塑料薄膜、无纺布等进行多层覆盖保温育苗。

（2）播种育苗：为确保前茬产量，播种期宜选择在 1 月下旬～2 月中旬。根据定植密度，每亩大田用种量 25～30 g，剔除霉变籽、瘪籽、虫籽等。

播种时先将育苗床浇足底水，再将催芽处理后的种子均匀撒播于苗床上，覆盖营养土 1 cm 左右，轻轻压平，并搭小拱棚，用地膜、无纺布等进行多层覆盖。

（3）温、湿度控制：早春播种，地温应控制在 20～28℃，70% 幼苗顶土时，晴天中午可适当揭去部分覆盖物，通风并充分光照，棚内相对湿度控制在 60%～70%。

（4）分苗：播种后 25～30 d 幼苗 2 叶 1 心时及时分苗，株距 8～10 cm，假植后浇透水，或移至营养钵或穴盘。

（5）炼苗：定植前 3～5 d，适当通风降低棚内温、湿度，控制水分，进行炼苗；定植前 1 天，浇足水分，喷药防病，利于带土带药移栽。

3）嫁接育苗

对于土传病害严重的地块宜采用嫁接育苗。

育苗基质可用配制好的营养土或育苗专用商品基质。砧木应选用高抗或免疫黄萎病、枯萎病、青枯病及根结线虫病的品种，如'托鲁巴姆'。'托鲁巴姆'播种应比接穗提早 40～55 d，播前采用 500 mg/kg 的赤霉素水溶液浸泡 24 h，将种子均匀撒播在苗床基质上，每亩播种 10 g 左右，然后用基质覆盖，一般 7～10 d 出苗。当幼苗长至 3～5 片叶时，应及时移栽到穴盘中，以备嫁接使用。接穗播种方法与砧木播种方法相同。

当砧木苗具 6～8 片真叶、茎粗 0.4～0.5 cm，接穗苗具 5～6 片真叶、茎粗与砧木相当时即可嫁接。

茄子嫁接可采用劈接法、靠接法或斜切接法，最简单易行的方法为斜切接法。

斜切接法操作要点：用刀片在砧木2片真叶上方或距底部3～5 cm处斜切，斜面长1～1.5 cm，角度30°～40°，去掉顶端，用1.5 cm长的塑料管（塑料管中间应先割开，可以半包围状固定伤口）套住，然后切接穗苗，保持接穗顶部2～3片真叶，削成与砧木相反的斜面，并去掉下端，最后与砧木贴合在一起，用塑料管固定。

嫁接完毕后，把装好嫁接苗的穴盘逐一平整摆放在苗床上，并及时在苗床上搭建小拱棚，用塑料薄膜将四周封严。嫁接后24 h内必须进行遮阳，2～3 d后只在中午光照较强时段遮盖（半遮阳），7～8 d后取下遮阳物，全天见光。嫁接后3 d内使拱棚温度白天达到28～30℃，夜间20～22℃，空气相对湿度控制在90%～95%；3 d后可适当降低温度，白天控制在25～28℃，夜间15～20℃，相对湿度也可稍微降低，一般只在中午前后喷雾保湿即可；嫁接苗在3 d以后要适当通小风（采取棚体侧通风），7 d后加大通风量。嫁接苗成活后，应及时抹除砧木萌发的侧芽，待接口愈合牢固后去掉夹子或套管，以后转入正常管理。

4. 定植

1）整地作畦

定植前，深翻种植地块，耙细、整平后，筑成畦宽130～150 cm（连沟）、畦高20～25 cm的垄畦。

2）施足底肥

每亩施腐熟有机肥3000 kg，另加复合肥40 kg或磷肥35～40 kg、尿素10～15 kg（或碳酸氢铵50～80 kg）、硫酸钾15 kg（或草木灰100 kg）作底肥，可采用全层撒施或开畦沟深施，磷肥也可在定植时穴施。

3）定植

定植宜早不宜迟，具体时间依据实际播种期而定，通常在播种后70～90 d进行。一般应在4月下旬～5月上旬，当苗龄达到80 d左右，幼苗长至6～8叶期，剔除病苗、杂苗、弱苗，及时选取壮苗移栽。行株距（45～50）cm×（60～70）cm，每畦种2行，每亩栽1800～2200株。移栽时按秧苗大小、高矮分批进行，边栽边浇定根水，以提高成活率。采用嫁接苗移栽时，适当增加株距，每亩栽1400～1600株。

5. 田间管理

1）中耕覆盖

定植后用5%～10%的人粪尿或0.2%尿素浇2次活棵水，以促进稳苗扎根。茄子在开花坐果期时即将进入梅季，气温逐日升高且多雷暴雨，应及时进行2次中耕，深度为 7～10 cm，并在封垄前用稻草、麦秆或杂草覆盖畦面，以降低地温、防止雨水冲刷和土肥流失。

2）水分管理

茄子叶面积大，水分蒸发多，开花坐果和果实膨大期必须有充足的肥水供应，以确保高产、质优。一般每次采收前 2～3 d 需灌水一次，宜采用滴灌，或采用半沟水进行沟灌，以促进果实充分膨大，果皮鲜嫩，色泽光亮。雨水过多时，应及时清沟排水，以降低田间湿度，减轻病害发生。

3）合理追肥

为防止植株早衰，追肥应掌握"少施多次、前轻后重"的原则。一般从茄子开花结果到剪枝前应施追肥 2 次，时间为第 3 次采收后和剪枝前一周，以后每隔 15 d 左右追肥 1 次，每亩施尿素 5～7.5 kg、三元复合肥 10～12.5 kg，整个生育期还应用 0.3%～0.5%磷酸二氢钾液喷施 4～5 次。

4）植株管理

（1）整枝摘叶：采用双干整枝，门茄坐稳后抹除下部腋芽，对茄开花后再分别将下部腋芽抹除，只保留两个向上的主枝。植株封垄后及时摘除枝干上的老叶、病叶和黄叶，第 8～第 9 个果坐稳后及时摘心，同时清理枝叶，带出田间销毁，以利于通风透光，减轻病虫蔓延，集中养分，促进果实快着色、早成熟。

（2）剪枝处理：剪枝时期应视植株长势及采收状况而定。一般应在天气转入初伏期，即 7 月 20 日前后的 1 周以内，选择晴天上午 10 时前和下午 4 时后或阴天进行，在四门斗一、二级侧枝保留 3～5 cm 剪梢（剪枝部位见图 3-1），并用石蜡涂封剪口，同时清扫地面枝叶并集中销毁。剪枝后即进行半沟水灌溉，昼排夜灌，保持茄田湿润。

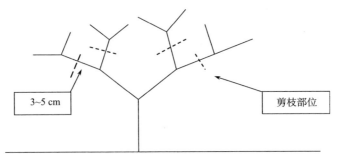

图 3-1　山地茄子剪枝部位示意图

（3）剪后管理：经过修剪的植株，第 2～第 3 天腋芽萌发并开始生长，应及时用 50%多菌灵 WP 500 倍或 77%氢氧化铜 WP 600 倍或 50%腐霉利 WP 1500 倍液喷雾 2～3 次，防治新梢叶面病害，同时注意治虫。因修剪刺激往往造成腋芽萌发过多，剪枝后 5～7 d 当新梢长至 7～10 cm，应及时抹去多余的腋芽，各侧枝只保留 1～2 个新梢。以后即转入常规管理。

6. 采收

茄子定植后 35～40 d，或实施剪枝后 25～30 d 即可采收，当茄眼白色或浅绿色环带不明显，果实呈品种固有色泽、手感柔软有黏着感时为采收适期。采果宜选择在早晨进行，此时茄子最饱满，光泽最鲜艳。采收过程应轻摘轻放，所用的工具要清洁、卫生、无污染。

采收后应及时按照茄子长短、大小规格分级包装，及时、经济、安全地运销上市。

（二）高海拔地区茄子越夏栽培技术

1. 地块选择

土壤要求、轮作要求与低海拔地区相同。

海拔要求，通常 500～1600 m 的高山区均可种植，但 1500 m 以上区域因秋季温度下降较快，后期产量较低。

2. 品种选择

应选择适应性强、抗逆性好、商品性好、适销对路的早熟品种，主要品种参照剪枝复壮栽培部分。

3. 育苗

种子消毒与浸种、苗床准备、育苗方式等与剪枝复壮栽培部分相同。

高海拔越夏栽培茄子播种期宜选择在 3 月下旬～4 月上中旬。种子发芽期温度应控制在 25～30℃，根系生长要求土壤温度在 12℃以上，苗床相对湿度控制在 60%～70%。待 80%幼苗出土后，应注意通风透气，适当降低温度和湿度，以防止猝倒病发生。定植前 3～5 d，适当通风降低棚内温、湿度，控制水分，进行炼苗；定植前 1 d，浇足水分与肥料，喷药防病，利于带土、带药、带肥移栽。

茄子壮苗标准是具有 7～8 片真叶，茎粗 0.4～0.5 cm，高 15～20 cm，苗龄 35 d 左右，叶色浓绿，叶片肥厚，根系发达，无病虫为害。

4. 定植

1）整地作畦

高山茄子适宜高畦栽培，畦面宽约 100 cm，沟宽约 40 cm，畦高 20～25 cm。

土壤翻耕后作畦前每亩施生石灰 50～100 kg。

2）施足基肥

高山通常土壤比较贫瘠，磷钾含量较低，有机质含量不高，酸性较强。为保障茄子高产优质，应施足基肥。一般每亩施腐熟有机肥 3000 kg，另加复合肥 50 kg、磷肥 50 kg、尿素 10～15 kg、硫酸钾 15 kg（或草木灰 100 kg）作底肥。

3）定植时间与密度

根据播种时间和产品上市时间，高山越夏茄子定植时间一般是 5 月中下旬。行株距（45～50）cm×（60～70）cm，每畦种 2 行，每亩栽种 2000 株左右。定植宜选择晴天无风下午进行，在定植前 1～2 d，应在秧苗上喷施 50%多菌灵 WP 1000 倍液防病。连作或黄萎病发生较严重土壤应采用嫁接苗栽培，定植密度 1600 株左右/亩。

5. 田间管理

1）水分管理

茄子叶面积大、水分蒸发多，需水量较大，开花坐果和果实膨大期尤为明显。一般每次采收前 2～3 d 需灌水 1 次，宜采用滴灌。南方山区春夏雨水较多，应及时清沟排水，降低田间湿度，减轻病害发生。

2）合理追肥

高山茄子追肥应遵循"少施多次、前轻后重"的原则。缓苗后即追施一次促秧肥；定植后 30 d 茄子进入开花结果期和门茄膨大期时，应各重施追肥 1 次，每亩施尿素 5～7.5 kg、三元复合肥 10～12.5 kg；对茄采收后，每亩应再冲施尿素 10 kg；整个生育期还应用 0.3%～0.5%磷酸二氢钾液喷施 2～3 次，以防止早衰，提高后期产量。

3）中耕除草

在立支架前应及时进行 2 次中耕，深度为 7～10 cm，并在封垄前用稻草、麦秆或杂草覆盖畦面。封垄后以清沟培土为主。

4）植株调整

常采用二杈整枝法，即只留主枝和第 1 朵花下第 1 叶腋的 1 个较粗壮的侧枝，对茄坐果后，门茄以下及其余侧枝应尽早摘除，整枝时距植株主干外 10 cm 处插立杆，并将茄子主干与立杆捆绑，以防倒伏；在中期要及时摘除老、病、残叶，清理出园并进行集中销毁，以利于通风透光，减少病虫害的发生；坐果后期应及时摘心，促进果实形成，减少营养消耗，提高后期产量。

6. 采收

茄子定植后 35～40 d 即可采收，当茄眼白色或浅绿色环带不明显，果实呈品种固有色泽、手感柔软有黏着感时为采收适期。

第三节　山地辣椒栽培技术

辣椒（*Capsicum annuum*）是茄科辣椒属一年生或多年生草本植物，原产于中南美洲热带地区，现在主要的栽培种类为长椒、甜柿椒、樱桃椒、圆锥椒、簇生椒和灯笼菜椒类。据统计，2011 年我国辣椒种植面积达 705 000 hm^2，产量达 1552 万 t，占全球辣椒种植面积的 50%。辣椒富含维生素、胡萝卜素和碳水化合物，其营养成分因种类不同而区别明显。辣椒是我国南方山区主要的蔬菜类型之一，在浙江省临安市、文成县和湖南省炎陵县、重庆市綦江区、福建省建瓯市、湖北省咸丰县、云南省玉溪市红塔区等地已形成了规模山地辣椒生产基地。

一、特征特性

辣椒品种丰富，主要有灯笼椒、长椒、圆锥椒、樱桃椒和簇生椒五大类型。辣椒通常株高 40～80 cm。根系不发达，主要根群分布广度为 45 cm，深度不足 30 cm，易老化，生根能力差。茎直立，腋芽萌发能力弱，株丛较小，单叶互生。花单生或簇生。果实为浆果，汁液少，空腔大，具有 2～4 心室。

辣椒属喜温性蔬菜，不耐严寒、不耐高温。种子发芽的适温为 25～30℃，低于 15℃或高于 35℃不利于正常发芽。幼苗期的适宜温度为 20～25℃，在 15～30℃均可正常生长。开花结果期适宜温度为 20～30℃。低于 15℃，受精不良，引起落花；高于 30℃，不利于开花结果。适宜的温差有利于果实的生长，果实发育和转色期的适温为 25～30℃。

辣椒属中光性植物（对光周期要求不严格），对光照强度的要求也属中等。光饱和点因品种不同而不同，通常为 800～1500 $\mu mol/(m^2 \cdot s)$（30 000～50 000 lx），光补偿点 8～30 $\mu mol/(m^2 \cdot s)$（300～2500 lx），较耐弱光，但弱光易引起徒长、落花落果等。

辣椒既不耐旱也不耐涝，属半干旱性蔬菜，在中等空气湿度下生长较好。

辣椒对土壤的适应能力较强，以壤土为最好。需肥量较大，对氮、磷、钾的吸收比例为 1∶0.5∶1。

二、生产茬口

目前山地辣椒生产上，我国南方 500 m 以下低海拔区域多采用早春茬或秋延后栽培两种方式进行。早春茬一般在 12 月中下旬～翌年 1 月上中旬保护地播种育苗，3 月中旬～4 月上旬定植，5 月中旬～8 月底为产品采收期；秋延后设施栽培一般在 7 月上中旬播种，8 月中下旬定植，11 月中旬采收结束。500 m 以上的中、高海拔区域，多采用越夏长季节栽培方式进行生产。一般 3 月底～4 月上中旬播种，5 月下旬～6 月上旬露地定植，7 月上旬开始采收上市，初霜前后采收结束，填补夏秋蔬菜市场淡季空缺。广东地区因气温较高，早春茬辣椒播种期可提早至 10～11 月，定植期为 12 月～翌年 1 月，3～5 月采收；越夏栽培播种期可提早至 1 月下旬～2 月上旬，定植期为 3 月中旬～4 月上旬，5～7 月采收。南方山地辣椒主要生产茬口如表 3-3 所示。

表 3-3　南方部分省份山地辣椒主要生产茬口

茬口类型	区域及海拔	播种期	定植期	采收期	栽培方式
春茬	东南（浙江、江西）500 m 以下	11 月中下旬～翌年 1 月中下旬	3 月中旬～4 月上旬	5 月中旬～8 月底	设施
	华中（湖南）600 m 左右	2 月中下旬	4 月下旬～5 月中旬	6～9 月	设施
	西南（四川、重庆）400～800 m	2 月中下旬	4 月上旬	5～7 月	设施
	华南（广东）500 m 左右	10～11 月	12 月～翌年 1 月	3～5 月	设施
秋延后	东南（浙江、江西）500 m 以下	7 月上中旬	8 月中下旬	9 月下旬～11 月中旬	设施
越夏茬	东南（浙江、江西）500～1000 m	3 月下旬～4 月上旬	5 月下旬～6 月上旬	7 月上旬～10 月底	露地或设施避雨
	西南（贵州、重庆）1000 m 左右	4 月中旬	5 月下旬～6 月上旬	7～9 月	露地
	华中（湖北）800～1400 m	4 月上旬	5 月中下旬	7 月下旬～10 月中旬	露地
	华南（广东）500 m 以下	1 月下旬～2 月上旬	3 月中旬～4 月上旬	5～7 月	设施避雨

本节重点介绍山地辣椒越夏长季节栽培技术。

三、栽培要点

（一）地块选择

山地辣椒种植地块选择原则与番茄、茄子相似。首先，要求土壤疏松肥沃、排灌方便；其次，要求合理轮作，避免与茄果类、瓜类蔬菜连作，可与十字花科甘蓝、大白菜，百合科大葱、大蒜等实行 3 年以上轮作；最后，还应具有适宜的海拔与朝向。

（二）品种选择

山地辣椒栽培品种应根据市场和加工企业需求类型而定，选择耐热、抗病、适应性强、商品性好、耐储运、优质丰产的优良品种。目前，我国南方地区辣（甜）椒栽培品种主要有尖椒类、甜椒类、簇生椒类等十余个。各地可以根据栽培习惯、市场消费需求选择适宜的品种。

1. 弄口早椒（鸡爪×吉林）

早熟，从定植到采收 25～30 d。株高 70 cm，开展度 75 cm × 80 cm。第 1 朵花着生于第 7～第 9 节，中等大小、白色；果实羊角形，果长 12～14 cm，纵径 9.5～11.0 cm，横径约 1.5 cm，单果重 13～15 g；青熟果深绿色，老熟果红色，辣味中等，水分中等；嫩果辣味淡，果皮软，熟食品质佳。耐寒、耐热性强，不耐湿。

2. 新丰 5 号

中早熟，株高 60～65 cm，开展度 65 cm 左右；始花节位 10～12 节，坐果率高；果粗长，牛角形，果长 20～25 cm，肉厚 0.28～0.3 cm，单果重 50～80 g；果黄绿色，果皮光亮，辣味较浓，品质佳；高抗病毒病，对疮痂病、炭疽病、疫病抗性较强，耐寒、耐热、耐涝，适应性强。

3. 红天湖 20312

中晚熟，长椒类型。植株长势旺，叶色较深，茎秆粗壮，株高 150 cm 左右，开展度 80～100 cm。果长 12～13 cm，横径约 1.5 cm，单果重 10 g 左右，单株结果数 90～100 个。果实表面光滑，色泽均匀光亮，果型直，青熟果深绿，老熟果红艳，味中辣，鲜销加工兼用。抗高温干旱能力强。

4. 川腾 6 号

早中熟，从定植到始收红椒 96 d 左右。株型紧凑，株高 57.1 cm，株幅 61.0 cm×59.2 cm；第 1 朵花着生于第 7～第 15 节；果实长羊角形，果长 19.8 cm，横径 1.6 cm，肉厚 0.21 cm，单果重 16.0 g 左右。青熟果绿色，老熟果鲜红色，辣味中等，适鲜食、干制和加工。较耐寒、耐热、耐旱、耐涝；抗病毒病、疫病、炭疽病，较抗蚜虫、跗线螨、烟青虫。

5. 皖椒 18

早熟，果实小羊角形，果长 17～20 cm、果肩 1.6～1.8 cm；鲜椒单果重 20～25 g，果肉厚 0.23 cm，心室数 2～3 个，干椒单果重 3.0～4.5 g；嫩果颜色深绿，果面光滑，干椒暗红、光亮，辣味强，鲜食与加工多用；抗病毒病，高抗炭疽病、疫病和青枯病；坐果集中，持续坐果力强，丰产性好。

6. 桂椒 7 号

中熟，株型直立，生长势强，株高约 92 cm，株幅 74.4 cm×72.3 cm，茎粗 1.16 cm；叶色绿，始花节位 9～12 节，花瓣白色，坐果率高；果实长线形，果长 17.8～22.0 cm，横径 1.62～1.97 cm，肉厚 0.21～0.26 cm，心室 2 个，单果重 17.5～25.2 g；青果深绿色，红果光滑亮丽，辣味浓而清香，可鲜食或加工，商品性好；耐热性强，抗病毒病、炭疽病、疫病和青枯病。

7. 苏椒 3 号

中熟，植株长势强，株型较开展，株高 70～80 cm；果实长羊角形，果长 15.3 cm，横径 2.6 cm，肉厚 0.22 cm，单果重 15.0～24.9 g，单株产量 750 g 以上；嫩果浅绿，果皮微皱，老熟果鲜红色，光泽好，味辣，商品性好，鲜食与腌渍兼用；对病毒病、炭疽病抗性较强，耐高温，抗风、耐涝，适应性强。

8. 中椒 6 号

中早熟，从定植到始收约 32 d。植株长势强，株高 45～50 cm，开展度 50 cm 左右，叶色深；始花节位 9～11 节，分枝多，连续坐果能力强；果实粗牛角形、果色绿，表面光滑，纵径 12 cm，横径 4 cm，果肉厚 0.3～0.4 cm，单果重 45～62 g；果实微辣，外形美观，风味好，宜鲜食；抗病毒病 TMV 和疫病，耐 CMV。

（三）育苗

1. 种子消毒与浸种催芽

1）温汤浸种

把种子放入 55℃热水中，不断搅拌，浸泡 10～15 min，然后，让水温降到 30℃左右，然后晾干播种或浸种催芽。

2）药液浸种

按防治病害对象，选择对口农药，如防治病毒病可选用 10%磷酸三钠液浸种 20 min；防治炭疽病、疫病可选用 1%硫酸铜溶液浸种 5～10 min 等，药液浸种处理后，洗净种子至无药味，晾干后播种或再进行浸种催芽。

3）浸种催芽

先在水温 20～25℃（常温下）浸种 6～8 h，浸种结束后，用清水洗净种子外表黏附物，然后用纱布或干净的布袋包好，再放入人体衣服内催芽，温度保持在 25～30℃，一般经过 3～4 d 催芽，当种子有 60%～70%露白时，即可播种。

2. 育苗准备

可采用苗床育苗或穴盘、育苗盘育苗，提倡采用穴盘育苗。

营养土选用稻田土或 2～3 年内未种植过茄科作物的园土 6～7 份、腐熟有机肥 2～3 份、草木灰 1 份，加三元复合肥 0.2%、钙镁磷肥（或过磷酸钙）0.2%、充分拌匀，堆制 1 个月以上，过筛调节水分备用。

采用苗床育苗，按每亩大田准备育苗床 6～8 m²，筑成畦宽 1.4～1.5 m、沟深 30 cm 的畦面，将配制好的营养土均匀铺在育苗床上，厚度为 10 cm 左右。同时，准备分苗床 35～38 m²。

若采用穴盘育苗，可采用 50 孔或 72 孔商业用穴盘。

3. 播种

由于各地所处的地理纬度、海拔以及地形地貌的差异，山地辣椒播种期应根据品种特性、当地气候条件与目标上市期综合考虑确定。通常而言，山地辣椒采收上市期主要在 7～9 月。由于高山地区 9 月中旬以后气温下降快，会出现 15℃以下的低温，影响辣椒开花结果与果实发育。因此，高山辣椒栽培适宜播种期一般为 3 月下旬～4 月上中旬，并且海拔较高的地区适当早播，海拔略低的地区适当晚播。例如，在浙江海拔 600～1000 m 山地，适宜播种期为 3 月中下旬～4 月初，海拔 400～600 m 山区适宜播种期为 4 月上中旬。若采用设施育苗，播种期可适当提前半个月至 1 个月。

常规育苗，播种时先将苗床浇足底水，稍干后，均匀播上种子，撒上少量 75% 百菌清或 50%多菌灵 WP（预防猝倒病等苗期病害），盖上 1 cm 左右厚度的细培养土，畦面加盖地膜或稻草保湿，再搭建小拱棚多层覆盖。

穴盘或育苗盘育苗，先将穴盘、育苗盘装满培养土或专用基质，刮平，压实，播上种子，浇透水，覆盖 1 cm 左右细培养土，再加盖地膜保湿，放在小拱棚内。夜间在小拱棚上加盖草帘、无纺布保温。

根据定植密度，一般每亩大田用种量 25～40 g。

4. 苗期管理

1）温、湿度控制

播种后苗床内温度白天控制在 25～30℃，夜间控制在 15～20℃，一般 4～5 d

即可出苗，经催芽的种子 2 d 即可出苗。幼苗出土后及时揭去地膜或稻草，让苗见光、防止徒长。当室外温度适宜辣椒幼苗生长时，可揭去棚膜，让幼苗在自然环境下生长，但要防止寒流和雨水冲刷，做到白天揭、夜晚盖。

2）肥水管理

要掌握见干见湿，注意不宜勤浇，以防止苗床内土壤水分过多，引发病害，当苗床表土见白时，才可浇水。当秧苗缺肥时，可结合浇水，追施复合肥料或腐熟的稀薄人粪尿或喷施叶面肥等。

3）分苗

播种后 20 d 左右，幼苗达到 2 叶 1 心时，可采用 10 cm×10 cm 塑料钵分苗，所用的培养土应在播种用培养土中再加入三元复合肥 3 kg/m³ 拌匀，堆积 15 d 以上。分苗后闷棚 5～6 d，提高温度，促进早缓苗。缓苗后，白天要加强通风，降低苗床内温度与湿度，防止高温伤苗，雨天要及时覆盖小拱棚防止雨淋与寒害。定植前一周开始，逐渐降温炼苗，并在定植前 2～3 d，揭去小拱棚棚膜。采用穴盘育苗者一次成苗，无须分苗。

辣椒壮苗苗龄在 50～60 d，生长势强、根粗壮、须根多、根茎处粗 0.5 cm、株高 10～15 cm、真叶 10～12 片，无病虫害。

（四）定植

1. 精细整地与施足基肥

种植地块要早翻和深翻，冬闲地块需在冬天翻耕，经冷冻暴晒，改善土壤理化性状，提高土壤肥力。

因辣椒生长期长，根系发达，需肥量大，要求施足基肥。通常每亩施腐熟有机肥 2500～3000 kg、三元复合肥 30～40 kg、钙镁磷肥（或过磷酸钙）30～40 kg。同时，每亩施石灰 75～100 kg。有机肥需在畦中间开沟深施，化肥和石灰可撒施于畦面，再与土拌匀，整理成宽 1.2～1.3 m（连沟）、沟深 25～30 cm 的畦面。

我国南方山区土壤一般偏酸性，pH 4.5～6.0，而辣椒生长发育适宜土壤 pH 6.7～7.2。在山地辣椒种植地块加施石灰，可调节土壤酸碱度，提高土壤 pH，减轻辣椒青枯病等土传病害的发生，同时补充土壤中的钙质养分，提高肥效，利于促进辣椒生长发育，提高产量与品质。

2. 定植

山地辣椒适宜定植期取决于定植时的温度条件，在浙江中、高海拔地区通常在 5 月下旬～6 月上中旬。定植前，先用 50%多菌灵 WP 600 倍液或 75%百菌清 WP 1000 倍液在苗床内喷 1 次药剂防病，并提前 1 d 浇透苗床，以便带药带土起苗，减少根系损伤，剔除弱苗、病苗。定植宜选择晴天进行，做到合理密植，每畦种 2 行，株距 35～40 cm，每亩栽种 3000～3500 株，具体密度视品种而定。定植时要浅覆土，栽植深度以子叶痕（根茎部）刚露出土面为宜，栽后随即浇 10% 腐熟人粪尿或 0.1%～0.2% 尿素水点根，使幼苗根系与土壤充分接触，促进早缓苗。为预防青枯病等细菌性病害发生，可按照农用硫酸链霉素 SP 或新植霉素 WP 3000 倍或 77% 氢氧化铜 WP 500 倍的配比剂量，加入点根肥水中一起浇施。

（五）田间管理

1. 中耕除草与培土

山地辣椒定植后一般要进行 2 次中耕。第 1 次在幼苗活棵后，即移栽 10～15 d，选择晴天进行较深的中耕除草，但注意不要伤及根系。第 2 次选择在植株封垄前进行浅中耕除草，为避免误伤根系，植株附近的杂草宜人工拔除，并清理沟中碎土，向植株茎部附近培土。

2. 畦面覆草

畦面覆草是一项山地辣椒优质高产栽培的有效技术措施。选择在南方梅雨季节过后，高温干旱来临前，或在第二次浅中耕培土后，进行畦面覆盖青草或农作物秸秆等，具有降低地温，防止雨水淋刷土壤，保持土壤疏松，保肥、保湿，促进根系生长，抑制杂草滋生等作用。

3. 整枝

因辣椒第1花序（门椒）以下各叶节均能发生侧枝，但多根侧枝同时生长和开花结果，植株营养分散，通风透光性差，会引起落花落果多、果实发育差。因此，山地辣椒栽培中要进行适当整枝。选择晴天，把辣椒第1花节（门椒）以下的各叶节侧枝及时剪除，以减少养分耗损，达到果实大、商品性好、产量高的目的。

4. 立支架

为防止植株倒伏，影响辣椒产量，除做好中耕培土外，还应进行立支柱或搭简易支架。一般在开始采收期用长 50～60 cm 的小山竹或竹片或小杂木，在离植株约 10 cm 处插一立柱；在畦面的两侧用小山竹或小杂木搭简易栅形支架，高 40～50 cm，然后用塑料绳或布条，采用"∞"形绑缚方式把植株主秆绑在立柱或支架上。

5. 肥水管理

应掌握"前期轻施、结果期重施、少量多次"的原则。在定植后至第一个果膨大时，结合中耕除草施追肥2～3次，可每次每亩施20%～30%腐熟人粪尿800～1000 kg，或每次每亩施三元复合肥料10～15 kg。结果盛期，每隔10～15 d施追肥一次，可每次每亩施三元复合肥料10～15 kg，或每次亩施尿素7.5～10 kg等，促秧、攻果。根外追肥，可结合病虫害防治加0.2%磷酸二氢钾或有机叶面肥一起喷雾。

若遇高温干旱，要及时浇水。雨后要及时清沟排水。若有条件采用沟灌的地块，注意一定要浅灌，放"跑马水"即可。

（六）采收

辣椒果实要根据当地市场或加工企业的实际需要，及时采摘。例如，杭州、上海等地蔬菜市场对鲜销小尖椒的采收标准为果长 8～10 cm、横径 1.0 cm 以下。南方高海拔地区 7～9 月的气温非常适宜辣椒生长发育，鲜椒以每 1～2 d 采收 1 次为宜，利于提高果实品质，提高结果率，增加产量。注意门椒要尽早采摘，以促进植株营养生长与开花结果。采摘应选择在晴天上午露水干后或傍晚时进行。采收的果实要放置阴凉处，防止在太阳下暴晒，加速老熟。

采收的辣椒果实按照产品规格进行分级，将畸形果、虫洞果等剔除后用纸板箱、竹筐等器物进行包装。产品储运过程要防止果实损伤，及时运抵市场销售。

第四节　病虫害防治技术

一、主要病害

山地茄果类蔬菜栽培中常见的病害有猝倒病、立枯病、病毒病、青枯病、番茄茎基腐病、番茄晚疫病、番茄早疫病、番茄灰霉病、番茄脐腐病、辣椒疫病、辣椒炭疽病、茄子黄萎病、茄子绵疫病、根结线虫病等。

（一）猝倒病

1. 症状

分为出苗前和出苗后两种。出苗前的症状是种子萌发后未出土前遭病原菌侵染而导致死苗；出苗后的症状是幼苗出土后近地面的茎基部染病，初为水浸状，后变为黄褐色，绕茎一周引起急性倒伏。病苗往往子叶尚未凋萎，即猝倒在地。倒伏的幼苗，叶片短期内仍保持绿色，后失水干枯。

2. 发病特点

通常发生在苗出土前及出土后的 20 d 内，发病高峰期为真叶出现初期至 1 叶1 心期。引起猝倒病的主要病原菌是腐霉菌，以其卵孢子和菌丝体随病残体在土壤中越冬。在温湿度适宜条件下，产生游动孢子或直接产生芽管，侵染幼芽和幼苗。通过土壤、未腐熟的农家肥、灌溉水、雨水、农具等途径传播。

低洼积水、土质黏重、湿度偏高，以及灌溉不当易诱发病害；土壤菌源量大，连续阴雨、低温寡照、幼苗弱小，病害发生严重。

3. 药剂防治

发病初期，可选用 30%多菌灵·福美双 WP 600 倍液，或 64%噁露·锰锌 WP 500 倍液，或 68%精甲霜灵·锰锌 WP 600～800 倍液，80%多·福·福锌 WP 700 倍液，或 72.2%普力克 AS 800 倍液等药剂，每 7～10 d 喷 1 次，视病情连续防治 2～3 次。

（二）立枯病

1. 症状

主要为害出苗后 20 d 内的秧苗。发病初期，病苗茎基部产生不规则或近椭圆形褐色病斑，稍凹陷，后逐渐扩展，绕茎一周致茎部缢缩腐烂，病苗很快萎蔫、干枯死亡，但不折倒。有时在病部及茎基周围土面可见白色丝状物。

2. 发病特点

引起立枯病的主要病原菌是茄丝核菌。病菌主要以菌丝体或菌核在土壤内的病残体及土壤中越冬，也能混在未充分腐熟的堆肥中越冬，极少数以菌丝体潜伏在种子内越冬。通过风雨、流水、农事操作和地下害虫等传播。从幼苗茎基部或根部伤口侵入，也可穿透寄主表皮直接侵入。病菌生长适温为 17～28℃。

土质黏重、排水不良、湿度偏高的低洼地块发病重；播种过密、间苗不及时，光照不足、苗势衰弱，气温偏高，易诱发病害。

3. 药剂防治

发病初期，可选用 30%多菌灵·福美双 WP 600 倍液，或 64% 噁露·锰锌 WP 500 倍液，或 20%甲基立枯磷 EC 1200 倍液，或 80%多·福·福锌 WP 700 倍液等药剂，每 7～10 d 喷 1 次，共 2～3 次。

猝倒病和立枯病防治应着重考虑苗床消毒。

（三）番茄茎基腐病

1. 症状

主要为害定植前后大苗茎基部或地下主、侧根。初发病时，病斑在植株地表上下的茎基部扩展，病部开始为暗褐色，后绕茎基部扩展一周，致皮层腐烂，造成地上部叶片变黄、萎蔫，后期整株枯死。湿度大时病部表面常形成黑褐色大小不一的菌核，有别于早疫病。

2. 发病特点

引起番茄茎基腐病的病原菌是茄丝核菌。病菌以菌丝体和菌核随病残体在土壤中越冬，腐生性强，以菌丝体通过雨水、灌溉水及农具在田间传播。该菌在 12～42℃均可侵染，发病适宜温度为 20~25℃，大水漫灌且遇到地温过高最易发病。

地势低洼、排水不良，施用未腐熟有机肥、偏施氮肥及连作地块，发病严重。

3. 药剂防治

苗床发病初期，可用 2 亿孢子/g 木霉菌 WP 500 倍液喷淋，也可拌干细土土表撒施。

定植后发病初期，可选用 1%申嗪霉素 SC 1000 倍液，或 70%恶霉灵 WP 1600 倍液，或 2.1%丁子·香芹酚 AS 300 倍液等药剂，视病情每 7～10 d 喷 1 次，连续 2 次。

（四）青枯病

1. 症状

一般当番茄、茄子或辣椒等进入坐果期，田间才出现病株。先是顶端叶片萎蔫下垂，再下部叶片凋萎，最后中部叶片凋萎。也有一侧叶片先萎蔫或整株叶片同时萎蔫的。发病初期，病株白天萎蔫，傍晚恢复，病叶变浅。发病后，土壤干燥，气温偏高，2～3 d 即全株凋萎，不再恢复。至植株枯死，茎叶仍保持青绿。病茎表皮粗糙，中下部增生不定根或不定芽。横切新鲜病茎，可见维管束变褐，湿度高时轻轻挤压横切面可见污白色菌液流出。发病严重时，常造成绝收。

2. 发病特点

引起茄科作物青枯病的病原菌是茄劳尔氏菌，为细菌性维管束病害，病菌主要通过雨水、灌溉水、农事操作和昆虫等传播。微酸性土壤，有利于病原侵入，地温 25℃最适病原菌活动。一般天气连续阴雨转晴、土温急剧回升，田间可出现发病高峰易引起病害流行。

连作，地势低洼、排水不良，偏施氮肥，土壤酸败，植株出现伤口等，均有利于病害发生。

3. 药剂防治

发病初期，可选用 72%农用硫酸链霉素 SP 1000 倍液，或 72%新植霉素 WP 4000 倍液，或 3%中生菌素 WP 800 倍液等药剂灌根；也可用 46.1%氢氧化铜 WDG 800 倍液，或 20%噻菌铜 DF 600 倍液，或 25%络氨铜 AS 500 倍液等药剂，每 7～10 d 灌根或喷洒 1 次，连续 2～3 次。

（五）病毒病

1. 症状

常见的症状有花叶型、条斑型和蕨叶型三种。其中以条斑型对产量影响最大，其次为蕨叶型。

花叶型：有轻型花叶和重花叶两种。轻型花叶，叶片平展，大小正常，植株不矮化，多在新叶上出现深绿或浅绿相间的斑驳，呈花叶状，对产量影响不大；重花叶，叶片凹凸不平，扭曲畸形，叶片变小，嫩叶上花叶症状明显，严重时形成上黄下绿，并伴有明显的落叶，植株矮化，果小质劣，对产量影响较大。

条斑型：植株地上部分均可表现症状。病株初为叶脉坏死或散布黑褐色油渍状坏死斑，后顺叶柄蔓延至茎秆，初生暗绿色下陷短条纹，后变为深褐色下陷油渍状坏死斑，逐渐蔓延扩大。病果畸形，果面呈不规则褐色凹陷坏死斑。植株主茎上的黑色枯斑由上向下蔓延至 20～30 cm 时，整株即可枯萎死亡。

蕨叶型：新叶线状似蕨叶，植株矮小，黄绿色，复叶节间短，呈丛枝状，中、下部叶片向上微卷。发病初期，植株不能正常坐果。

2. 发病特点

由植物病毒寄生引起的病害，在留种菜株、宿根性植物和田边杂草上越冬，发病适温 20℃。可通过整枝、打杈、绑蔓等农事操作接触汁液传播，也可通过蚜虫、机械传播。

连作地块，地势低洼、排水不良，氮肥过多、植株徒长，高温干旱、蚜虫暴发等，均有利于花叶病毒传播。

3. 药剂防治

在幼苗 1～2 片真叶期，将幼苗根部的土洗去，在弱毒疫苗（TMV2N 14）100 倍溶液中浸根 30 min，然后分苗移栽。

发病初期，可用0.5%香菇多糖AS 600倍液，或4%嘧肽霉素AS 200～300倍液，或1.5%植病灵Ⅱ号EC 1000倍液，也可用10%羟烯·吗啉胍AS 1000倍液，或20%

病毒A WP 500倍液喷雾等药剂，每5～7 d喷1次，连续2～3次。注意及时防蚜。

（六）番茄晚疫病

1. 症状

可为害叶片、果实和茎秆，以叶片和青果受害最重。叶片发病多从植株下部叶尖或叶缘开始，初为暗绿色或灰绿色水渍状不规则斑，边缘不明显，扩大后变为褐色。湿度大时，叶背病健部交界处长出一圈白霉，干燥时病部干枯，呈青白色，脆而易破。茎秆和叶柄受害，初现水渍状斑点，后变暗褐色或黑褐色，很快缢缩凹陷，环绕一周致病部以上枝叶萎蔫。果实发病，多在青果近果柄处，果皮初现油渍状不规则硬块斑，后变成暗褐色至棕褐色云纹斑，潮湿时病部长出白色霉层，很快腐烂。

2. 发病特点

引起番茄晚疫病的病原菌是致病疫霉菌。病菌主要以菌丝体在保护地冬季栽培的番茄上危害并越冬，有时可以厚垣孢子在病残体上越冬。通过风雨或气流传播，从茎的伤口、气孔或表皮直接侵入。气温15～25℃、相对湿度75%以上，昼夜温差较大，均利于发病。

地势低洼、土壤黏重、排水不良、田间湿度大，易诱发病害。种植过密、肥力不足、长势衰弱，发病严重。

3. 药剂防治

定植后，可用65%代森锌 WP 500 倍液，或64%杀毒矾 WP 500 倍液等药剂喷雾保护，每7 d喷1次，防治1～2次。药剂交替使用。

发病初期，可选用23.4%双炔酰菌胺 SC 1500 倍液，或68%精甲霜灵·锰锌 WDG 600～800 倍液，或75%丙森锌·霜脲氰 WDG 1000 倍液，或72%杜邦克露 WP 1000 倍液，或40%甲霜铜 WP 700～800 倍液等药剂，每7 d喷1次，连续2～3次。

（七）番茄早疫病

1. 症状

叶片受害，初生暗褐色小斑点，后扩大成圆形至椭圆形病斑，具明显的同心轮纹，边缘深褐色、中央灰褐色，潮湿时病部长出黑色霉层。发病初期，多从植株下部叶片开始，逐渐向上蔓延，严重时病斑相连呈不规则形大斑，病叶干枯、脱落。茎部发病多在分杈处，病斑椭圆形，黑褐色、稍凹陷，有同心轮纹，严重时致植株折断。果实染病，多发生在蒂部附近和带裂纹处，病斑圆形或近圆形，黑褐色、稍凹陷，有同心轮纹，其上长有黑色。病果提前红熟脱落。

2. 发病特点

引起番茄早疫病的病原菌是茄链格孢菌。病菌主要以菌丝体、分生孢子在病株残体或土壤中越冬。分生孢子借雨水、气流传播，由气孔、伤口或从表皮直接侵入寄主。最适发病温度 20～25℃、相对湿度 80%左右，遇连续阴天，病情发展迅速。

重茬地、低洼地、瘠薄地、浇水过多或通风不良地块发病较重。栽植密度过高、底肥不足、植株长势弱、结果过多，均利于病害发生。

3. 药剂防治

定植后即喷药保护，可喷 70%代森锰锌 WP 800 倍液，或 64%杀毒矾 WP 500 倍液，每 7 d 喷 1 次，防治 1～2 次。注意药剂交替使用。

发病初期，可选用 65%代森锌 WP 500 倍液、42.4%唑醚·氟酰胺 SC 3500 倍液、42.8%氟菌·喹菌酯 SC 3500 倍液、50%扑海因 SC 1500 倍液、58%甲霜灵锰锌 WP 500 倍液等药剂，每 7～10 d 喷 1 次，连续 2～3 次。

（八）番茄灰霉病

1. 症状

幼苗至成株期整个生育期均可发生，叶片、茎秆、花及果实等各个器官部位均可受害。花染病，多从花托开始，致花枯萎，病部长出灰色霉层。然后病菌可从残留的柱头或花托部位侵入，渐向果实发展，果实病部呈水渍状灰白色软腐，并产生灰色霉层。叶片受害，多从叶尖、叶缘开始，向叶内呈"V"字形扩展，初为水渍状、黄褐色坏死斑，湿度大时，病斑快速发展成不规则形，有深浅相间的轮纹，表面生灰色霉层。

2. 发病特点

引起番茄灰霉病的病原菌是灰葡萄孢霉菌。病菌主要以菌丝、分生孢子或菌核在病残体或土壤中越冬，保护地可周年为害。分生孢子借气流、浇水、棚室滴水、农事操作及病组织自然散落等途径传播，从寄主开败的花器、伤口、坏死组织侵入，也可由表皮直接侵染。通常花期为侵染盛期，第 1、第 2 穗果膨大期，为烂果高峰期。

低温阴雨，排灌不畅，栽植密度过高、通风不良、光照不足，发病较重。南方地区 5～6 月梅雨季节易出现发病高峰。

3. 药剂防治

定植前，可用 50%速克灵 WP 1500 倍液喷洒苗株，带药移植，减少菌源。

发病初期，可选用 42.4%唑醚·氟酰胺 SC 3500 倍液，或 42.8%氟菌·喹菌酯 SC 3500 倍液，或 50%啶酰菌胺 WDG 2000 倍液，或 30%嘧霉胺 SC 1000~2000 倍液等药剂，每 7~10 d 喷 1 次，连续 2~3 次。

花期可用 50%速克灵 WP 1500 倍液喷雾防治。

（九）番茄脐腐病

1. 症状

为山地番茄常见的一种生理性病害。发病初期，多在幼果和青果脐部形成水渍状暗绿色病斑，后逐渐扩大，果顶凹陷变褐色。严重时病斑可扩展到半个果实。干燥时病部为革质，潮湿时表面产生白色、粉红色或黑色霉层。

2. 发病特点

主要是由于土壤突然供水不足，果实脐部大量失水而引起组织坏死，或土壤中缺钙，或植株缺乏从土壤中吸收钙质的能力而致。

一般多雨后突然干旱，或较长时间灌水后突然缺水，氮肥施用过量，缺钙，植株徒长，土层浅根系发育不良，均可促使发病。

3. 药剂防治

采用地面覆盖栽培。促进根系发育，增强吸水功能，防止钙质养分淋失，减少水分蒸散。

加强肥水管理。花期及结果初期，保证有足够的水分供应，果实膨大期适度均匀给水。高温干旱期间及时灌溉，避免土壤忽干忽湿。

适时根外追肥。可叶面喷施 0.1%过磷酸钙水溶液，或 0.5%氯化钙水溶液加 5 mg/kg 萘乙酸，或 0.1%硝酸钙水溶液及 1.8%爱多收 AS 6000 倍液，或绿芬威 3 号 WP 1000~1500 倍液。从初花期开始，每 10~15 d 喷 1 次，连续 2~3 次。

（十）茄子黄萎病

1. 症状

发病初期，植株半边中下部叶片的叶缘部及叶脉间发黄，渐渐发展为半边叶或整叶变黄，叶缘稍向上卷曲。有的植株一侧枝叶表现症状，并向上扩展，引起半边植株叶片变黄，或半张叶片变黄，并向一侧扭曲，故称为"半边疯"。后期病株彻底萎蔫，表现为叶片黄萎、卷曲、脱落，呈光秆。病株矮小，株形不舒展，果小，长形果有时弯曲，纵切根茎部，可见到木质部维管束变黄褐色或棕褐色。

2. 发病特点

引起茄子黄萎病的病原菌为大丽轮枝孢菌。病菌以菌丝、厚垣孢子和拟菌核随病株残体在土壤中越冬，从根部伤口或幼根表皮及根毛侵入寄主，借助风雨、流水、人畜及农具等途径传播。气温低，根部伤口愈合慢，有利于病原从伤口侵入。

施用未腐熟有机肥，地势低洼及连作地块，发病较重。采用冷水灌溉，浇水不当，也可导致病情加重。

3. 药剂防治

定植后，用50%多菌灵 WP 500～800 倍液灌根，每株灌药液 300 ml，防治效果较好。

田间发现中心病株后，可选用50%多菌灵 WP 500 倍液，或50%托布津 WP 500 倍液灌根，每株 250～500 ml，每隔 5～7 d 灌根 1 次，连续 2～3 次。

（十一）茄子绵疫病

1. 症状

主要为害茄子果实，也为害叶片、茎秆和花蕾。果实发病时以近地面果实先发病，初为水渍状圆斑，病斑稍凹陷，黄褐色或暗褐色，后扩大。以后病部逐渐收缩致果皮皱折，质地变软，果肉黑褐色腐烂，湿度大时，病部表面长出茂密的白色棉絮状菌丝。叶片受害，初呈暗绿色圆斑，后变为褐色不规则形，有明显轮纹，潮湿时病斑扩展很快，边缘不明显，斑面产生稀疏的白霉，干燥时病斑边缘明显，易干枯破裂。花受害呈水渍状湿腐，并向嫩枝蔓延，后病斑变褐缢缩以致折断，其上部枝叶萎蔫枯死。潮湿时，花茎等病部产生白色棉状物。

2. 发病特点

由茄疫霉菌引起的真菌性病害。病菌主要以卵孢子在土壤和病残体中越冬，借风雨传播，发病最适温度为 25～30℃。盛果期高温多雨，尤其是连续阴雨、天气闷热，利于发病。

地势低洼，土壤黏重，雨后田间易积水，种植密度过高，通风不良，易引发病害。

3. 药剂防治

苗期，可用 75%百菌清 WP 600 倍液，或 65%代森锌 WP 500 倍液等喷雾保护，每 7 d 左右喷 1 次，连续 2～3 次。

发病初期，可选用 75%百菌清 WP 500～600 倍液，或 72.2%普力克 AS 700～800 倍液，或 72%霜脲·锰锌 WP 600 倍液，或 69%安克锰锌 WP 800 倍液，或 50%甲基托布津 WP 800 倍液等药剂，每 7～10 d 喷 1 次，连续 3～4 次。注意每次采用不同种类药剂，以免产生抗药性。

（十二）茄子褐纹病

1. 症状

又称为褐腐病、干腐病，主要为害茄子的叶、茎、果实，苗期、成株期均可被害。叶片染病，初为苍白色水渍状小斑点，逐渐变褐色近圆形，后期病斑扩大呈不规则形，边缘深褐色，中央浅褐色或灰白色，其上轮生许多小黑点。叶片病斑组织变脆，常造成干裂、穿孔、脱落。茎部被害，初为褐色水渍状纺锤形病斑，扩大后边缘呈暗褐色、中间灰白色，其上着生许多小黑点，最后病部皮层脱落，露出木质部，易折断。果实被害，初呈浅褐色圆形或椭圆形稍凹陷的病斑，上密生黑色小粒点，病斑不断扩大，可达半个果实，后期病斑发展为灰白色。发病严重的，果实上可布斑。

2. 发病特点

由茄褐纹拟茎点菌引起的真菌性病害。病菌以菌丝体和分生孢子器在土表病残体上，或以菌丝体潜伏在种皮内、以分生孢子附着在种子表面越冬。种子带菌能引起幼苗直接发病，土壤带菌能引起茎基部溃疡。植株染病，分生孢子借风雨、昆虫及农事操作等途径传播，多次侵染。温度 28～30℃、相对湿度 80%以上有利于发病。连续阴雨条件下，病害易流行。

连作，植株生长衰弱，土壤黏重，地势低洼，排水不良，偏施氮肥，发病严重。

3. 药剂防治

苗期或定植前，喷洒 50%多菌灵 WP 500 倍液 1～2 次。

结果期开始，可用 65%代森锌 WP 500 倍液，或 75%百菌清 WP 600 倍液，或 50%甲霜铜 WP 500 倍液，或 58%甲霜灵锰锌 WP 400 倍液等药剂，每 7～10 d 喷 1 次，连续 2～3 次。注意喷药要细致，植株各个部位都要喷到。

（十三）辣椒疫病

1. 症状

苗期和成株期均可发病，主要为害叶片、茎秆和果实。苗期染病，茎基部呈暗绿色水渍状病斑，迅速褐腐缢缩而猝倒；茎秆和枝条染病，多从分权处开始，初生暗绿色水渍状病斑，扩大后绕茎一周，病部明显缢缩，呈黑褐色，引起软腐或茎枝倒折，造成病部以上枝叶逐渐枯萎；叶片发病，初产生暗绿色水渍状斑，扩大后呈圆形或不规则形，边缘黄绿色，中央深褐色，叶片枯缩易脱落；花蕾被害迅速变褐脱落；果实发病，多从蒂部开始，初为暗绿色水渍状不规则斑，扩展后褐色软腐，失水干缩呈暗褐色僵果挂在枝上。高湿时病部表面产生白色霉层。

2. 发病特点

由辣椒疫霉菌引起的真菌性病害。病菌主要以卵孢子和菌丝体随病残体在土壤中越冬，借风、雨、灌溉水及其他农事活动传播。病菌最适发病温度25～30℃、相对湿度达85%左右。坐果期最易感病，田间中心病株和发病中心多形成在低洼积水和土质黏重地带。

灌溉失当、大水串灌，重茬、低洼地，密度过大、通透性差，氮肥偏多、长势衰弱均有利于该病的发生和蔓延。

3. 药剂防治

发病初期，可选用72%杜邦克露 WP 600 倍液，或64%杀毒矾 WP 500 倍液，或58%甲霜灵锰锌 WP 600 倍液，或77%氢氧化铜 WP 400 倍液，72.2%普力克 AS 600 倍液等药剂，每7～10 d 喷 1 次，连续 2～3 次。注意雨后天晴，要及时喷药。

（十四）辣椒炭疽病

1. 症状

主要为害果实和叶片。根据症状表现可分为三种不同类型：①黑色炭疽病。叶片染病多发生在老熟叶上，初生褪绿色水浸状斑点，扩大后为圆形或不规则形，边缘褐色、中央灰白色，后期斑面上也产生轮纹状排列的小黑点，严重时可引致落叶。果实染病，初现水浸状黄褐色圆斑，边缘褐色，中央灰褐色，斑面有隆起的同心轮纹，其上密生轮纹状排列的黑色小点。潮湿时病斑周围有湿润状变色圈，干燥时病组织变薄，极易破裂。茎和果梗受害，形成褐色不规则短条形凹陷斑，干燥时表皮易开裂。②红色炭疽病。产生黄褐色、水渍状、凹陷病斑，其上密生轮纹状排列的橙红色小点，潮湿时病斑表面溢出淡红色黏质物。③黑点炭疽病。以成熟果受害严重，病斑与黑色炭疽病相似，但其上的小黑点较大，色更黑，潮湿条件下溢出黏质物。

2. 发病特点

由辣椒炭疽菌引起的真菌性病害。病原菌以分生孢子、菌丝体或分生孢子盘通过流水、滴水、昆虫、种子等传播，温度27℃、田间湿度90%时发病严重。

地势低洼、土质黏重、排水不良、种植过密、通透性差、施肥不足或氮肥过多、管理粗放，果实受烈日暴晒等情况，病害容易诱发。

3. 药剂防治

发病初期，可选用60%唑醚·代森联WDG 1500倍液、80%炭疽福美双WP 800倍液、22.5%啶氧菌酯SC 2000倍液，或25%吡唑醚菌酯WP 2000倍液等药剂喷雾，每7~10 d喷1次，连续2~3次。

（十五）辣椒疮痂病

1. 症状

主要为害叶片、茎蔓和果实。苗期发病，子叶上产生银白色水渍状小斑点，后变为暗色凹陷病斑。成株期多在开花盛期开始发病，叶片发病，初形成水渍状黄绿色小斑点，扩大后变成圆形或不规则形，暗褐色，边缘隆起，中央凹陷的病斑，粗糙呈疮痂状。病斑大小为0.5～1.5 mm，多个相连形成直径达6 mm的大病斑。严重时叶片变黄、干枯、破裂，早期脱落。茎部及果梗发病，初期形成水渍状斑点，渐发展为褐色短条斑，病斑木栓化隆起，纵裂呈溃疡状疮痂斑。果实发病，形成圆形或长圆形黑色疮痂斑，潮湿时病部溢出菌脓。

2. 发病特点

由辣椒斑点黄单胞菌引起的细菌性病害。病原菌主要在种子表面越冬，也可随病残体在田间越冬。通过雨水、露水和灌溉水传播，也可通过农事操作和昆虫进行传播。

高温多雨季节，大风、大雨及大雾结露均易造成田间病情大流行。田间最初只要有10%的植株发病，就足以引致整块田发病。

3. 药剂防治

发病初期，可用 70%碱式硫酸铜 AS 400 倍液，或 72%农用硫酸链霉素 SP 1000 倍液，或 72%新植霉素 EC 4000 倍液等药剂喷雾防治。

（十六）根结线虫病

1. 症状

主要为害植株根系，形成粒状或块状根结。发病初期根结呈黄白色，圆形，微透明，后期褐色，严重时多个根结连在一起，形成大小不一的肿瘤。晚期粗糙易腐烂，解剖根结可见梨状或柠檬状雌虫。发病轻的地上部症状不明显，发病严重的植株矮小、黄化，发育不良，甚至早衰枯死。

2. 发病特点

主要由南方根结线虫、花生根结线虫、爪哇根结线虫和北方根结线虫引起。根结线虫主要以卵或 2 龄侵染幼虫在土壤中越冬，通过病土、灌溉水、农具等方式传播。在土壤温度 25℃、含水量 70% 时最适于线虫的繁殖和侵染。土壤温度低于 10℃或高于 36℃，2 龄侵染幼虫停止活动。

地势高燥，土质疏松，呈中性的沙性土壤最利于根结线虫的活动和为害，连作地块发病重。

3. 药剂防治

定植前或缓苗后，结合整地或浅中耕，每亩用 1%联苯·噻虫胺 G 3 kg，或 0.2%联苯菊酯 G 5 kg，拌土行侧开沟施药或撒施，然后覆土。注意每季最多使用 1 次。

二、主要虫害

山地茄果类蔬菜主要虫害有蚜虫、烟粉虱、烟青虫、棉铃虫、蓟马、红蜘蛛、茶黄螨、斜纹夜蛾和小地老虎等。

（一）蚜虫

1. 危害特点与生活习性

主要以成虫及若虫群集在叶背、嫩茎和嫩梢吸食植物汁液为害。嫩叶及生长点受害后，叶片卷缩，幼苗萎蔫，严重时在幼苗期能造成整株枯死。成长叶受害，干枯死亡。老叶受害，提前脱落，生长期缩短。蚜虫为害还可引起煤污病，影响光合作用和茄果品质。此外，还可传播病毒病，造成减产。

一般在每年 3 月随气温回升，蚜虫即开始为害作物，并于 4 月中旬～6 月上中旬达到高峰；8 月下旬～11 月上旬为秋季危害高峰期。

蚜虫世代重叠，产卵量大，繁殖的适宜温度为 16～22℃，当温度超过 25℃、空气相对湿度大于 75%时不利于繁殖。

2. 防治措施

农业防治。加强田间管理，彻底清除田间残株病叶等。

物理防治。利用有翅蚜对黄色、橙黄色有较强的趋性，种植地块悬挂黄板诱杀。利用银灰色对蚜虫的驱避作用，定植前用银灰色地膜覆盖。田间与畦平行隔一定距离挂 1 条宽 10 cm 银色膜。保护地可采用高温闷棚法，降低棚内虫源。

药剂防治。在蚜虫初发期用药，药剂可选用 1%苦参碱 SL 1000 倍液，或 22%氟啶虫胺腈 SC 1500 倍液，或 10%啶虫脒 ME 2000 倍液，或 10%啶虫胺 AS 1200 倍液，或 25%吡蚜酮 WP 2000 倍液，进行喷雾防治。

（二）烟粉虱

1. 危害特点与生活习性

烟粉虱又名棉粉虱、甘薯粉虱。为多食性害虫，寄主范围很广。有多达 30 种生物型，其中 B 型和 Q 型烟粉虱是近年来为害较重的两种生物型。主要以成虫、若虫在蔬菜叶背刺吸汁液，其中 B 型烟粉虱能使受害的葫芦科植株叶片呈银叶症状，易误作病害防治。同时，若虫和成虫均能分泌蜜露，诱发煤污病，严重影响光合作用和商品价值，导致减产减收。此外，烟粉虱可以在 30 多种作物上传播 70 种以上的植物病毒。例如，传播番茄黄化曲叶病毒，造成茄果类、黄瓜等果实不均匀成熟，进而造成严重经济损失。因其个体较小，一触即飞，加之其繁殖能力强且抗药性强，因此为害非常严重。

烟粉虱在亚热带年发生 10～12 代，呈世代重叠。成虫喜无风温暖天气，有趋黄性，气温低于 12℃停止发育，14.5℃开始产卵，气温 21～33℃随气温升高，产卵量增加，高于 40℃成虫死亡。相对湿度低于 60%成虫停止产卵或死亡。暴风雨可抑制其大发生，灌溉困难的山地或浇水次数少的作物受害重。

2. 防治措施

农业防治。选用抗虫或耐虫品种；培养无虫壮苗；注意茬口安排，合理布局，茄果类、黄瓜、菜豆不混栽；清除残株杂草，消灭虫源和过渡寄主。

物理防治。设置黄板诱杀，可兼治斑潜蝇、蚜虫等重要害虫。保护地可使用

40 目以上的防虫网隔离。

药剂防治。在烟粉虱种群密度较低时及时用药，可选用 22%氟啶虫胺腈 SC 1500 倍液，20%啶虫脒 ME 3000 倍液，或 10%吡虫啉（蚜虱净）WP 2500 倍液喷雾防治，每 10 d 喷 1 次，连续 2～3 次。高温季节注意施用浓度，以免产生药害。

（三）烟青虫

1. 危害特点与生活习性

烟青虫又称为烟夜蛾、烟实夜蛾。主要为害青椒、番茄、南瓜、蚕豆、豌豆等蔬菜作物。以幼虫蛀食蕾、花、果为主，也可食害嫩茎、叶和芽。初孵幼虫钻蛀花蕾并为害嫩叶。2～3 龄以后蛀入果实，可转果为害。果实被蛀引起腐烂和落果，造成严重减产。幼虫昼伏夜出，有假死性，老熟后脱果入土化蛹，成虫有趋光性。6～8 月是幼虫发生高峰期。

2. 防治措施

农业防治。用深耕冬灌消灭越冬虫蛹；结合整枝打杈，摘除部分虫卵、虫果，集中处理；间种玉米诱集带，诱蛾产卵，每亩种植 100～200 株，集中销毁。

物理防治。每 2～3 hm² 设黑光灯或频振式杀虫灯 1 台，诱杀成虫。

药剂防治。3 龄前幼虫活动期喷药防治，施药以上午为宜，重点喷洒植株上部。可用 5%吡虫啉 EC 1000 倍液，或 1%阿维菌素 EC 1000～2000 倍液喷杀，每 10～15 d 喷 1 次，连续 2～3 次。孵化盛期每亩用 10%氯氰菊酯 EC 1000 倍液喷雾 20～40 L，有效期 5～10 d，每代喷药 1～2 次。

（四）棉铃虫

1. 危害特点与生活习性

棉铃虫俗称番茄蛀虫，食性极杂，主要以幼虫蛀食蕾、花、果，偶尔也蛀茎，并且食害嫩茎、叶和芽，是番茄与辣椒的主要害虫。蕾受害后苞叶张开，变成黄绿色，2～3 d 后脱落。为害辣椒果实时，全身蛀入食害果皮及果肉，并在果内缀丝排粪，引起内部发黑腐烂。为害番茄果实时，幼虫不全身蛀入，而是多次转果为害，引起果实腐烂。

以蛹在土中越冬。第一代在麦子、紫云英、茄果等作物上繁殖危害，第二代起为害棉花，第二、三代为害最重。成虫对黑光灯有较强的趋性，新枯萎的杨枝把也有诱集力。老熟幼虫吐丝下坠，钻入土内 3～6 cm 处，结丝网作土室化蛹。

2. 防治措施

农业防治。深耕冬灌，杀灭虫蛹；结合整枝打杈摘除部分虫卵；结合采收，摘除虫果集中处理；番茄田种植玉米诱集带引诱成虫产卵。

物理防治。4月底～5月初开始，每2～3 hm² 设黑光灯或频振式杀虫灯 1 盏，诱杀成虫。

生物防治。在卵孵化盛期，喷洒 25%灭幼脲 SC 600 倍液有一定的防治效果；也可以人工释放赤眼蜂。

药剂防治。当番茄或辣椒果实开始膨大，半数卵开始变黑时即用药防治。药剂可选用 4.5%高效氯氰菊酯 EC 3000～3500 倍液、40%菊·马 EC 2000 倍、5%氟虫脲 EC 2000 倍液，或 2.5%溴氰菊酯 EC 2000 倍液、90%巴丹 WP 1000 倍液等，每7～10 d 喷 1 次，注意交替轮换用药。

（五）红蜘蛛

1. 危害特点与生活习性

红蜘蛛又称为叶螨，主要种类有朱砂叶螨、截形叶螨等。以成虫和若虫群集叶背吸食汁液，叶面出现黄白色小点，严重时致叶片变黄焦枯，如火烧，叶片早衰、易脱落，造成植株早衰，形成小老果，造成减产。叶螨喜高温、低湿的发育环境。最适温度25～30℃、相对湿度为35%～55%；干旱、少雨年份常严重发生。

2. 防治措施

农业防治。结合田间管理，铲除田间和路边杂草。防止害螨在其间互相转移，消灭部分虫源。天气干旱时，注意灌溉，增加菜田湿度，不利于其发育繁殖。增施磷、钾肥，促进作物生长，减轻危害；摘除受叶螨危害严重的叶片，集中销毁或深埋。

药剂防治。在卵期与幼若螨初发期，可用 11%乙螨唑 SC 5000～7000 倍液，或 15%扫螨净 EC 3000 倍液，或 20%丁氟螨酯 SC 1500 倍液，或 43%联苯肼酯 SC 3000～5000 倍液喷防，每7～10 d 喷 1 次，连续2～3 次，药剂交替使用。

（六）蓟马

1. 危害特点与生活习性

以成虫、若虫锉吸心叶、嫩梢、嫩叶、花、子房及幼果的汁液，造成被害植株受害叶变硬或缩小，节间缩短，植株生长缓慢；叶背发黄、发亮，生长点萎缩、变黑。花瓣受害卷缩，提前凋谢，影响结实及产量。

蓟马一年发生 10 多代，世代重叠严重，且较耐高温干燥环境，5～9 月为主要为害期，秋季受害重。

2. 防治措施

农业防治。用营养土方育苗，适时栽植，避开为害高峰期。幼苗出土后，用薄膜覆盖代替禾草覆盖，能大大降低虫口。及时清洁田园，也能减少虫源。

药剂防治。可选用 2.5%多杀霉素 SC 1000~1500 倍液，也可用 10%啶虫脒 ME 1000 倍液，或 25%噻虫嗪 WDG 1500 倍液，或 10%甲氰菊酯乳油 EC 1000～1500 倍液喷雾，每 7 d 喷 1 次，连续 2～3 次。施药注意需同时喷洒作物以外的地面、梯坎、杂草等。

（七）茶黄螨

1. 危害特点与生活习性

茶黄螨世代历期短，繁殖快，食性极杂，除为害茄科外，还为害豆科、葫芦科作物。在茄科作物中，以茄子受害最重。茶黄螨有明显的趋嫩性，幼螨和成螨开始多栖息在嫩叶背面啃食叶肉，严重时转向为害幼果。茄子受害后嫩叶变小，叶片增厚僵直，叶背处有汁液外渗，干后呈油渍状茶褐色，叶缘反卷。嫩茎受害，表面也呈茶褐色。幼果受害，生长停滞，组织僵硬，果面呈粗糙黄褐色，表皮呈龟纹状，严重时造成裂果。

2. 防治措施

农业防治。彻底清除田间的落果和残枝落叶，并清除田园周围的杂草，集中销毁，减少虫源。

药剂防治。幼若螨期即开始用药，喷药重点是嫩茎、嫩叶、花器和嫩果，喷药时注意喷头朝上、雾滴要细，喷洒叶片背面。药剂可选用 43%联苯肼酯 SC 3000～5000 倍液、11%乙螨唑 SC 5000～7000 倍液、20%丁氟螨酯 SC 1500 倍液、2.5%功夫 EC 2000～2500 倍液等。

（八）斜纹夜蛾

1. 危害特点与生活习性

斜纹夜蛾又称为莲纹夜蛾、黑头虫、夜盗蛾。该虫分布广、危害大，是典型的杂食性、暴食性和夜食性害虫。成虫昼伏夜出，夜间活动频繁，有趋光性，对糖、醋液等敏感。成虫将卵产于叶背面，孵化初期幼虫集中叶背啃食叶肉，2 龄后分开进食并啃食全叶片，4 龄后进入暴食期，造成严重损失。幼虫有假死性，高龄幼虫白天躲于植株根际的土壤中，傍晚后出来取食。是当前蔬菜生产上一种发生普遍且较难防治的害虫。

2. 防治措施

农业防治。加强田间管理，清除田间及地边杂草，减少虫害滋生空间。盛发期可以进行人工摘卵和消灭集中为害的幼虫。

物理防治。用糖醋液或豆饼等发酵液，加少许红糖、敌百虫进行诱杀。利用成虫的趋光性、趋化性进行诱杀。采用黑光灯、频振式灯诱蛾，尤以性诱剂诱杀效果较好。

生物防治：保护斜纹夜蛾的天敌，如黑卵蜂、赤眼蜂、小茧蜂、广大腿蜂、姬蜂、蜘蛛等。

药剂防治。①低龄幼虫分散前，在晴天上午 9 时前与下午 4 时后喷药效果更好。可选用 10 亿孢子/ml 银纹夜蛾核型多角体病毒 SC 1500 倍液，或 240 g/L 甲氧虫酰肼 SC 3000 倍液，或 10%溴氰虫酰胺 OD 2000 倍液等喷雾防治。②4 龄后开始夜出活动，应在傍晚前后施药。药剂可选用 40%氰戊菊酯 EC 4000～6000 倍液，或 5%虱螨脲 EC 1000 倍液，或 30%氯虫·噻虫嗪 SC 1000 倍液等，每 10 d 喷 1 次，连续 2～3 次。注意药剂变替使用，植株根际附近地面要同时喷透，以防漏治滚落地面的幼虫。

（九）小地老虎

1. 危害特点与生活习性

小地老虎又称为土蚕、地蚕、切根虫。幼虫食性杂，可为害茄果类、豆类、瓜类、十字花科等多类蔬菜的幼苗。初孵幼虫取食蔬菜心叶，3 龄前昼夜群集于幼苗顶心、嫩叶和嫩茎处取食为害而不入土。3 龄后昼间潜伏在表土中，夜出活动取食，将幼苗近地面咬断，拖入穴中，造成缺苗、断畦，甚至毁种。以 3 龄以后幼虫为害最严重，5～6 龄进入暴食期。成虫昼伏夜出，以黄昏后活动最盛，对黑光灯及糖、醋、酒等趋性较强。幼虫有假死性，遇惊扰则缩成环状。

小地老虎最适发育温度为 13～25℃。地势低洼黏壤土、沙壤土及管理粗放、杂草较多地块发生严重。

2. 防治措施

农业防治。秋翻晒土及冬灌，杀死部分越冬幼虫和蛹。早春清除菜地及周围杂草，并带离菜地沤粪处理。春播前进行精耕细耙，消灭部分虫卵。在幼虫 2～3 龄期，采用人工捕杀或毒饵诱杀。将莴苣叶置于菜地内，每日清晨翻叶捕捉幼虫；

也可于清晨在被害植株附近表土中捕捉幼虫。

物理防治。在成虫发生期，使用黑光灯诱杀成虫。利用糖醋液诱杀成虫，按糖：醋：白酒：水=3：4：1：2 的比例，再加少量 90%敌百虫调匀，或用发酵变酸的食物，如番薯、胡萝卜、瓜果等，加入适量药剂，设置在菜地。

药剂防治。3 龄前幼虫盛发前，当秧苗出现孔洞或缺刻等被害状，可用 40%菊·马 EC 2000～3000 倍液、10.8%凯撒 EC 2000 倍液，或 8%杀虫素 EC 3000 倍液、20%除尽 DF 1000 倍液等喷雾防治，或用 25％亚胺硫磷 EC 250 倍液等药剂灌根。

第四章 山地豆类蔬菜栽培

豆类蔬菜是指豆科一年生或二年生的草本植物，主要是包括菜豆、长豇豆、豌豆、菜用大豆（毛豆）、蚕豆、扁豆、刀豆、黎豆、四棱豆 9 个属的豆类蔬菜。豆类蔬菜以其嫩荚或籽粒为食用器官，营养价值高，含有丰富的蛋白质、碳水化合物、脂肪、钙、磷及多种维生素。不仅鲜嫩的豆荚或种子可以供食，也可罐藏、脱水、腌制，用途广泛。在我国南方地区，主要栽培菜豆、长豇豆、毛豆（菜用大豆）、蚕豆等，面积均较大。豆类蔬菜在周年供应中起着重要作用。

除豌豆和蚕豆外，豆类原产于热带，为喜温性蔬菜，不耐霜，多数品种属中光性植物，对日照时数要求不严格，根系入土深，根部的根瘤有固氮能力，再生力弱，需护根育苗，忌连作。

第一节 山地菜豆栽培技术

菜豆（*Phaseolus vulgaris*），别名芸豆、四季豆，豆科菜豆属一年生蔬菜，原产中南美洲，16 世纪传入中国，我国南北各地普遍栽培。菜豆依其生长习性可分为蔓生和矮生两种类型。菜豆主要以嫩荚为食，并适于干制和速冻。豆类蔬菜含有丰富的蛋白质、碳水化合物、糖类和各种维生素。菜豆（特别是蔓生菜豆）是我国南方山区重要的蔬菜栽培种类之一。

一、特征特性

菜豆根系较发达，成龄株主根深达 80 cm 以上，侧根分布直径 60～70 cm，主要根群多分布在 15～30 cm 耕层中。在侧根和多级细根中还生有许多根瘤。根系易老化，再生能力弱。茎细弱，左旋性缠绕生长，矮生型分枝力强、蔓生型分枝能力中等。花为蝶形花，花色有白、黄、红、紫等多种。荚果为圆柱形或扁圆柱形，豆荚直或稍弯曲。嫩荚绿、淡绿、绿白、紫红或紫红花斑等。种子寿命较短，生产中宜用新种子播种。

蔓生菜豆又称为"架豆"，主蔓长达 2～3 m，攀缘生长，属无限生长类型，成熟较迟，产量高，品质好。矮生菜豆又称为"地豆"或"蹲豆"，植株矮生而直立，株高 40～60 cm，通常主茎长至 4～8 节时顶芽形成花芽，开花封顶，生育期短，早熟，产量低。

菜豆为喜温蔬菜，不耐霜冻。种子在 10℃以上开始发芽，20～25℃为发芽最适温度；幼苗生长最适温度为 16～20℃；20～25℃是菜豆开花结荚的最适温度；当温度降至 0℃时受冻害，高于 28℃时不能正常授粉，引起落花或大量出现畸形荚。

菜豆为中光性作物，即对日照长度要求不严，只要温度适宜均可栽培。菜豆的光饱和点为 800～900 μmol/（m²·s），补偿点约 30 μmol/（m²·s），光照不足易落花落果。

菜豆有较强的抗旱能力，最适土壤湿度为 60%～70%，空气湿度为 65%～75%。开花结荚期，水分过多，湿度过大，易引起病害；干旱会使菜豆嫩荚纤维增多，品质下降，甚至引起落花落荚。

菜豆对土壤要求不严格，适于在有机质含量高、土层深厚、疏松肥沃、排水良好、pH 为 6.2～7.0 的微酸性或中性土壤上栽培。在生育初期吸收较多的钾和氮，到开花结荚时吸收量迅速增加。磷的吸收量较氮、钾少，但一旦缺磷，影响开花、结荚和种子发育。在豆荚迅速伸长时，还吸收大量的钙，在施肥上也应注意。菜豆因有根瘤菌的作用，在氮肥使用上要注意适量少施，若过量则易引起徒长、落花和成熟推迟。

二、生产茬口

目前生产上，南方低海拔区域山地通常分春、秋二茬栽培，以早熟蔓生菜豆为主，部分地区有矮生菜豆栽培，中晚熟蔓生型品种因夏季炎热不能越夏，以春茬栽培为主，主要生产茬口如表 4-1 所示。春菜豆以直播为主，少数也可育苗，通常在 4 月中下旬～5 月初，选择有 7～8 d 晴天，错开连续阴雨、大风、寒流天气进行直播，7 月中下旬拉秧，每亩产量 1000～1500 kg。秋菜豆以直播为主，通常在 7 月底～8 月初播种，10 月初霜前采收结束，每亩产量约 1000 kg。

表 4-1 南方部分省份山地菜豆主要生产茬口

茬口类型	区域及海拔	播种期	定植期	采收期	栽培方式
春茬	东南（浙江、江西）500 m 以下	4 月中下旬～5 月初	直播	6～7 月	露地或设施
	西南（四川、重庆）400～800 m	2～7 月	直播	5～10 月	露地
秋茬	东南（浙江、江西）500 m 以下	7 月底～8 月初	直播	9～10 月	露地或设施
	华中（湖北）800～1200 m	8 月上旬～9 月下旬	直播	10～11 月	露地

续表

茬口类型	区域及海拔	播种期	定植期	采收期	栽培方式
越夏茬	东南（浙江、江西、福建） 500～1000 m	4月底 7～月上旬	直播	7月中旬～10月 中旬	露地
	华中（湖北） 800～1400 m	5月上旬～ 7月下旬	直播	7月初～9月	露地

南方中、高海拔区域山地，由于夏季温凉，多以越夏反季节露地栽培为主，春夏连秋，一茬到底，是目前最主要的生产茬口。通常在4月底～7月上中旬排开播种，海拔升高则播期相应提早，7～9月夏秋蔬菜淡季时段上市，10月上旬采收结束。在浙江临安、遂昌等地海拔800 m以上山区，播期通常安排在5月底～6月上旬，8月中旬开始采摘，10月中旬采收结束，一般每亩产量为2500～3000 kg。在广东湛江、茂名和海南万宁等地冬季气温相对较高，冬季也可栽种菜豆，是目前我国"南菜北运"的重要基地，通常在10月中旬～12月下旬播种，春节前后上市，但应采取防寒措施。

山地菜豆适宜播种期主要根据菜豆采收上市期、菜豆生长发育对环境条件的要求确定。对于规模生产基地或种植大户，应在适宜播种期内，间隔7～10 d分批排开播种，利于均衡上市和劳动力安排。

本节重点介绍山地菜豆越夏栽培技术。

三、栽培要点

（一）地块选择

为保证山地菜豆优质稳产，种植地选择应综合考虑以下因素：

第一，具有适宜的海拔与朝向。山地菜豆栽培开花结荚期主要在夏秋高温季节，一般宜选择500～1400 m海拔区域山地种植，并以朝向为东坡、南坡、北坡、东南坡、东北坡的地块较好，不宜选择海拔低、坐东朝西及灌溉条件差的地块，尤其是冷水田、低洼积水地块。

第二，土壤条件与排灌条件良好。要求选择土层深厚、有机质丰富、土质疏松肥沃、pH 6.2～7.0、排水良好的沙质壤土或壤土。

第三，符合轮作倒茬要求。在2～3年内未种过豆科作物，且前茬为油菜、大（小）麦、马铃薯、十字花科和瓜类等作物的种植地块。

（二）品种选择

菜豆品种较多，各地蔬菜市场和速冻加工企业对菜豆嫩荚的形状（圆形或扁形）、颜色（淡绿、绿或白绿）、质地（脆或糯）的要求也不同。因此，山地菜豆栽培的品种要选择符合当地市场或加工企业或外贸出口需要的适销品种；再者要选择较耐热、适应性强、抗病性好、优质丰产、商品性佳的优良品种。

目前生产上代表性的品种有'浙芸 1 号'、'浙芸 3 号'、'浙芸 4 号'、'浙芸 5 号'、'丽芸 2 号'、'黑珍珠架豆'、'绿龙架豆'、'穗丰 3 号'、'西宁菜豆'等。主要栽培品种特性介绍如下：

1. 浙芸 1 号

中早熟，植株蔓生，株高 3 m 左右，生长健壮，抽蔓期较迟，分枝较多，单株分枝数 2～3 个，叶片深绿；花白色，主蔓第 4～第 5 节开始着生第 1 花序，结荚率高；嫩荚浓绿色，直圆棍形，荚长 17～20 cm，平均单荚重 11 g；嫩荚纤维少，肉质厚，商品性好，适于速冻加工与鲜销；较耐热，适应性强。

2. 浙芸 3 号

早熟，植株蔓生，生长势较强，平均单株分枝数 1.9 个左右；花紫红色，主蔓第 6 节左右着生第 1 花序，每花序结荚 2～4 荚，单株结荚 35 荚左右；嫩荚浅绿色，扁圆形，荚条较直，荚长 17～19 cm，宽约 1.1 cm，厚约 0.8 cm，平均单荚重约 11 g；嫩荚肉厚，纤维少，品质优，商品性好；耐热性较强，适应性广。

3. 丽芸 2 号

中熟，植株蔓生，生长势强，平均单株分枝数 4.5 个；花紫红色，主蔓第 5～第 6 节着生第 1 花序，每花序结荚 2～6 荚，单株结荚 50 荚左右；嫩荚浅绿色，扁圆形，豆荚较直，平均荚长 17.2 cm、宽 1.1 cm、厚 0.9 cm 左右，单荚重约 10.5 g；嫩荚不易纤维化，质地较糯，耐储运，商品性好；耐热性强，适应性广。

4. 绿龙架豆

中早熟，植株蔓生，生长势强，株高 300 cm 以上，平均单株分枝数 5～6 个；主蔓第 3～第 4 节着生第 1 花序，花白色，每花序开 4～8 朵花，单株结荚 70～120 荚；嫩荚绿色，扁平形，荚长 28～30 cm，荚宽 1.8 cm 左右，平均单荚重 30 g 左右，单株结荚 2～3 kg；果荚无筋，实心耐老，质地脆，品质佳，耐储运；较常规品种抗锈病、病毒病和叶霉病，适应性广。

5. 黑珍珠架豆

中熟，植株蔓生，生长势强，株高 250 cm 左右，分枝性强，叶色深绿；花紫红色，主侧蔓结荚，每花序 5～8 个花朵，每花序结荚 4～6 荚；嫩荚浅绿色，圆棍形，粗细适中，荚长 20 cm 左右、直径 0.9～1.0 cm；荚肉厚，纤维少，品质鲜嫩，商品性佳；抗病、丰产，采收期长，适应性广。

6. 穗丰 3 号

早熟，植株蔓生，生势强，主蔓结荚为主，第 4～第 6 节着生第 1 花序，花白色，每花序结荚 3～6 条；荚绿色，长扁圆条形，荚长约 17 cm，单荚重 12 g；荚型整齐、美观、品质好；田间表现对锈病、白粉病、炭疽病感染较轻，耐热性强，耐涝性和耐寒性较强，适应性广。

（三）播种

1. 种子消毒

播种前应精选种子，剔除破损、虫蛀、变色有坏斑或霉变发芽和非本品种的种子，将粒选后的种子置于太阳下晒种消毒。

药剂消毒可采用 50%多菌灵 WP 拌种，用药量为种子重量的 0.2%～0.3%，使菜豆种子和药粉混合均匀，药剂黏附在种子表面；也可用 50%多菌灵 WP 500 倍液浸种 20～30 min，消灭种子表面的病菌，然后用清水洗净，晾干后播种。

菜豆一般不宜浸种催芽，若补种需要加快出苗，一般浸种 1～3 h 种皮发皱即可，播种时土壤湿度要稍大。

2. 精细整地、施足基肥

菜豆主侧根发达，但再生能力差，要求早翻、深翻土地，细致整地，耕耙打碎块土，并作深沟高畦。一般要求水田畦宽 1.5 m(连沟)、沟深 25～30 cm，旱地畦宽 1.3～1.4 m(连沟)、沟深 15～20 cm，整成龟背形畦面。

山地菜豆栽培要施足基肥，并增施磷、钾肥。结合整地作畦，每亩在畦中间开沟深施腐熟有机肥 2000～2500 kg 或施腐熟菜饼肥 50～75 kg、高钾三元复合肥 25～30 kg、钙镁磷肥或过磷酸钙 30～40 kg、硼砂 1 kg 等。同时，撒施生石灰 50～75 kg，与畦土拌匀。

3. 适期播种

南方 600 m 以上海拔山地菜豆播种期一般为 5～7 月。在此期间，田间温度较高，适宜种子发芽出苗，但应注意避开连续低温阴雨或暴雨湿热天气。

山地菜豆栽培通常采用干籽直播。先浇水后播种，或抢雨后晴天挖穴播种，保持土壤含水量 40%～60%。严禁播种后浇水。

播种穴不宜过深，一般以 3～5 cm 为宜。蔓生菜豆每畦种 2 行，播种穴离畦沟边 10～15 cm，穴距为 30～35 cm，每穴播 4～6 粒种子，每亩用种量为 2.0～2.5 kg。矮生种一般要求畦宽为 1.5～1.6 m（连沟），每畦播 4 行，穴距 25～30 cm，每亩播种量为 5～6 kg。播后覆细土或草木灰 1～2 cm。若土质黏重或潮湿易板结的地块，播种后不宜马上覆土，稍等晾干后再覆细土或草木灰。一般播种后 3～5 d 出苗。同时，采用穴盘培育部分"后备苗"，用于补苗。

（四）田间管理

1. 查苗、补苗与间苗

山地菜豆从播种至第 1 对真叶露出，需 7～10 d，此时要进行查苗补苗，并及时做好间苗工作。对缺株和已失去第 1 对真叶或已受损伤的苗及病苗，要进行移栽补苗。补苗移栽宜在阴天或晴天傍晚进行，栽植深度以子叶露出土面为宜，栽后要及时浇点根水，以利早缓苗成活。及时间苗，拔除细弱苗和病苗，每穴留健壮苗 3～4 株。

2. 中耕除草与培土

蔓生菜豆在爬蔓前，矮生菜豆在封行前，需进行中耕除草 2 次。第 1 次在播种后 10 d 左右，即菜豆齐苗后，要浅中耕、细中耕，填补因出苗顶土产生的裂缝，使根与土壤充分接触，不可伤根，同时去除杂草；第 2 次在植株封垄前，进行较深的中耕，结合培土，拔除植株基部的杂草，以促进发生不定根。

3. 搭架引蔓

应在茎蔓长至 20 cm 左右，即"甩蔓"前及时搭架，防止株间相互缠绕，影响生长。通常选用长约 2.5 m 左右的小竹竿或小木棍作为架材，在每穴离开植株根部 10～15 cm 处斜插一根，入土深 15～20 cm，在架材中下部约 1/3 交叉处放一根架材作为横梁，用塑料绳或布条缚紧，搭成倒"人"字形支架，并在晴天下午人工按逆时针方向引蔓上架。高山地区风大，夏秋季节多暴雨，为了防止菜豆支架倒伏，可在架畦两头和行间每隔 10 m 左右用较粗的竹竿或小木棍作支柱加固。

4. 摘叶与打顶

为了改善通风透光性，减轻病虫危害，生产上要及时摘除老叶和病叶，并集中深埋或烧毁。若植株出现生长过旺、疯秧、只开花不结荚等现象，可采取疏掉部分叶片，或在花期喷洒 5～25 mg/kg 的萘乙酸或 30 mg/kg 的防落素等，可有效防止落花落荚，提高结荚率。当菜豆主蔓超过架顶即已长至 2.3 m 以上，可进行打顶摘心，促进早发侧枝与开花结荚。

5. 肥水管理

在施足基肥的基础上,追肥要贯彻"适施氮肥、多施磷钾肥、花前少施、开花结荚期重施及少量多次"的原则。

苗期(4~5 叶)至抽蔓期,关键是保苗全,促苗壮,通常要追肥 1~2 次,每亩浇施 15%~20%腐熟人粪尿 800~1000 kg 或复合肥 6~7.5 kg。在开花结荚期重施追肥 2~3 次,每亩施高钾型三元复合肥 10~15 kg 或尿素 6~8 kg 加硫酸钾 5 kg,并可结合病虫害防治喷施 0.2%的磷酸二氢钾或其他叶面微肥。在水分管理上,以保持畦面湿润为宜,防止高温干旱危害。一般在花前浇 1 次水,花期不宜浇水,以免引起大量落花落荚和茎叶徒长;菜豆结荚期(荚长 3~4 cm)需水量大,要适当多浇水,一般掌握每采收 1~2 次嫩荚浇 1 次水,做到"干花湿荚"。

为了不影响植株生长发育,提高结荚率和产品质量,干燥时必须及时浇水,可采用"跑马水"浅沟灌;雨后田间水分过多,要及时清沟排水。

在铺设滴灌管的条件下,可以采用微蓄微灌补充水分,并实行肥水同灌追肥。

6. 地面覆盖

山地菜豆在春末夏初早播或在梅雨季节播种,应采用地膜覆盖,并在出梅后的夏秋高温季节进行畦面铺草覆盖。操作方法如下:一是在播种后整平畦面,再覆盖地膜;二是在苗刚出土时,及迸对准秧苗,用刀片把地膜剖开呈十字形,使苗向上正常长出,并在秧苗四周用土压实封严,封土要求高出畦面;三是在出梅后进入夏季高温时,在地膜上加盖泥土或铺草。山地菜豆栽培中,通常在菜豆齐苗后或植株封行前,利用山区杂草或稻草、麦秆进行畦面覆盖。

(五)再生栽培

山地菜豆可进行再生栽培。在菜豆收获后期,植株长势衰弱,结荚率下降,短荚与畸形荚明显增多,要及时进行打顶摘心,摘除植株下部病叶与老叶,并结合松土除草,重施追肥 1~2 次,可每亩追施尿素 7.5~10 kg 或复合肥 12.5~15 kg,以及进行根外追施。同时,放"跑马水"沟灌,保持土壤湿润,促使主茎基部发生侧芽,继续开花结荚,刺激顶部潜伏花芽开花结荚,一般 15 d 后可收获,达到第二次采收高峰。这种栽培方式可延长采收期 1 个月左右。在良好的培育管理条件下,植株生长旺盛,第二次产量可达 1000 kg 左右,全生长期可增产 20%以上。

(六)采收

山地菜豆一般花后 15 d 左右就可以采收。采收以嫩荚没有纤维化、老化为原则,一般嫩荚种子鼓起明显,豆荚由细扁变粗圆,荚表面光亮即可。为确保豆荚鲜嫩、粗纤维少、品质优、延长采收期、提高产量，初期3~5 d采一次，盛期要求1~2 d采一次。采收时一手捏住花序总轴，另一手轻摘豆荚，注意不碰伤其他花朵。采后鲜豆荚及时分级包装，运销上市。

第二节　山地长豇豆栽培技术

长豇豆（*Vigna unguiculata*），别名长豆，是豆科豇豆属一年生缠绕性草本植物，原产于非洲热带地区，我国南方普遍种植。以嫩荚为产品，含有丰富的蛋白质、碳水化合物及多种维生素，可鲜食亦可加工；茎叶为优质饲料，也可作为绿肥。其豆、叶、根和果皮均可入药。嫩荚、种子供应期长，是解决8~9月夏秋淡季的主要蔬菜之一。2014年，浙江省丽水市莲都区长豇豆年种植面积2600 hm^2，产量近90 000 t，产值达1.5亿元，是长三角地区最主要的长豇豆生产基地。

一、特征特性

长豇豆根系发达，主要分布在15~25 cm土层中；根的再生力弱，宜直播或育小苗移栽；根上生有根瘤菌。茎蔓生或矮生直立，茎蔓均呈左旋性缠绕。栽培种以蔓生型为主，矮生型次之。蝶形花，有紫红、淡紫、乳黄色。荚果线形，每个花序结荚2~4个，因品种不同而异，豆荚长30~90 cm。种子肾形，每荚含种子16~22粒。

长豇豆喜温暖，较耐高温，不耐霜冻。种子发芽适温为25~35℃，植株生育适温为20~25℃，开花结荚适温为25~28℃，35℃左右高温仍能结荚，15℃左右生长缓慢，5℃以下受冷害。

长豇豆多数品种属于中光性植物，对日照要求不甚严格，少数品种要求短日照条件。所有的长豇豆品种在短日照条件下均能降低第1花序节位，开花结荚增多。开花结荚期间要求日照充足，光饱和点为700~800 μmol/（m^2·s），补偿点约30 μmol/（m^2·s），光照弱时会引起落花落荚。

长豇豆耐旱力较强，不耐涝。开花结荚期要求适当的空气湿度和土壤湿度，过湿过干都易引起落花落荚，对产量及品质影响很大。

长豇豆对土壤的适应性广，但以富含有机质、疏松透气的壤土最为适宜。需肥量较其他豆类作物要多。据报道，形成1000 kg产品需氮12.16 kg、磷2.53 kg和钾8.75 kg，其中所需氮仅4.05 kg来自土壤。苗期需要一定量的氮肥，但应配合施用磷钾肥，防止茎叶徒长，延迟开花，伸蔓期和初花期一般不施氮肥。开花结荚期要求水肥充足，此期增施磷钾肥有助于促进植株生长和提高豆荚的产量和品质。

二、生产茬口

对于多数长豇豆品种而言，确定其栽培季节的外界环境条件是温度，只要温度适宜，均可以播种栽培，除了少数要求短日照的品种以外，我国南方地区长豇豆春、夏、秋均可栽培，主要生产茬口如表 4-2 所示。目前生产上，南方低海拔区域山地多采用秋延后方式栽培，一般每年 7 月下旬～8 月上旬播种，9 月上旬～10 月中旬进行采收。500 m 以上中、高海拔区域山地多采用越夏栽培方式，一般每年 4 月下旬～7 月上旬播种，7 月中旬开始采收，10 月中旬采收结束。在广东等纬度较低、气候温暖的地区，2～9 月均可播种，通常春播为 3～4 月，秋播 7～8 月。上市时间主要为夏秋蔬菜市场供应淡季，经济和社会效益显著。对规模生产基地或种植大户，应在适宜播种期内，间隔 7～10 d 分批播种，利于均衡上市，缓解采收和产品销售压力。

表 4-2　南方部分省份山地长豇豆主要生产茬口

茬口类型	区域及海拔	播种期	定植期	采收期	栽培方式
秋茬或秋延后	东南（浙江、江西）200～300 m	7 月下旬～8 月上旬	直播	9 月上旬～10 月中旬	露地
	西南（贵州）1200～1800 m	6 月上旬～7 月上旬	直播	8～10 月	露地
越夏茬	东南（浙江、江西、福建）500～1000 m	4 月底～7 月上旬	直播	7 月中旬～10 月中旬	露地
	华中（湖北）800～1400 m	4 月	5 月中下旬	7 月下旬～10 月中旬	露地

本节重点介绍山地长豇豆越夏栽培技术。

三、栽培要点

（一）地块选择

山地长豇豆的种植地选择与菜豆基本相同，由于豆科植物也存在一定程度的连作障碍，所以需注意与其他科作物轮作，南方地区适宜的海拔为 200～1800 m。具体要求可参照菜豆相关内容。

（二）品种选择

长豇豆品种较多，根据豆荚色泽，可以分为浅绿荚型、深绿荚型和白色荚型，其中以浅绿荚型居多。在长豇豆品种选择上，应根据市场需求，选择抗病性强、优质高产、商品性好的品种。目前生产上常用的长豇豆品种有'之豇 28-2'、'之豇特长 90'、'卡拉奇'、'美国无架豇豆'、'之豇 106'、'之豇 108'、'采蝶二号'、'青豇 1 号'、'悦宝'、'成豇 9 号'、'帮达 2 号'等，主要栽培品种介绍如下：

1. 之豇 28-2

早熟，植株蔓生，生长势强，株高 250～300 cm，株型紧凑，分枝弱，叶色深绿，叶型小。花蓝紫色，以主蔓结荚为主，单株结荚 13～14 个，荚长 60 cm 左右，荚粗 0.8～1.1 cm，单荚重 20 g 左右。嫩荚淡绿色，条状均匀，肉厚，纤维少，不易老化，品质好。较耐病，适应性强。

2. 之豇特长 90

中早熟，植株蔓生，生长势强，分枝性中等，叶色较绿。第 3～第 5 节以上普遍有花序，平均单株有效花序 4.7 个，结荚多、部位低。嫩荚淡绿色，荚长 65～70 cm。荚条均匀，肉质厚，纤维少，不易起泡，品质佳，耐储运。较抗病毒病与疫病，喜强光，耐高温，不易早衰。

3. 卡拉奇

中熟，植株蔓生，生长势强，分枝力中等，叶片中等大小，叶色浓绿。主蔓结荚为主，始荚结位第 4 节，以中上层结荚为主，双荚率高，持续结荚期长。豆荚绿色，荚长 75～85 cm，横径 0.8～0.9 cm，上下粗细均匀，无鼠尾，肉质厚，耐老化，耐储运。抗病性强，适应性广，不早衰，丰产性好。适宜晚春、初夏、秋季栽培。

4. 美国无架豇豆

早熟，植株矮生，株型直立，株高 50～60 cm，分枝性强，节间短，花梗稠，具有无限结荚习性，单株结荚数 20～25 个。嫩荚浅绿色，后期乳白色，豆荚长 40～60 cm，粗 0.9～1.2 cm，平均单荚重 15～20 g。条荚肉厚无筋，耐老化，品质极佳。耐肥、耐热、抗倒伏、抗病，适应性强。

5. 之豇 108

中熟，植株蔓生，生长势较强，分枝较多。初荚部位略高，约第 5 节着生第 1 花序，单株结荚数 8～10 条以上，每花序结荚 2～3 条。嫩荚油绿色，光泽好，荚长约 70 cm，平均单荚重 26.5 g。肉质致密，耐储性好。抗逆性强，耐旱、耐涝，对病毒病、根腐病和锈病综合抗性好，连作优势明显。

6. 夏龙

中熟，蔓生，生长势特旺，叶片中等大小，深绿色，茎绿色。花淡紫色，主蔓第5～第6节开花挂荚，主侧蔓均能结荚。嫩荚绿白色，红嘴，荚长75～90 cm，最长可达 100 cm，单荚重24 g。荚形美观，肉质紧实，无鼠尾，无鼓籽，商品性佳。耐高温，抗逆性强，适应性广。

7. 悦宝

植株蔓生，叶片中等偏大，叶色浓绿。主蔓第5～第6节着生第1花序，荚长 70 cm 左右。豆荚浅绿油白色，荚面平滑，不易有斑点，质脆味甜，播种至初收 40～50 d，延续采收期 30 d 左右。耐热、耐湿、耐雨水，抗锈病、抗逆性强。

8. 成豇 9 号

中早熟，植株蔓生，蔓长3.5 m以上，叶片绿色、中等偏大。第1花序着生于第3～第6节，每花序成荚2～3对，花冠浅紫色。商品荚浅绿色，荚长55～60 cm，单荚重25～30 g。条荚肉厚、脆嫩、清香，品质优，泡制加工性优良。对日照要求不严，适应性广，耐病力强。

（三）播种

1. 种子消毒与浸种

长豇豆种子的消毒与浸种可参照菜豆种子。可采用 50%多菌灵 WP 拌种，用药量为种子重量的 0.2%～0.3%；也可用 50%多菌灵 WP 500 倍液浸种 20～30 min，洗干净晾干后播种；也可采用温汤浸种。具体方法参见本章第一节的内容。

2. 播种

通常采用干籽直播，也可育苗。长豇豆每亩大田用种量 1.5～2.0 kg。每畦栽双行，行距 60～65 cm，穴距 15～20 cm；矮生品种的行距为 40～50 cm，穴距为 20 cm，每亩栽 4000 穴左右。每穴播 3～4 粒种子，播后盖 2 cm。畦面稍作整理后，可用芽前除草剂喷施畦面。例如，用 96%金都尔除草剂，每亩用 45～60 ml，兑水 50 L，进行畦面喷雾。在畦面上覆盖塑料薄膜保湿，也可在畦面上用遮阳网进行浮面覆盖。出苗时，及时掀去遮阳网等覆盖物，以利于出苗。若采用地膜覆盖，出苗后及时破膜放苗。齐苗后，应及时进行间苗、定苗、查苗和补苗，每穴保留 2～3 苗。

（四）田间管理

1. 支架引蔓

蔓生品种株高 25 cm 左右时，应及时插架引蔓，防止植株间互相缠绕。双行栽植的，搭"人"字架引蔓支苗，架材可用长 2 m 左右的小山竹等，在"人"字架的交叉处横绑一档小竹竿，不仅可起到固定支架的作用，还可以使苗蔓分布均匀。引蔓时，要按左旋性即逆时针方向牵引，使茎蔓均匀分布在支架上。

2. 水分管理

管理上应采取促控结合的措施，防止徒长和落荚。一般苗期 3 片复叶前不浇水追肥，现蕾期若遇干旱，浇 1 次小水。初花期不浇水，以控制营养生长。当第 1 花序坐荚，以上几节的花序相继出现，开始追肥灌水。植株下部花序开花结荚期间，2 周左右浇 1 次水，整个开花结荚期保持土壤湿润，浇水应掌握"浇荚不浇花、干花湿荚"的原则。苗期和盛花期各用 0.2% 硼砂和磷酸二氢钾进行叶面喷施 1 次。

3. 合理施肥

为获得高产，必须重施底肥。播种前每亩施腐熟堆肥 1500 kg，腐熟人畜肥 2000 kg，过磷酸钙 30 kg，草木灰 100 kg。底肥与土壤混合均匀后播种或移栽。

追肥应掌握"先淡后浓、先轻后重"的原则，看苗、看天、看地追肥。生长期间一般追肥 4～6 次，直播出苗后或成苗期，用 10%～20% 的腐熟人粪尿进行追肥，以后浓度逐渐增大，在开花结荚盛期要重施追肥，采用尿素 5 kg、过磷酸钙 10 kg、草木灰 50 kg 混合追施。同时，在开花结荚期可用 0.03% 的稀土喷花，提高结荚率，增加产量。

4. 植株调整

主蔓第 1 花序以下萌生的侧蔓长到 3～4 cm 时打掉，保证主蔓健壮生长。长豇豆侧枝易开花坐荚，因此，主蔓长至 1.5～1.6 m 时打顶，促进主蔓中上部侧枝上的花芽开花结荚。主蔓上发生的侧枝都要摘心，促进侧枝第 1 个花序的形成，利用侧枝上发出的结果枝结荚。下部发生较早的侧枝，保留 10 节左右；中部发生的侧枝，留 5～7 节；上部发生的侧枝，留 2～3 节。

（五）采收

长豇豆在花后 11～13 d 即可采收。此时，荚果长，鲜重最大，产量和品质最佳。采摘时，要注意保护好邻近的花序，以利于后续结荚。为确保豆荚鲜嫩，粗纤维少，品质优，减少落花落荚，延长采收期，提高产量，在进入盛收期后要求每天或隔天采收。采后鲜豆荚要做好分级包装，及时运销。

第三节　病虫害防治技术

一、主要病害

山地豆类蔬菜主要病害有菜豆根腐病、豆科锈病、菜豆炭疽病、菜豆枯萎病、菜豆细菌性疫病、豇豆煤霉病、菜豆病毒病、根结线虫病等。

（一）菜豆根腐病

1. 症状

幼苗至成株期均可发生，主要为害根部及茎基部。被害处初产生水浸状红褐色斑，后变为暗褐色或黑褐色，稍凹陷，叶片自下而上逐渐变黄，但不脱落。至后期病部有时开裂，或呈糟朽状，主根腐烂或坏死，侧根少，植株矮化，容易拔出。严重时，植株萎蔫枯死，纵剖病根维管束呈红褐色。在潮湿的条件下，病株茎基部常生有粉红色霉状物。

2. 发病特点

由菜豆腐皮镰孢菌引起的真菌性病害。病菌主要以菌丝体和厚垣孢子随病残体或厩肥在土壤中越冬。通过农具、雨水和灌溉水传播，先从伤口侵入致皮层腐烂，并可进行多次反复侵染。最适发病温度24℃左右、相对湿度80%以上。

地势低洼，土质黏重，土壤含水量大，根系虫伤多，发病严重。在高温、高湿条件下病害易流行。

3. 药剂防治

发病初期，可选用50%氯溴异氰尿酸SL 1000倍液，或50%根腐灵WP 800倍液，或4%嘧啶核苷类抗菌素（农抗120）AS 200倍液，或14%络氨铜AS 300倍液，或30%恶霉灵1000倍液等药剂，每10 d左右喷1次，连续2~3次。注意药剂交替使用，细致喷洒根部、茎基部及地面。或用以上药液灌根，每株（穴）200 ml，每10~15 d灌1次，连续2~3次。

（二）豆科锈病

1. 症状

豆类常见病害之一，以菜豆、长豇豆、蚕豆、大豆受害为重。主要为害叶片，叶柄、茎蔓及荚果亦可受害。初期在叶背或叶面产生黄褐色或淡黄色稍突起的小斑点，后期扩大形成黄褐色的夏孢子堆，表皮破裂后，散出锈褐色粉末，严重时整张叶片布满锈褐色病斑，后期夏孢子堆转为黑色的冬孢子堆，或者在叶片上长出冬孢子堆。不久冬孢子堆中央纵裂，露出黑色的粉状物，即冬孢子。

2. 发病特点

由单孢锈菌属真菌引起的真菌性病害。病菌随病残体在土壤中越冬，通过气流传播。发病适温为23～27℃，湿度为90%以上。高温高湿是诱发病害的主要因素。一般开花结荚期到采收中后期最易感病，田间高湿、多雨有利于发病。

种植地低洼、排水不畅，或种植过密、通风不良的山垄地块，连作地块，发病严重。

3. 药剂防治

在发病初期（病斑未破裂前）及时进行防治。可选用15%三唑酮EC 1500倍液，或50%萎锈灵EC 800倍液，或40%多·硫SC 400～500倍液，或40%氟硅唑（福星）EC 5000～6000倍液，或30%爱苗EC 3000倍液等药剂，每7～10 d喷1次，连喷2～3次。注意农药使用安全间隔期，如粉锈宁7 d，福星18 d。

（三）菜豆炭疽病

1. 症状

一般以菜豆、长豇豆和菜用大豆较易受害。从播种至收获期均可发生，子叶、叶片、叶柄、茎蔓、荚果及种子皆可受害。幼苗发病，子叶上出现红褐色近圆形病斑，边缘隆起，内部凹陷呈溃疡状。幼茎上生锈色小斑点，后扩大成短条锈斑，常使幼苗折倒枯死。成株发病，叶片上病斑多沿叶脉发生，扩展成黑褐色多角形小斑点，扩大至全叶后，叶片萎蔫。茎上病斑红褐色，稍凹陷，呈圆形或椭圆形，外缘有黑色轮纹，龟裂。潮湿时病斑上产生浅红色黏状物。果荚染病，上生褐色小点，可扩大至直径1 cm的大圆形病斑，中心黑褐色，边缘淡褐色至粉红色，稍凹陷，易腐烂。

2. 发病特点

由刺盘孢属真菌引起的病害。病菌以菌丝体在种皮下或随病残体在土壤中越冬，条件适宜时借风雨、昆虫传播。病菌发育最适温度为17℃、湿度为100%。温度低于13℃或高于27℃，相对湿度在90%以下时，病势停止发展。

山区温凉多雨季节发病重，种植过密、地势低洼、排水不良的地块易发病。

3. 药剂防治

插架前采用 45%代森铵 AS 1000 倍液消毒架材。

发病初期可用 2%农抗 120 AS 200 倍液，或 80%炭疽福美 WP 600 倍液，50%多菌灵 WP 500 倍液，80%多·福·福锌 WP 700 倍液，或 70%托布津 WP 1000 倍液，或 2%绿乳铜 EC 800 倍液等药剂，每 7～10 d 喷 1 次，连续 2～3 次。注意以上药液交替使用。

（四）菜豆枯萎病

1. 症状

通常在花期开始发病，主要为害植株根部和维管束。发病时，下部叶片先变黄，由茎基迅速向上发展，引起茎一侧或全茎变为暗褐色，凹陷，茎维管束变色。病叶叶脉变褐，叶肉发黄，继而干枯或脱落。病株根部变色，皮层腐烂引致根腐，新根不长，结荚显著减少，且荚背部及腹缝合线变为黄褐色，花期后病株大量枯死。

2. 发病特点

由尖孢镰刀菌引起的真菌性维管束病害。病菌随病残体在田间越冬，种子也带菌。病菌借雨水、流水、土壤和农具等传播，在豆类生长期从根尖或伤口侵入。发病适宜温度 24～28℃、相对湿度 80%。

连作地块，地势低洼、平畦种植、灌水频繁、肥力不足、管理粗放的地块，发病重。

3. 药剂防治

发病前或零星发病后，用 46.1%氢氧化铜 WDG 800 倍液，或 80%多·福美双 WP 800 倍液，或 20%络铜·络锌 AS 500～600 倍液，或 20%甲基立枯磷 EC 1000 倍液等药剂灌根，每穴浇 200 ml，每 7～10 d 浇 1 次，连续 2～3 次；也可用 3%恶霉甲霜 AS 800 倍液，或 0.5%氨基寡糖素（OS-施特灵）AS 500 倍液等药剂，每 7～10 d 喷淋 1 次，连续 2～3 次。

（五）菜豆细菌性疫病

1. 症状

又名火烧病，主要侵染叶、茎蔓、豆荚和种子。病苗出土后，子叶呈红褐色溃疡状。叶片染病，叶尖或叶缘初生暗绿色油浸状小斑点，后扩展为不规则形褐斑，病组织变薄近透明，周围有黄色晕圈，严重时病斑相连，全叶干枯，似火烧状。病叶一般不脱落，高湿高温时，病叶可凋萎变黑。茎蔓染病，生红褐色溃疡状条斑，稍凹陷，绕茎 1 周后，致上部茎叶枯萎。豆荚染病，初也生暗绿色油渍状小斑，后扩大为稍凹陷的圆形至不规则形褐斑，严重的豆荚皱缩。种子染病，种皮皱缩或产生黑色凹陷斑。湿度大时，茎叶或种脐病部常有黏液状菌脓溢出。

2. 发病特点

由黄单胞菌引起的细菌性病害。病原菌主要在茎叶中或土壤中越冬，也可在种子内或黏附在种子外越冬。播种带菌种子，幼苗长出后即发病，病部产生的菌脓借风雨或昆虫传播，从植株的水孔、气孔或伤口侵入，引致茎叶发病。气温 24～32℃、染病部位有水滴，是该病发生的重要条件。

一般在高温多湿、雾大露重或暴风雨后转晴的天气，最易诱发病害。此外，栽培管理不当、大水漫灌、肥力不足、长势衰弱、杂草丛生的田块发病严重。

3. 药剂防治

发病前，可喷洒 40%农用硫酸链霉素 SP 2000 倍液，或 72%新植霉素 WP 4000 倍液，或 80%波尔多液 WP 500 倍液等药剂，共喷防 1～2 次。

发病初期，可选用 77%氢氧化铜 WP 500 倍液，或 14%络氨铜 AS 300 倍液，或 86.2%氧化亚铜 WP 1000 倍液，或 78%波·锰锌 WP 500 倍液等药剂，每 7～10 d 喷 1 次，连续 3～4 次。

（六）豇豆煤霉病

1. 症状

豇豆煤霉病又称为叶霉病，是豇豆生长中、后期常见的病害，主要为害叶片，自下向上发展。病斑初为不明显的近圆形黄绿色斑，继而黄绿斑中出现由少到多、叶两面生的紫褐色或紫红色小点，后扩大为近圆形至多角形淡褐色或褐色病斑，且病健部界限不明显。湿度大时病斑背面可产生黑色霉层，严重时导致早期落叶。

2. 发病特点

由尾孢属真菌侵染引起，病菌主要以菌丝块随病残组织遗落在土中越冬，病原菌在 7～35℃均能萌发，通过气流传播，从气孔侵入，最适温度为 30℃。高温多雨、田间高湿有利于发病，通常各地的雨季为病害发生盛期。

地势低洼、排水不良、长势差的地块，套种、连作、晚春播种的地块发病早且严重。

3. 药剂防治

发病前或发病初期，可用 30%爱苗 EC 3000 倍液，或 70%甲基托布津 WP 800 倍液，或 40%多·硫 SC 800 倍液，或 77%氢氧化铜 WP 500 倍液，或 78%波·锰锌 WP 500~600 倍液等药剂，每 10 d 左右喷 1 次，连续 2~3 次。或者用 36%双苯三唑醇 EC 2000~2500 倍液喷雾，每 10~20 d 喷 1 次。

（七）菜豆病毒病

1. 症状

主要表现在叶片上，嫩叶初出现明脉、褪绿或皱缩，新长出的嫩叶呈花叶。浓绿部位突起或凹陷呈袋状，叶片向下弯曲，有的品种感病后产生畸形。病株矮缩或不矮缩、开花迟或落花、结荚少，豆荚短小。

2. 发病特点

田间发病主要由蚜虫、叶蝉传播和汁液接触传染。夏秋季温度偏高、干旱少雨，蚜虫发生量大的年份易发病。栽培管理粗放、缺肥缺水、氮肥施用过多、地势低洼、多年连作发病重。

3. 药剂防治

发病前或发病初期，可用 0.5%香菇多糖 AS 300 倍液，或 4%嘧肽霉素 AS 200~300 倍液，或 1.5%植病灵Ⅱ号 EC 1000 倍液，或 10%羟烯·吗啉胍 AS 1000 倍液，或 1.05%氮苷·硫酸铜 AS 300~500 倍液等药剂喷雾，每 5~7 d 喷 1 次，连续 2~3 次。注意及时治蚜，防止传毒。

（八）根结线虫病

参见第三章第四节根结线虫部分内容。

二、主要虫害

山地豆类蔬菜的主要虫害有蚜虫、豆荚螟、美洲潜叶蝇、蓟马、小地老虎等。

（一）蚜虫

1. 危害特点与生活习性

为害豆类蔬菜的主要有豆蚜、豌豆修尾蚜等。成虫和若虫刺吸嫩叶、嫩茎、花及豆荚的汁液，使叶片卷缩发黄，影响生长，造成减产。温度超过 25℃，相对湿度 75%以上，均不利于蚜虫的繁殖与发育。我国南方地区通常 5～6 月、8 月下旬～9 月发生严重。7 月中旬～8 月初，因高温、高湿和降雨的冲刷，不利于蚜虫的发育生长，危害程度减轻。一般杂草多及通风不良的地块发病重。

2. 防治措施

农业防治、物理防治参见第三章第四节蚜虫部分内容。

药剂防治。当发现有翅蚜数量突增，田间蚜株率达 20%～30%，每株有幼蚜 5～10 头时应施药，可选用 1%苦参碱 SL 1000 倍液，10%烯啶虫胺 AS 1200 倍液，10%啶虫脒 ME 2000 倍液，或 22%氟啶虫胺腈 SC 1500 倍液等药剂喷雾防治，视虫情每 7～10 d 喷 1 次。注意高温季节用药浓度，尽量不用吡虫啉，以免产生药害。

（二）豆荚螟

1. 危害特点与生活习性

豆荚螟又称为豇豆螟、豆螟蛾、大豆卷叶螟、大豆螟蛾。成虫有弱趋光性，卵散产于嫩荚、花蕾和叶柄上，卵期 2～3 d。幼虫共 5 龄，为害豆叶、花及豆荚，造成花蕾、嫩荚脱落。3 龄后蛀入荚内食害豆粒，受害豆荚味苦，不堪食用。

老熟幼虫在土表或在浅土层内结茧化蛹越冬。每年 6～10 月为幼虫为害期。温度 28℃左右、相对湿度为 80%～85%危害最重。

2. 防治措施

农业防治。及时清除田间落花、落荚，并摘除被害的卷叶和豆荚，以减少虫源。结荚期间结合抗旱，灌溉 1～2 次，可杀死入土的幼虫。

生物防治。每年 4 月底～5 月初，在田间设置频振式杀虫灯，诱杀成虫。

药剂防治。在卵孵化始盛期或在作物始花期用药，可选用 2.5%多杀霉素 SC 1000 倍液，或 100 亿孢子/ml 核型多角体病毒 SC 1500 倍液，或 5%氯虫苯甲酰胺 SC 1000 倍液，或 15%茚虫威 EC 4000 倍液，或 4.5%氯氰菊酯 EC 2000 倍液，或 2.5%功夫菊酯 EC 1000 倍液等喷杀。从现蕾开始，每 10 d 喷 1 次，采收前 5 d 停止用药。注意药剂交替使用，严格掌握农药安全间隔期；用药时均匀喷洒花蕾、花荚、叶面与叶背，兼喷落地花，直至湿润有雾滴为度。

（三）美洲斑潜蝇

1. 危害特点与生活习性

美洲斑潜蝇又称为蔬菜斑潜蝇、甘蓝斑潜蝇等，是一种严重为害蔬菜的害虫。

幼虫潜叶为害蔬菜叶片、叶柄，取食叶肉，形成不规则蛇形白色虫道，终端明显变宽。受害后叶片叶绿素被破坏，影响光合作用，严重时被害叶片逐渐萎蔫、枯落，甚至全株死亡。老熟幼虫从蛀道顶端咬破钻出，在叶片上或落入土壤中化蛹。

在我国南方可终年为害，最适生长发育温度为25～30℃、相对湿度80%～85%。气温超过 35℃时，成虫和幼虫均受到抑制。以蛹越冬。成虫活跃，对黄色有较强的趋性，可短距离飞翔。老熟幼虫从蛀道顶端咬破钻出，在叶片上或落入土壤中化蛹。

高温多雨季节田间虫量较少，通常在设施内发生情况比露地严重。

2. 防治措施

农业防治。及时清除田间残株、残叶及杂草。合理布局，间作套种非寄主植物或不易感虫的苦瓜、葱、蒜等。

物理防治。田间设置黄板，诱杀成虫。蔓生种以顺行悬挂于支架的中部，保持板面朝向作物为宜；矮生种则以高出叶片顶端 10～15 cm 处为宜。

药剂防治。①在苗期 2～4 片叶或 1 叶上有 3～5 头幼虫时，可选用 3.2%阿维菌素 EC 2500 倍液，或 2.5%氯氟氢菊酯 EC 750～1500 倍液等喷药防治。②在成虫羽化盛期，用诱杀剂点喷部分植株，可用甘薯或胡萝卜煮液+0.05%敌百虫 WP 为诱饵，每 5 d 点喷 1 次，共喷 5～6 次。③始见幼虫潜蛀的虫道时，用 10%溴氰虫酰胺 OD 2000 倍液，或 50%灭蝇胺 SP 2500 倍液，每 7～10 d 喷 1 次，共喷 2～3 次，可杀死潜伏在叶片内的幼虫。因其世代重叠，要连续防治，视虫情每 7～10 d 喷 1 次。

（四）蓟马

参见第三章第四节蓟马部分内容。

（五）小地老虎

参见第三章第四节小地老虎部分内容。

第五章　山地瓜类蔬菜栽培

瓜类蔬菜主要包括南瓜、丝瓜、冬瓜、甜瓜、西瓜、瓠瓜、苦瓜等 9 个属多种类型，其产品含有丰富的蛋白质、碳水化合物及多种矿质元素，营养价值高，是我国主要大宗蔬菜品种，生产栽培效益较高，也是我国南方山地蔬菜栽培的主要类型。

瓜类蔬菜多喜温，不耐寒，部分种类较耐热，生长过程中适宜较大昼夜温差；植株生长量大，喜光照，光照不足常造成产量降低、品质下降。生长发育过程中水分需求较多，根系比较发达，适宜疏松肥沃、耕层深厚、透气性良好壤土或沙壤土。伤根后容易发生木栓化，再生能力差，生产上多采用护根育苗；茎蔓生，多攀缘性生长，生产中需要通过植株调整和水肥管理，平衡植物生长与开花结实之间的关系。由于同属葫芦科，不同瓜类蔬菜之间具有相同的病害，生产上安排茬口时需要特别注意。

第一节　山地瓠瓜栽培技术

瓠瓜（*Lagenaria vulgaris*）原产于印度和热带非洲，又名长瓜、蒲瓜、扁蒲、夜开花、葫芦等，属葫芦科葫芦属一年生攀缘性草本植物。幼果果味清淡，细嫩柔软，富含人体所需的多种维生素和矿质元素，营养丰富，主要在长江流域及长江以南地区栽培，是我国南方重要的蔬菜作物之一。尤其以四川、云南种植较多，湖北孝感及上海、杭州的长瓠瓜皆为名产。其喜温耐热，适宜温暖、湿润的环境条件，产量高、经济效益好，在各地效益农业发展中发挥了重要作用。因而也是我国南方夏季山地蔬菜的首选作物之一。

一、特征特性

瓠瓜根系发达，再生能力较差；茎蔓性，长可达 3～4 m，分枝性强。雌雄同株异花，雌花多生在主蔓上部，出现较晚，侧蔓从第 1～第 2 节起就可着生雌花，生产上主要以侧蔓结果为主。瓠瓜雌花在开花授粉后 10～20 d 即可采收。

瓠瓜适宜温暖、湿润的环境条件，不耐低温。种子发芽适温为 30～35℃，最低 15℃。生长发育适宜温度为 20～25℃，30℃左右仍能正常开花坐果，15℃以下生长不良。

瓠瓜属短日照植物，目前生产上使用的瓠瓜品种多数对光周期不敏感，只要温度适宜均可生长。结果期对光照条件要求高，晴天，阳光充足，病害较轻，生长和结果良好。

瓠瓜对土壤的要求，不同种类间有一定差异。长瓠子不耐瘠薄，以富含腐殖质的保水保肥力强的土壤为宜；圆瓠瓜的根系入土较深，耐旱、耐瘠能力较强，对土壤的适应性较广。

二、生产茬口

瓠瓜喜温暖、湿润的环境，不耐低温，南方地区海拔 100～1000 m 区域山地均可种植。通常，长江流域海拔 100～300 m 山区，适宜播种期为 3 月上旬～4 月中旬；400 m 左右山区适宜播种期为 4 月下旬～5 月中旬；500～800 m 山区适宜播种期为 5 月中旬～6 月上旬。主要生产茬口见表 5-1。

表 5-1　南方部分省份山地瓠瓜主要生产茬口

茬口类型	区域及海拔	播种期	定植期	采收期	栽培方式
早春茬	东南（浙江）500 m 以下	3 月上旬	3 月下旬～4 月上旬	5 月底～7 月下旬	设施
	华南（广东）500 m 以下	12 月底～翌年 1 月	1 月底～2 月	4～5 月	设施
秋延后	东南（浙江、江西）500 m 以下	7 月中旬	8 月上旬	9 月上旬～10 月中旬	设施
	华南（广东）500 m 以下	7～8 月	8 月下旬～9 月上旬	10 月中下旬～12 月	露地
越夏茬	东南（浙江）500～1000 m	5 月底～7 月上旬	6 月上旬～7 月中旬	7 月中旬～9 月下旬	露地
	华中（湖北）500～1000 m	5 月下旬～6 月中下旬	6 月上旬～7 月上旬	7 月下旬～9 月下旬	露地
	华中（湖南）450～1000 m	4 月下旬～6 月中下旬	6 月上旬～7 月上旬	7 月～9 月下旬	设施育苗
	华南（广东）500～1000 m	5 月中旬～6 上旬	6 月上旬～7 月上旬	7 月～9 月下旬	露地

从目前生产实践来看，浙闽山区海拔 500 m 以下山地，由于夏季温度偏高，生产上多采用春提早或秋延后设施栽培方式进行生产。其中春季瓠瓜一般 3 月上旬播种育苗，5 月底～7 月下旬采收上市；秋延后栽培一般 7 月中旬直播，9 月上旬开始采收，10 月中旬采收结束。海拔 500 m 以上山地，由于夏季气温较低，一般 5 月底～7 月上旬播种，7 月中旬～9 月下旬夏秋蔬菜淡季采收上市。福建南部

山区,冬春气温较高,生产上多采用冬春设施栽培方式进行生产,每年 12 月下旬～翌年 1 月上旬播种,2 月下旬～4 月下旬采收。各地应依据瓠瓜适宜生长温度、生产条件及市场需求,灵活确定播种期。

本节重点介绍山地瓠瓜越夏栽培技术。

三、栽培要点

(一)地块选择

一般应选择土层深厚、疏松肥沃、富含有机质,pH为6.5～7.0的微酸性或中性土壤,2～3年内未栽种过瓜类作物的地块。同时,要求种植地块排灌方便,雨后能及时排水,干旱时具备灌溉条件。海拔为200～1000 m区域山地均可,其中以海拔400～700 m区域山地最为适宜。以东坡、南坡、东南坡等向阳坡位较为适宜。

(二)品种选择

目前瓠瓜生产上,优良品种较多,夏季山地种植应选择适应性较强、抗逆性好、优质丰产、商品性好、耐高温的瓠瓜品种。瓠瓜果实色泽、形状、大小存在显著的品种间差异,而且各地对瓠瓜果实的消费需求也存在一定的差异,在生产栽培品种的选择上尤其要考虑消费市场的产品需求特点。当前,我国南方常用的瓠瓜品种主要有'线瓠子'、'杭州长瓜'、'浙蒲 6 号'、'安吉长瓜'、'金蒲 1 号'、'华瓠杂 3 号'、'鄂瓠杂 3 号'、'榕瓠 1 号'、'青杂 7 号'等。各地可根据当地栽培与消费习惯选择适宜品种。

1. 杭州长瓜

早熟,生长势旺,分枝性强,叶绿色。以侧蔓结瓜为主,侧蔓第 1～第 2 节着生雌花。瓜条淡绿色,呈长棒形,长 40～60 cm,横径 4.5～5.5 cm,单瓜重 700～1000 g。肉质细嫩,品质优。该品种喜温、喜湿,不耐高温和干旱,抗性较差,易感病。

2. 浙蒲 6 号

早熟,长势中等,分枝性强,叶绿色,叶型较小。侧蔓结瓜,侧蔓第 1 节即可发生雌花,平均单株结瓜 6～7 条。瓜条青绿色,长棒形,上下粗细均匀,脐部钝圆,长约 36 cm,横径约 5 cm,单果重约 0.4 kg。瓜肉致密,质嫩味微甜,种子腔小,品质好。该品种抗枯萎病,中抗病毒病和白粉病,耐低温弱光性和耐盐性强,适应性广。

3. 金蒲 1 号

植株长势强，分枝性强，以侧蔓结果为主，叶片呈心脏形，上面有茸毛，叶色深绿。花较大，白色，雌雄异花同株。瓜呈长棒形，粗细均匀，长 41.9 cm，粗 4.9 cm，平均单瓜重 450.7 g，皮色浅绿，表面光滑。瓜肉白色，较致密，口感细嫩微甜，品质佳，商品性好。中抗枯萎病，中抗白粉病。

4. 鄂瓠杂 3 号

早熟，生长势较强，分枝较多，叶片深绿色，较厚。主蔓第 4～第 5 节出现侧蔓，以子、孙蔓结瓜为主，子、孙蔓第 1～第 3 节出现雌花。瓜长圆筒形，皮深绿色，富有光泽，瓜顶圆头，果肩有深绿凹痕，瓜长 42～45 cm，横径 4.4 cm 左右，单瓜重 400～500 g。瓜肉细嫩，味甜清香，品质好。较耐白粉病，较抗霜霉病。

5. 华瓠杂 3 号

早熟，植株生长势强。第 1 分枝节位为第 3 节，分枝 1～2 节连续着生雌花，间隔 1～2 节后又连续出现雌花。瓜皮青绿色，呈长棒形，粗细均匀，平均瓜长 53.8 cm，横径 4.67 cm，平均单瓜重约 400 g。瓜肉质致密细嫩，味微甜，商品性好。耐低温、弱光能力强，抗逆性较好。较耐白粉病、霜霉病。

6. 榕瓠 1 号

早中熟，植株生长势强，主蔓长 300～400 cm，叶片绿色，心脏形。第 1 雌花发生节位较低，以侧蔓结瓜为主，坐果性好，春季播种至始收 45～60 d。瓜呈棒形，瓜皮绿色有光泽，瓜长 30～40 cm，横径 5.0～7.0 cm，单瓜重 500～600 g。瓜形美观，肉质致密，品质优，果面蜡粉多，密生茸毛。耐热性好，适应性强。

（三）育苗

高山瓠瓜的上市时间应安排在高温伏缺之间（7～9 月），由于夏栽瓠瓜比春播瓠瓜生育期短，因此，适宜的播种期应选择在 5 月底～7 月上旬。

一般，山地瓠瓜生产多采取直播或育苗移栽两种方式。

1. 直播

山地瓠瓜直播季节，通常以山区 10 cm 土层夜间温度稳定在 15℃以上、白天气温稳定在 25℃以上为宜，直播方可进行。

1）种子准备

按照每亩大田用种量 150～200 g 准备瓟瓜种子。播种前，选择晴朗天气晒种 1～2 d，以杀死种子表面病原菌，促进种子发芽。播前也可用清水浸种 2～3 h，再用 10% 磷酸三钠液浸 10 min，用清水冲洗干净。

2）大田准备

提前 15～30 d 对播种田地进行翻耕晒垡，每亩深施腐熟栏肥 3500 kg、复合肥 20 kg，作为基肥，翻匀耙细，整地，作高畦，畦宽（连沟）通常 1.5 m 左右，畦沟深 20～25 cm，长度依地块而定。

3）播种方法

选择晴天干籽直播，按照株距 50～60 cm 开挖种植穴，穴底要平，每穴播种 1～2 粒，并保持穴内种子 3 cm 左右的间距，浇透水，然后覆土并稻草等覆盖物，每畦 2 行。浇水时可加入 50% 多菌灵 WP 500 倍液，防止病害发生。有条件也可实行地膜覆盖栽培，但要注意出苗后，应及时破膜放苗，并用泥土封严膜口。

2. 育苗移栽

1）苗床准备

选择光照充足、背风向阳的地方设置苗床，苗床面积依秧苗大小而定。若培育 3～4 片真叶的大苗移栽，每亩大田需准备 18～20 m² 苗床。若育 1～2 片真叶的小苗移栽，则每亩大田需留足 4～5 m² 苗床。苗床宽 1.0～1.2 m，沟宽 0.4 m，沟深 10～15 cm，小拱棚塑料薄膜覆盖。

2）苗床营养土配制

一般可选用水稻土或近 3 年内没有种植过葫芦科作物的园土 60%～70%、腐熟有机肥 30%～40%，复合肥 0.1% 拌匀，保证苗床肥沃、疏松和良好的通透性。

3）浸种催芽

由于瓟瓜种子的种皮厚，不易透水，育苗时可先采用温汤浸种方法进行播前处理。首先，将瓟瓜种子在 55℃ 温水中浸种 15 min，然后转入 30℃ 左右温水中继续浸种 8～12 h，以便种子充分吸涨，保证发芽迅速整齐。浸种后，洗净种子，然后用拧干的湿毛巾或湿纱布包好，放入能够加温保温地方进行催芽。当种子胚根长出，"露白"种子达到 60%～70% 时，即可播种。

4）播种方法

采用苗床育苗，每公顷大田需准备苗床 75～90 m²，准备种子 4.5～6.0 kg。育苗宜在大棚设施内进行。播种时选择晴天中午进行。除采用苗床育苗外，也可选择营养钵或穴盘（50 孔或 72 孔）育苗。

播种当天，先将育苗床畦浇足底水，待水渗下后，再撒一层过筛细土，然后用经催芽露白的种子进行点播。大苗移栽，种子间距8～10 cm；小苗移栽，种子间距2～3 cm。瓠瓜种子较大，播种时应使种子平放并胚根向下，以防出苗时子叶带"帽"出土。播种后先用平板轻压畦面，然后盖1～2 cm潮湿的营养细土，浇透水。在外界温度较高季节播种时，播后要立即在畦面上覆盖稻草或双层遮阳网保湿降温。幼苗出土后，及时揭去覆盖物。遇到晴天要及时揭开苗床拱棚薄膜，以免高温伤苗。秧苗生长应注意通风透光。不宜勤浇水，宜在苗床表土露白时浇水。定植前1～2周，逐渐除去苗床覆盖物，使其接近露地条件，以利定植成活。

5）适时定植

瓠瓜定植前，应提前7～10d做好种植地块的整地、施肥及作畦工作。定植时，按大苗移栽或小苗移栽不同需要，适时进行。栽植株距60～70 cm，深度以子叶距地面1 cm左右为宜，每亩栽1000～1200株。移栽后，要及时浇定根水。

（四）田间管理

1. 中耕除草

瓠瓜生长前期，若无地膜覆盖一般需中耕除草2次，第1次在定植或出苗后10d左右，第2次在搭架前进行，以疏松土壤，除去杂草。同时，根据植株生长情况，及时清沟培土，以利于根系生长和防止倒伏。有条件的可割草覆盖畦面，以降低地温、保水、保肥，促进植株生长发育。

2. 植株调整

当株高30～40 cm时要及时搭架引蔓，生产上一般以"人"字架为好，架材长度250 cm左右。瓠瓜多侧蔓结瓜，主蔓长至100 cm时应及时摘心，留上部2条健壮子蔓生长，待子蔓坐果后，留5～6片叶摘心，促孙蔓生长，以后任其自然生长或根据长势再摘心1次。摘心过程中，要及时摘掉畸形瓜和无商品性瓜，疏掉细弱徒长侧枝及下部老、黄、病叶，以利于通风透光。

3. 追肥

前期追肥应以控为主，防止徒长。齐苗后若秧苗长势较弱，可浇施0.1%～0.2%尿素1次，第1次摘心后施分蔓肥1次，每亩施复合肥5 kg。开花结果后可加大肥水量，促进瓜条发育。第1档瓜坐瓜后每亩施复合肥8～10 kg，以后每采瓜2次施复合肥8～10 kg。有条件的地区可以采用水肥同灌追肥。

4. 水分管理

瓠瓜喜晴怕雨，干旱时及时浇（灌）水，保持土壤湿润，但切忌漫灌。下雨后及时排水，做到雨止沟干，防止瓜田积水。

（五）采收

瓠瓜从播种到开花一般需要 40 d 左右，谢花后 12～13 d 即可采收。采收宜在早上进行，将采收的嫩瓜放在阴凉处，做好分级包装，防止机械损伤。

第二节　山地南瓜栽培技术

南瓜为葫芦科一年生草本植物，嫩瓜和老瓜均可食用，其果实富含人体所需的硫胺素、核黄素和尼克酸等多种维生素以及铁、钙、镁、锌等多种矿质元素，营养丰富，是一种优良保健蔬菜。近年来，粉质南瓜因其适应性强、生长期短、瓜型好、食味糯、香甜适口、营养丰富、品质优、产量高等优点，深受广大菜农和消费者喜爱，成为我国南方山地夏秋蔬菜生产适宜的栽培类型。

一、特征特性

南瓜包括中国南瓜（*Cucurbita moschata*）、印度南瓜（*Cucurbita maxima*）和美洲南瓜（*Cucurbita pepo*）3 个物种，其中美洲南瓜又称为西葫芦，印度南瓜又称为笋瓜。近年来，我国各地普遍栽培的粉质南瓜多数为笋瓜。笋瓜根系发达，再生能力强，主根直径较粗；茎蔓性，主蔓和侧蔓都能结瓜；分枝能力强，生长迅速，茎节易生不定根；叶心脏形，掌状浅裂，叶背有茸毛，叶腋处着生雌花、侧枝及卷须，雌雄同株异花。主蔓第 7、第 8 叶节发生第 1 雌花，侧蔓则在第 4、第 5 叶节开始出现第 1 雌花，果实开花至生理成熟一般需 50～60 d。果实平滑或有明显的棱线或瘤状突起，嫩果绿色，老熟果黄色，被蜡粉。近年来，粉质肉质粉甜小南瓜品种，深受消费者欢迎。

南瓜属喜温作物，适宜温暖干燥气候条件，耐寒性及适应高温能力较好。种子发芽适温为 25～30℃，生长发育适宜温度为 18～32℃，果实发育最适宜的温度为白天 25～27℃、夜间 15～18℃。低于 15℃或高于 35℃，可导致花芽发育异常或花粉败育，影响正常开花坐果。南瓜属短日照植物，苗期短日照有利于降低主蔓第 1 雌花发生节位。结果期对光照条件要求高，晴天，阳光充足，病害较轻，生长结果良好。中国南瓜和笋瓜对土壤条件及水分要求并不严格，但仍以耕层深厚、肥沃的沙壤土或壤土栽培为好，适宜土壤 pH 5.5～6.8。

二、生产茬口

目前，山地南瓜栽培主要有早春栽培和越夏栽培两种方式，其主要生产茬口见表 5-2。例如，在浙江临安，在 200 m 左右低海拔山地，多采用早春茬方式栽培，每年 11 月中下旬～12 月上旬播种，12 月中旬～翌年 1 月中下旬定植于设施大棚，行多层覆盖栽培，2 月中下旬～5 月底采收。在 500 m 以上的中高海拔地区多采取越夏栽培，一般每年 5 月中旬～6 月中旬播种，6 月中旬～7 月下旬定植大田，7 月中旬开始采收，至 10 月中旬结束。

表 5-2　南方部分省份山地南瓜主要生产茬口

茬口类型	区域及海拔	播种期	定植期	采收期	栽培方式
早春茬	东南（浙江、江西）200 m 左右	11 月中下旬～12 月上旬	12 月中旬～翌年 1 月中下旬	2 月中下旬～5 月底	设施
	华南（广东）200 m 左右	1～3 月	2～4 月	5 月上旬～6 月下旬	露地
秋延后	华南（广东）200 m 左右	7 月下旬～8 月中旬	直播	10 月上旬～12 月	设施
越夏茬	东南（浙江）500～1000 m	5 月中旬～6 月中旬	6 月中旬～7 月下旬	7 月中旬～10 月中旬	露地
	华中（湖南）800 m 左右	4 月底～5 月初	6 月中下旬	7 月下旬～10 月中旬	露地栽培

　　山地南瓜越夏栽培具体播种期应根据上市时间和海拔而定。播种期过早，体现不出山地南瓜的市场优势；若播种过迟，生育后期温度下降，南瓜生育期短，后期果实难以老熟，影响产量和品质。一般播种期以 4 月中下旬～6 月中旬为宜。高海拔地区播种期宜早不宜迟，并可以根据预期的采收期确定播种期，预期老瓜在 10 月上中旬采收，则 7 月中下旬播种；预期在 10 月下旬～11 月初采收，则 8 月上旬播种。南瓜耐储藏，9 月蔬菜淡季，市场价格较好，也可采收嫩瓜上市。

　　本节重点介绍山地南瓜越夏栽培技术。

三、栽培要点

（一）地块选择

　　根据南瓜对温度的要求，山地南瓜夏季栽培宜选择在海拔 500 m 以上的坡地或台地种植，并以西南坡向的地块为好。种植的地块宜选择土层深厚、肥力中等以上，pH 5.5～6.8，排灌方便的沙壤土或壤土。

（二）品种选择

　　山地南瓜种植要根据当地自然条件和市场消费需求，选择适应性较强、抗逆性好、优质丰产、商品性好、生产效益高的优良品种。不同地区由于生产与消费习惯不同，主要栽培品种存在一定差异。当前，我国南方常见的粉质南瓜栽培品种主要有'锦栗'、'甘栗'、'湖栗1号'、'甘香栗'、'红栗'、'东升'、'红升'、'丹红一号'、'福星'、'红佳'等。

1. 锦栗

引自日本，早熟，从播种至采收80～90 d。植株生长势较强，蔓长300～400 cm，节间短，叶色绿，茎蔓较粗硬。主蔓8～10节着生第1雌花，主侧蔓均结瓜。果实扁圆形，果皮浓绿色间有黄色条纹斑，纵径12～15 cm，横径20 cm左右，单果重1200～1500 g。果肉金黄色，肉厚3.0 cm左右，口感甜糯，果型一致，商品性好，耐储藏。该品种雌性强，前期产量高，耐寒性、耐热性佳，适应性广。

2. 甘栗

引自日本，早熟，长势旺盛，生长周期短，播种后90 d即可上市。嫩瓜花后20 d左右采收，成熟瓜花后40 d左右采收。果实扁圆形，嫩瓜单果重750 g左右，成熟后单瓜重1200～1800 g，果皮墨绿色，带浅绿色条斑。果肉金黄色，肉厚，淀粉含量高，口感粉甜，品质优良，外观优美。该品种耐热、耐寒，适应性广。

3. 湖栗1号

早中熟，长势较强，雌花节率高，平均单株结果8个左右。果实扁圆形，果肉厚2 cm左右，嫩瓜平均单果重1 kg左右。嫩果底色绿覆不规则浅绿色斑纹，果肉浅黄色，成熟后底色墨绿，果肉黄色，粉质强，品质优。耐低温弱光性好，抗逆性强，适应性广。

4. 红栗

早熟，开花授粉至果实成熟35 d左右。植株叶色浓绿，主蔓长4.2 m，主茎粗1.5 cm。第1雌花节位3～7节，连续坐果能力强。果实扁圆周整，下部平滑，果实整齐，果皮深红色，平均单瓜重1200 g。果肉橙红，肉厚3.2 cm左右，肉质甜嫩，粉质度高，商品率高。抗逆性强，耐低温、高温，耐白粉病，对病毒病的抗性较强，适应性广。

5. 红升

早熟，全生育期80～90 d。生长稳健，蔓长300～400 cm，分枝力强。第1雌花着生在主蔓8～10节，主侧蔓均结瓜。果实扁圆形，果皮橘红色、色彩鲜艳，单果重1500 g左右。果肉橙黄色，肉厚3.0～4.0 cm，粉质香甜，水分少，风味特佳，品质优良，商品性好，耐储运。喜冷凉，不耐高温，适应性广，抗病能力较强。

6. 丹红一号

早熟，全生育期 80～90 d。生长势强，蔓长 300～400 cm，分枝力强。叶片绿色，茎较粗。第 1 雌花着生在主蔓 8～10 节，主侧蔓均结瓜，单株可坐果 2～3 个。果实扁圆形，皮色橙红有光泽，纵径 12 cm 左右，横径 20 cm 左右，单果重 1000～1500 g。果肉橙黄色，肉厚 3.0 cm 左右，肉质粉甜，具板栗风味。耐储运。喜冷凉，不耐高温，适应性广，抗病性强。

7. 福星

早熟，全生育期 80～90 d。生长势旺盛，蔓长 300～400 cm，分枝力强。叶片绿色，茎较粗。第 1 雌花着生在主蔓 8～10 节，主侧蔓均结瓜，单株坐果 2～3 个。果实扁球形，纵径 12～15 cm，横径 20 cm 左右，单果重 1500～2000 g。果皮深绿相间浅绿斑点，果肉橙黄色，肉厚 3.0 cm 左右，粉质、味甜，品质极佳，商品性好，耐储运。喜冷凉，不耐高温，适应性广，抗病能力较强。

8. 红佳

早熟，从播种至采收约 90 d。生长势强健，蔓长 300～400 cm，分枝力强。叶片绿色，茎较粗。第 1 雌花着生在主蔓 8～10 节，主侧蔓均结瓜。瓜呈扁圆球形，纵径 10～12 cm，横径 18～20 cm，平均单果重 1.5 kg 左右。果皮红色，果肉厚 3.0～4.0 cm，肉质紧密，含粉量高，口感佳。抗病毒病、疫病能力较强，耐热、耐寒、适应性广。

（三）育苗

粉质南瓜每亩大田用种量为 75～100 g。山地栽培南瓜一股采用营养钵（块）或穴盘育苗。对于夏秋迟熟栽培，由于苗期温度高，光照强，不利于植株花芽分化，同时由于易受暴雨袭击，加之山地鼠害较多，种子直播不易管理，生产上大多采用营养钵育苗或穴盘基质育苗，以保护根系，培育壮苗移栽。

1. 苗床准备

选择地势较高、水源方便、相对阴凉的地块设置苗床，苗床面积依秧苗大小而定。采用 3～4 片真叶大苗移栽，每亩大田需准备 18～20 m² 苗床。采用 1～2 片真叶小苗移栽，则每亩大田需留足 4～5 m² 苗床。苗床宽 1.0～1.2 m，沟宽 0.4 m，沟深 10～15 cm，采用中、小拱棚塑料薄膜覆盖。

就地取材配制苗床土，一般可选用水稻土或近 3 年内未种植葫芦科作物的园土 60%～70%、腐熟有机肥 30%～40%、复合肥 0.1% 拌匀，力求苗床肥沃、疏松和良好的通透性。

2. 浸种催芽

播前种子采用温汤浸种方法进行处理。首先，将南瓜种子在 55℃温水中浸种 15 min，然后转入 30℃左右温水中继续浸种。也可以将种子经晾晒后用 50%多菌灵 WP 500 倍液浸泡 30 min，再在清水中浸种 3～4 h。浸种后，洗净种子，然后用拧干的湿毛巾或湿纱布包裹，在 28℃左右条件下催芽。当种子胚根长出，"露白"种子达到 50%以上时，即可播种。

3. 播种育苗

播种时选择晴天进行。播种前，先用营养土装填穴盘或营养钵，浇足底水，然后将催芽的种子直播于营养钵内，种子平放、胚根朝下，覆土 1.5 cm 左右。播种后覆盖地膜保温保湿，当气温在 30℃以上时，可以在膜上覆盖遮阳网或草帘。当有 30%左右种子出土时揭去地膜，并通过通风、控水降低苗床温、湿度，对于"戴帽"的种子宜在早晨湿度较高时用手轻轻去除种壳，中午在温度较高时可适当遮盖遮阳网，避免强光直射和高温。定植前一周，应逐步增加光照强度炼苗，以增强瓜苗耐强光和耐高温的能力。

（四）定植

定植前 7～10 d 整地施肥，按每亩施入腐熟农家肥 1500～2000 kg，或腐熟饼肥 100～200 kg 作基肥，混匀撒施翻耕入土，畦中开沟施入复合肥（N：P_2O_5：K_2O=15：15：15）10～20 kg、钾肥 5 kg，耕耙碎土后，作成畦宽 3.0 m（连沟）、沟深 30 cm 深沟高畦，以利于排灌。

播种后 10 d 左右，子叶完全展开、真叶半展开后即可定植，也可以在秧苗具 3～4 片真叶时定植。定植应选择阴天或晴天傍晚进行。

山地南瓜可采用立架栽培，也可采用爬地栽培。采用立架栽培，定植时每畦栽 2 行，畦宽 2.8 m 左右，单蔓整枝，株距 0.4 m，折合每亩栽种 1000 株左右；采用爬地栽培，行双蔓整枝，每亩定植 500 株左右。定植时子叶宜高出土面 2 cm 左右，并浇定根水。

（五）田间管理

1. 中耕除草

南瓜生育期间，一般除草 2～3 次，前 2 次在伸蔓前进行，第 3 次可在第 2 次之后 5～7 d 内进行。结合除草可进行中耕培土，以提高地温，保根、壮秧。中耕时要注意由浅入深,不要铲动秧苗土块,以免伤根。

2. 植株调整

南瓜坡地栽培大多不需搭架,只在伸蔓时搁放竹梢或柴梢,不使南瓜贴地即可。

山地大田栽培多需搭架,每亩需支杆 1200～1400 根,杆长 250 cm,以平棚、"人"字架栽培居多,架高 200 cm 左右。

南瓜主蔓和侧蔓均能结瓜,对于第 1 雌花着生节位高品种,要在主蔓 5～6 节时摘心,以促进侧蔓生长。然后根据空间选留 2～4 个强壮侧蔓结果,其余侧枝全部去掉。侧蔓上留瓜 1～2 个。对于第 1 雌花着生节位低的品种,在主蔓上的雌花坐果后进行摘心,再选留 2～4 个强侧蔓进行结果。南瓜由于枝蔓繁茂,除了适时摘除过多侧蔓外,还须牵蔓并固定,以避免拥挤及相互遮阴。爬地式栽培选留的侧蔓,还可用泥土压蔓,一般当蔓长 60～70 cm 时进行,以后每隔 50 cm 压蔓 1 次,共 2～3 次,使瓜蔓分布均匀并促进不定根的发生。

3. 水肥管理

南瓜根系发达,生长发育需肥需水量较大,每亩对三要素的需肥量为 N 10 kg、P_2O_5 4 kg、K_2O 12 kg 左右,一般年份生长期应根据实际情况灌水 2～3 次,追肥 3～4 次。生产上可根据土壤肥力状况多施土杂肥、有机肥和高钾型复合肥作为基肥,田间追肥一般在伸蔓后距茎蔓基部 20 cm 处开沟,每亩施硫酸钾复合肥 10～15 kg、尿素 5 kg,施肥后浇水覆土。封行之前重施追肥一次,以促进叶蔓、雌花和果实生长。以后视田间长势及采果情况,再追施 2～3 次。有条件的最好采用微灌施入,施肥量减半。结果盛期,应根据植株生长情况,追施叶面肥。

(六)采收

南瓜嫩瓜鲜嫩、质佳,成熟后则质粉、味甜,生产上既可采收嫩瓜,也可采收老熟瓜。嫩瓜一般在授粉后 15 d 左右采收上市,摘瓜时要轻拿轻放,小心勿损伤叶蔓,分批分期采收;老熟瓜在雌花授粉后 35～45 d 采收上市,摘瓜时最好留 2～3 cm 果柄,以利于储藏。采后包装、搬运、装卸环节应有保护,切勿抛滚碰撞。

第三节　山地黄瓜栽培技术

黄瓜(*Cucumis sativus*),别名胡瓜,属葫芦科甜瓜属 1 年生攀缘草本植物,具有产量高、效益好等特点,栽培面积和消费量很大,其以嫩果为食用部分,富含碳水化合物、蛋白质、维生素等营养成分及钙、磷、铁等矿质元素,营养丰富。果实可鲜食、凉拌、炒食,还可加工盐渍、酱渍等,是我国重要蔬菜作物之一。

一、特征特性

黄瓜果实为瓠果，常为筒形或长棒形。嫩果颜色绿色、深绿色、绿白色、白色等，果面光滑或具棱、瘤、刺。其根系入土较浅，为浅根系作物，根系好气性强、吸收水肥能力弱，生产上要求土壤肥沃、疏松透气；根系维管束鞘易于发生木栓化，断根后再生能力差，故黄瓜适宜直播，育苗移栽时应采用容器（营养钵、穴盘、营养块等）育苗，并掌握宜早、宜小定植。黄瓜茎蔓生，易折损，苗期直立，6～7 片叶后，开始匍匐或攀缘生长，生产上须进行支架或吊蔓。多数黄瓜品种的茎为无限生长类型，顶端优势明显。一般植株坐瓜前，易于形成侧枝，生产上应注意整枝打杈，生长的中后期侧枝一般难以抽生。子叶长椭圆形、对生；真叶掌状全缘、叶片大而薄，蒸腾量大，加上根系吸水能力差，栽培过程中需水量大。多数黄瓜品种雌雄同株异花，花朵腋生。一般而言，第 1 雌花着生节位越低、雌花节比例越高，对于黄瓜早熟、丰产越有利，这是评价黄瓜品种的重要指标。

黄瓜为喜温作物，生长适温一般以白天 22～32℃、夜间 15～18℃为宜。种子发芽的最适温度为 25～30℃，高于 35℃发芽率降低，低于 12℃不发芽。黄瓜健壮生长的适温为 10～30℃（包括昼夜温度），低于 5℃黄瓜难以适应，但经低温处理的种子或经锻炼的幼苗可耐 3℃的低温，黄瓜嫁接后也可耐 2～3℃的低温。黄瓜对地温的反应敏感，地温不足，根系不伸展，吸收水肥能力受抑制，地上部生长弱，叶色变黄。根系生长的适温为 25℃左右，低于 12℃或高于 35℃，根系停止生长。

黄瓜喜湿、怕涝、不耐旱。一般要求土壤相对含水量为 70%～90%，空气湿度为 80%～90%。不同生长时期对水分的要求不同。发芽期水分不宜过大，以免引起种子腐烂；幼苗期为防止寒害沤根和徒长，苗土湿润即可；初花期应根据促控结合的原则，协调好水分与温度、坐果与营养生长的关系；结果期应有充足的肥水供应。

黄瓜喜光耐弱光，若光量为自然光的 1/2，同化量基本不受影响，但降至自然光的 1/4，易引起化瓜现象。黄瓜属短日照植物，在 8～10 h 的日照和较低的夜温下，有利于雌花的分化。

黄瓜根浅，根群弱，好气性强，栽培宜选耕层深厚，富含有机质，营养丰富，疏松透气，能灌能排，保水保肥强的壤土。在沙土中黄瓜容易出现早衰，而在黏土中前期生长比较缓慢。黄瓜对土壤酸碱度的要求一般为 pH 5.5～7.6，以 6.5 为好。

黄瓜结果期长，产量高，根、茎、叶等各个器官生长量大，因而对矿质营养需要量也大。施肥管理以氮、磷、钾为主，还应注意平衡施肥。一般每形成 1000 kg 产量，需吸收 N 2.8 kg、P_2O_5 1.2～1.8 kg、K_2O 3.3～3.4 kg、CaO 3.1 kg、$MgCl_2$ 0.7 kg。

二、生产茬口

黄瓜具有喜温、喜湿、喜肥的特性，但又忌高温、忌渍涝。从播种到采收需有效积温 800～1000℃，我国南方海拔 200～1800 m 区域山地均可种植，其主要生产茬口见表 5-3。长江流域，海拔 200～400 m 丘陵山地，可以种植春、秋两季。其中，春季一般 3 月中旬～4 月上旬播种育苗，6 月上旬开始采收；秋季栽培一般 8 月上中旬播种，9 月中下旬开始采收。海拔 500 m 以上山地，多利用垂直式地理气候差异，进行越夏露地栽培，一般 4 月中旬～7 月上旬分批播种，7 月中旬～9 月上旬采收，实行错季生产。实践中，也可以与其他蔬菜进行套种栽培。各地可以依据黄瓜生长适宜温度、生产条件及市场需求，灵活确定播种期。

表 5-3　南方部分省份山地黄瓜主要生产茬口

茬口类型	区域及海拔	播种期	定植期	采收期	栽培方式
早春茬	东南（浙江、江西）200 m 左右	3 月中旬～4 月上旬	4 月下～5 月上旬	6 月上旬～8 月下旬	设施
秋茬	东南（浙江、江西）500 m 以下	8 月上中旬	直播	9 月中下旬	设施
越夏茬	东南（浙江）500～1000 m	4 月中旬～7 月上旬	育苗/直播	7 月中旬～9 月上旬	露地
	西南（贵州）1200～1800 m	6 月中下旬	7 月中下旬	8～10 月	露地
	华中（湖北）800～1400 m	4 月下旬～5 月上旬	5 月中旬～6 月中旬	7 月下旬～9 月中旬	设施
	华中（安徽）500～1000 m	5 月下旬～6 月中旬	6 月中旬～7 月上旬	7 月初～8 月中下旬	露地
	西南（云南、四川）800～1500 m	4～6 月	5～7 月	8～11 月	露地

本节重点介绍山地黄瓜露地越夏栽培技术。

三、栽培要点

（一）地块选择

根据黄瓜生长发育对温度的要求，山地黄瓜越夏露地栽培宜选择在海拔 500 m 以上的山地或高山台地种植，并以西南坡向的地块为好。应选择土层深厚、土质疏松肥沃、地势较高、交通方便、排灌便利的微酸性壤土或沙壤土栽培。

（二）品种选择

黄瓜山地越夏露地栽培应选择适应性广、抗病抗逆性强、耐热、丰产优质的黄瓜品种，如'津优1号'、'津绿4号'、'中农8号'、'万吉'、'雅美特'、'鄂黄瓜3号'、'夏丰1号'、'白玉2号'等，现将部分品种介绍如下。

1. 津优1号

早熟，从播种到采收约70 d。植株生长势强，以主蔓结瓜为主，第1雌花着生在第4节左右。瓜条长棒形，长约36 cm，单瓜重约200 g。瓜皮深绿色，瘤明显，密生白刺，果肉脆甜无苦味。抗霜霉病、白粉病和枯萎病。

2. 津绿4号

早熟，从播种到采收约60 d。植株生长势强，叶深绿色，以主蔓结瓜为主，第1雌花着生在第4节左右。瓜条长棒形，长35 cm左右，单瓜重约200 g，瓜把短，瓜皮深绿色，瘤显著，密生白刺。果肉绿白色、质脆，品质优，商品性好。对枯萎病、霜霉病、白粉病抗性强，耐热性强。

3. 中农8号

中熟。生长势强，株高220 cm以上，分枝较多，叶色深绿。普通花型，主侧蔓结瓜，主蔓第4～第6节着生第1雌花，以后每隔3～5节出现一雌花。瓜条顺直，刺密，把短，瓜长35～40 cm，横径3.0～3.5 cm，单瓜重200 g左右。瓜皮色深绿，有光泽，质脆味甜，风味清香，品质佳。抗霜霉病、白粉病、黄瓜花叶病毒、枯萎病、炭疽病等多种病虫害。

4. 万吉

中熟，全生育期100 d左右。主蔓第10～第12节着生第1雌花。瓜条棍棒形，长30～32 cm，横径7 cm，单瓜重600～800 g。瓜皮墨绿色、有光泽，刺疏。果肉白色，肉厚1.8～2.3 cm，肉质脆、无苦味，品质佳，商品性好，耐储运。易感病毒病、霜霉病，较耐寒，不耐热。

5. 鄂黄瓜3号

早熟，春播全生育期115 d左右。植株长势中等，节间短，分枝弱。第1雌花节位在主蔓第2～第4节，以主蔓结瓜为主。瓜呈圆柱形，条形直，瓜把粗短，瓜长30 cm左右，横径4.2 cm，单果重320 g左右。瓜皮底色绿白，肉厚1.2 cm左右，瓜把部分有浅条纹，少刺，瘤较大，浅棱。较耐寒、耐弱光。

6. 夏丰 1 号

早熟。植株生长势强，一般不分枝，叶深绿色。第 1 雌花着生于第 4~第 5 节，早春播种有时会出现两性花。瓜条长棒形，长 30~35 cm，横径 3.3 cm，单瓜重 180~270 g。瓜皮深绿色、无棱、无瘤，密生白刺，无杂色花斑及黄条，果肉黄绿色，质脆味甜，品质佳。抗霜霉病、白粉病，较抗枯萎病，不耐寒，较耐热、耐涝。

7. 白玉 2 号

早熟杂交白皮黄瓜。第一雌花着生在第 4~第 6 节。瓜条直，圆柱形，无瓜把，瓜长 30~35 cm，横径 4 cm 左右，单瓜重 250 g 左右。瓜皮白绿色，腔小肉厚，肉质紧密，清香脆嫩，无苦涩味，适宜生吃，品质好，耐储运。抗病性较强，较耐低温弱光。

8. 雅美特

荷兰引进水果黄瓜品种。无限生长类型，植株生长旺盛，拔节短，节节有瓜，每节 1~2 瓜。瓜条圆柱形，顺直，长 13~17 cm。瓜色暗绿，光滑无刺，色泽亮丽，极耐储运。高抗黄瓜花叶病毒、白粉病、枯萎病，耐寒耐热，适应性强。

（三）育苗

为提高生产效益，山地黄瓜越夏栽培的产品上市期通常应安排在 7~9 月当地夏季蔬菜市场淡季，因此，各地应根据山地海拔、生产茬口等实际情况，合理安排播种育苗时间。黄瓜为典型的喜温类蔬菜，生产上适宜的播种时间一般以当地气温稳定通过 15℃较为合适。通常，海拔 500 m 以上的中海拔地区可在 4~5 月安排播种。随着海拔的升高，播种期应适当推迟。对于海拔 1000 m 以上的高山地区，露地育苗或直播时间一般应安排在 5 月中旬~6 月中旬进行。

山地黄瓜育苗可采用苗床点播育苗和营养钵育苗两种方式。

1. 营养土配置

选择地势较高、水源方便的地块设置苗床。苗床土配制因地取材，一般可选水稻土或近 3 年内没有种植过葫芦科作物的园土 60%~70%、腐熟有机肥 30%~40%，复合肥 0.1%拌匀，堆制 15 d 以上。使用前调节水分，确保营养土肥沃、疏松和良好的通透性。有条件的可以选用商品育苗基质育苗。

2. 种子处理

播种前采用温汤浸种方法进行种子处理。先将黄瓜种子在 55℃温水中浸种 15 min 左右，然后转入 30℃左右温水中继续浸种 3～4 h；也可将种子经晾晒后用 50%多菌灵 WP 500 倍液浸泡 30 min，用清水洗净后再温水浸种 3～4 h。经过消毒处理的种子用拧干的湿毛巾或湿纱布包裹，在 28℃左右条件下催芽。当种子胚根长出，"露白"种子达到 50%以上时，即可播种。

3. 播种

播种时选择晴天中午进行，可以采用营养钵或苗床。播种前先将营养钵或苗床浇足底水，然后将催芽的种子直播于营养钵或苗床内，胚根朝下、种子平放，覆盖 1.5 cm 左右营养土，播种后覆盖地膜，加盖小拱棚。如果播种后出苗前气温在 30℃以上，应在小拱棚上覆盖遮阳网或草帘。约 30%种子出土后，揭去地膜，降低床内温、湿度，避免产生"高脚苗"，若有带"帽"种子，在早晨湿度较高时用手轻轻去除种皮。苗期应注意预防猝倒病。定植前一周，应逐步增加光照强度炼苗，以增强瓜苗耐强光和耐高温的能力。

（四）定植

1. 整地施基肥

基肥应以优质有机肥、化肥、复混肥等为主。结合整地，每亩施腐熟厩肥 3000～4000 kg、三元复合肥（15-15-15）30～40 kg、硼砂 1 kg，沟施于黄瓜种植行间或全田撒施，同时撒施生石灰 50～100 kg 调节土壤酸碱度，作深沟高畦，畦宽（连沟）130～150 cm，畦宽 90 cm 左右。

2. 定植

播种后 25～30 d，株高 15 cm 左右，3～4 叶 1 心时即可定植。移栽时选择子叶完好、节间短粗、叶片浓绿肥厚、根系发达的健壮幼苗，株距 30～35 cm，行距 75 cm，每亩栽 2000～3000 株，定植后浇 1 次定根水，可在定根水中加 50%多菌灵 WP 500 倍液可预防根部病害。采用苗床点播时，宜在秧苗具 1～2 片真叶时带土定植。

（五）田间管理

1. 水肥管理

定植或齐苗后用 10%腐熟人粪尿提苗。黄瓜生长对水分要求较高，苗期不旱不浇水。根瓜采收后植株进入盛瓜期，需水量增加，须加强水分管理，根据季节、植株长势、天气等因素调整浇水间隔时间。可在田边地头挖掘坑穴，聚雨水、山泉水以应对干旱；有条件的地区最好能安装滴灌设施。

结瓜初期，结合浇水追肥 1～2 次，结瓜盛期一般每采 2～3 批瓜（间隔 10 d 左右）追肥 1 次，每亩施高钾中氮低磷复合肥 10～15 kg，此外用 0.5％磷酸二氢钾和 1％尿素液进行叶面喷施 2～3 次。整个生长期间，应根据黄瓜生长特点和平衡施肥要求，掌握"前轻后重，少量多次"的原则进行追肥，即在黄瓜生长前期少施，结瓜盛期多施、重施。施肥以腐熟稀薄农家肥和复合肥为主，生育期内每亩施三元复合肥 100 kg 左右。

2. 中耕除草

在黄瓜引蔓上架前，对于未采用地膜覆盖栽培的地块，需进行浅中耕 1～2 次，并结合中耕除草，进行清沟培土，用枯草覆盖畦面。畦面铺草可降低地温、保水保肥保土、防草害，是山地黄瓜获得优质高产的有效途径之一。

3. 植株调整

当黄瓜有 6 片真叶、株高 25 cm 左右时，植株开始"吐须"抽蔓，需及时搭"人"字架、绑蔓。架材长度不低于 2.5 m，插好支架后，随着植株生长进行引蔓、绑蔓，并及时采摘根瓜以促进植株生长。绑蔓可采用塑料绳、稻草等材料，以"∞"形把瓜蔓与架材缚牢，每隔 3～4 节应绑蔓 1 次。

黄瓜以主蔓结瓜为主，但部分品种在生长前期有少量侧枝发生，为了集中养分供应主蔓生长，需及时整枝。整枝时，应根据生长状况，剪去主蔓着生的腋芽和侧蔓，留下叶片。根瓜以下侧枝全部剪除，当主蔓 25～30 片叶时进行摘心，以促进侧蔓生长，使其多开花、多结瓜，提高单株产量。生长中后期要及时摘除病叶、老叶、畸形瓜，促进通风透光，减少病害，增强植株生长势。

（六）采收

黄瓜以嫩果供食用，连续结果，陆续采收。其果实发育速度较快，通常情况下，田间定植到始收的时间约为 40 d。雌花从开花坐果到适宜商品采收标准的时间通常为 7～10 d。生产上，黄瓜商品果实采收期应根据市场消费习惯确定，一般当果实花端果棱颜色变浅时采收。

全田采收完毕后要及时清园，将植株藤蔓清理出田间，并集中销毁。

第四节　病虫害防治技术

一、主要病害

山地瓜类蔬菜生产上常见的病害有瓜类白粉病、瓜类炭疽病、黄瓜霜霉病、瓜类枯萎病、黄瓜细菌性角斑病、黄瓜疫病、瓜类猝倒病、瓜类病毒病、根结线虫病等。

（一）瓜类白粉病

1. 症状

主要为害叶片，其次是叶柄和茎蔓。发病初期，一般是下部叶片正面或背面长出小星点白粉状霉斑，没有明显的边缘，叶片也没有显著的变色坏死。病斑逐渐扩大、厚密，不久连成一片，往上部叶片、叶柄和茎蔓延。发病后期整叶布满白粉。严重时叶片黄褐色干枯，但不落叶。叶柄和茎的症状与叶片相似，但白粉较少。

2. 发病特点

由子囊菌门真菌引起，病菌以闭囊壳随病残体遗留在田间越冬，借气流和雨水传播，萌发产生出芽管直接侵入寄主体内。一般在气温 16～24℃、空气相对湿度 45%～75%时，病情发展快。

植株生长中后期为害较重。密度过大，光照不足，氮肥过多，植株徒长，排水不畅的田块发病严重。

3. 药剂防治

发病初期，可选用 42.4%唑醚·氟酰胺 SC 3500 倍液，或 10%多抗霉素 WP 1500 倍液，或 10%苯醚菌酯 SC 3000 倍液，或 29%吡唑萘氨·嘧菌酯 SC 1500 倍液，或 12.5%烯唑醇 WP 2000 倍液等药剂，每 7～10 d 喷 1 次，连续 2～3 次。注意药剂的选择和轮换使用。

（二）瓜类炭疽病

1. 症状

主要为害西瓜、甜瓜和黄瓜，整个生育期均可发病，以植株生长中后期发病较重，主要为害叶片，茎蔓和瓜果也可受害。成株期发病，初叶片出现水浸状小斑点,随病情发展扩大成淡褐色至深褐色近圆形病斑,周围有黄色晕圈。潮湿时病斑上产生黑色小粒点,其上有橘红色黏稠状物。干燥时易穿孔破裂,多数病斑相连后致叶片早枯。茎蔓或叶柄发病,初为黑褐色梭形或短条状稍凹陷病斑,上有黑色小粒点,扩展后病斑绕茎蔓或叶柄一周,致病部以上叶片或植株枯死。果实发病呈水渍状淡绿色小点,后发展为近圆形深褐色病斑,略凹陷,后期导致瓜果腐烂。

2. 发病特点

由葫芦科炭疽菌引起,通常近地面叶片先发病。病菌主要以菌丝体或拟菌核在种子上或随病残体遗落在土壤中越冬,通过雨水溅射传播侵染。在温度为 22～27℃、相对湿度 85%～95%的环境条件下,病害易流行。

连作地块,地势低洼、排水不良或氮肥偏施,发病严重。该病既可在田间发生,也可在采收、储运、销售过程中继续发生,造成大量烂果。

3. 药剂防治

参见第四章第三节菜豆炭疽病部分相关内容。

(三)黄瓜霜霉病

1. 症状

由古巴假霜霉引起的真菌性病害。苗期和成株期均可发病,主要为害叶片。子叶被害,初叶正面出现不规则褪绿黄斑,后扩大变黄干枯。真叶染病,叶缘或叶背出现水渍状病斑,以后病斑逐渐扩大,受叶脉限制,呈多角形浅褐色或黄褐色病斑;湿度大时,病斑背面长出灰黑色霉层。后期病斑破裂或连片,致叶缘卷缩干枯。

2. 发病特点

发病适温 27℃,高温高湿、叶缘吐水和叶面结露,有利于发病。地势低洼,土壤黏重,栽培过密,生长势弱,通风不良,田间湿度大,都能加重病害发生。

3. 药剂防治

苗期至发病前,每亩可用 5%百菌清粉尘剂 1 kg,每 9～10 d 喷 1 次。

发病初期可用 70%代森联 DF 500 倍液,或 22.5%啶氧菌酯 SC 2000 倍液,或 30%烯酰吗啉 SC 1000 倍液,或 72%霜脲•锰锌 WP 600 倍液,或 69%安克•锰锌 WP 1000 倍液等药剂,每 7～10 d 喷 1 次,连续 2～3 次。

（四）瓜类枯萎病

1. 症状

瓜类枯萎病又称为萎蔫病、蔓割病，为系统性病害，整株发病。苗期发病，子叶变黄萎蔫，重病株茎基部变褐缢缩，植株枯萎，多数猝倒。成株期发病，病株叶片自下而上似缺水状逐渐萎蔫，晴天中午尤为明显，早晚尚可恢复。数日后，整株叶片枯萎下垂，不再恢复正常，最终枯死。病株茎蔓基部稍缢缩，纵向产生裂口，溢出琥珀色胶状物。湿度大时，表面产生白色或粉红色霉层。病株维管束呈褐色。

2. 发病特点

由尖孢镰刀菌引起的真菌性病害。病菌主要以菌丝、厚垣孢子和菌核在土壤中和未腐熟的带菌肥料中越冬，通过根部伤口或根毛顶端细胞间隙侵入，靠带菌土壤传播，病残体、病粪及种子亦可传病。发病适温 25～30℃，土壤持水多、湿度大时，发病重。

耕作粗放、氮肥过多、土壤偏酸、连作地块，有利于病害发生。成株期间温暖多雨、排水不畅，或浇水频繁、水量过多，病害发生严重。

3. 药剂防治

药液灌根。在发病初期或发病前，可用 60%唑醚·代森联 WDG 1500 倍液，或 22.5%啶氧菌酯 2000 倍液，50%多菌灵 WP 600～1000 倍液，或用 3%甲霜恶霉灵 AS 300 倍加 72%霜脲·锰锌 WP 300 倍混合液灌根，每株 250 ml，每 7～10 d 灌 1 次，连灌 2～3 次。

（五）黄瓜细菌性角斑病

1. 症状

主要为害叶片，也能为害瓜条和茎蔓。幼苗期发病，在子叶上产生圆形或卵圆形水浸状凹陷病斑，略带黄褐色，后变褐干枯；真叶被害，初为针头大小水浸状斑点，病斑发展因受叶脉限制，而呈多角形、黄褐色。湿度大时叶背溢有乳白色黏液，即菌脓，干后为一层白膜，或白色粉末状。病斑后期易开裂穿孔（霜霉病后期一般不会穿孔）。瓜条、叶柄及茎蔓上的病斑也为水浸状，近圆形，后变为淡灰色，病斑中间常产生裂纹。幼瓜被害后，常腐烂早落。潮湿时瓜条上的病斑可产生菌脓，病斑可向瓜条内部扩展到种子。病瓜后期腐烂，有臭味（区别于霜霉病）。

2. 发病特点

由丁香假单胞杆菌引起的细菌性病害。病原菌在种子内外或随病残体在土壤中越冬。播种带菌种子，种子发芽后即可侵染子叶，引起初侵染。出苗后子叶发病，在病部溢出的菌脓，借雨水、昆虫和农事操作传播蔓延，从气孔、水孔和伤口侵入，进行多次重复侵染。黄瓜细菌性角斑病发病的重要条件是湿度，露地黄瓜 5~6 月雨后发病重，保护地黄瓜在低温、高湿、重茬地温室、大棚发生严重，尤其是叶片上有水珠或结露时间长，病害发生严重。此外，地势低洼、排水不良或浇水量过大、保护地通风不良、湿度过大也有利于发病。

3. 药剂防治

发病初期，用药防治可减轻危害。常用药剂有 30%琥珀酸铜 WP 500 倍液，或 70%琥·三乙磷酸铝 WP 600 倍液，或 14%络氨铜 AS 350 倍液，或 77%可杀得 WP 400 倍液，或 72%农用硫酸链霉素 SP 1000 倍液，或 33.5%喹啉铜 SC 1000 倍液等。每 7 d 喷 1 次，连续 3~4 次。注意喷药前先摘除病叶、病瓜，带离田间销毁。

（六）黄瓜疫病

1. 症状

幼苗期至成株期均可发病。幼苗染病，嫩茎初出现暗绿色、水浸状腐烂，逐渐缢缩干枯，呈线状。成株期主要为害茎基部、嫩茎节部，初为暗绿色水浸状，以后变软，明显缢缩，病部以上叶片逐渐枯萎。叶片染病，多从叶尖或叶缘开始，初为暗绿色水浸状病斑，逐渐扩大呈近圆形，空气潮湿，病害发展快，常出现全叶腐烂，干燥时病部青白色，易破裂。瓜条染病，初为水浸状凹陷斑，很快扩展至全果，病部皱缩呈暗绿色软腐，表面长有稀疏灰白色霉层，最后病果迅速腐烂。

2. 发病特点

由疫霉菌引起的真菌性病害。病原菌以菌丝体、卵孢子随病残体在土壤、粪肥或附着在种子上越冬，主要靠雨水、灌溉水、气流传播。在连续阴雨、高温高湿的条件下易发病。地势低洼、排水不良、重茬种植，发病严重。

3. 药剂防治

缓苗后及发病初期，可用 4%嘧啶核苷类抗菌素 AS 400 倍液，或 36%甲基托布津 SC 500 倍液，或 72.2%普力克 AS 600~700 倍液，或 64%杀毒矾 WP 500 倍液，或 58%甲霜灵锰锌 WP 600 倍液等药剂，每 5～7 d 喷 1 次，连续 2～3 次；还可用 25%甲霜灵 WP 800 倍液加 40%福美双 WP 800 倍液 1：1 混合灌根，每 5～7 d 灌根 1 次，连续 3～4 次。

（七）瓜类猝倒病

1. 症状

主要表现为幼苗茎基部或胚轴中部初呈水渍状，后病部变为黄褐色干枯或缢缩呈线状，往往子叶尚未凋萎即引起猝倒，幼苗大量倒伏，一拔即断。有时幼苗出土前胚芽和子叶便已变褐腐烂。湿度大或气温高时，病苗残体及附近土表长出一层白色絮状物（菌丝）。

2. 发病特点

参见第三章第四节猝倒病部分内容。

3. 药剂防治

参见第三章第四节猝倒病部分内容。

（八）瓜类病毒病

1. 症状

整个生育期均可发病。植株受害一般多表现为花叶、黄化、皱缩、绿斑、坏死等，叶片上形成鲜黄色病斑，大小不一，形状不定，边缘清晰，有的沿叶脉褪绿呈黄白色，使叶片呈现网纹状。

几种病毒复合侵染后显症复杂，且发病较重。花叶型：叶片黄绿相间，绿色部分突起，形成疱斑，植株矮化，叶片及果实小且畸形，果面凹凸不平。蕨叶型：叶片除具花叶症状外，叶片像被撕裂成条，呈鸡爪或皱缩呈鸡冠状。矮化型：植株节间缩短，矮化，顶端皱缩，叶片发黄，导致逐渐干枯、死亡。

2. 发病特点

参见第三章第四节病毒病部分内容。

3. 防治措施

参见第三章第四节病毒病部分内容。

（九）根结线虫病

1. 症状

苗期至成株期均可为害，主要为害根系。植株受害，初期根部形成小米粒状根结，随病情发展根结增多、变大，植株地上部分生长不良，表现为矮小、黄化、萎蔫或早枯，似缺肥水或枯萎状，果实畸形、小而少。黄瓜上有时不生根结状物，以线虫寄生于腐烂的根茎中。

2. 发病特点

参见第三章第四节根结线虫病部分内容。

3. 药剂防治

参见第三章第四节根结线虫病部分内容。

二、主要虫害

山地瓜类蔬菜主要虫害有瓜蚜、瓜绢螟、黄守瓜、朱砂叶螨、瓜蓟马、美洲斑潜蝇、小地老虎等。

（一）瓜蚜

1. 危害特点与生活习性

主要为害瓜类，还为害茄科、豆科、十字花科、菊科等蔬菜。以成虫及若虫群集在叶背和嫩茎上吸食植物汁液。瓜苗嫩叶及生长点受害后，叶片卷缩，瓜苗萎蔫，甚至整株枯死。成长叶受害，干枯死亡。老叶受害，提前枯落，结瓜期缩短，造成减产。瓜蚜为害可引起煤污病，影响光合作用，还可传播植物病毒病。

瓜蚜繁殖能力强，长江流域年发生20～30代。温度在10～30℃均可发育繁殖，最适温度16～22℃，温度超过25℃和相对湿度为75%以上对其繁育不利。瓜蚜对黄色有较强的趋性，对银灰色有忌避习性，迁飞和扩散能力强。

2. 防治措施

农业防治。彻底清除田间杂草，以及蔬菜残株、病叶等。在田间种植玉米等高秆作物，阻挡蚜虫迁飞和扩散。

生物防治。设施栽培条件下，可以利用瓜蚜寄生天敌蚜茧蜂、蚜小蜂和捕食性天敌瓢虫、草蛉、食蚜蝇、姬蜂等进行防治。

物理防治。在栽培地块设置黄板诱杀蚜虫；定植或播种前用银灰色膜覆盖或悬挂银灰膜布条，驱避防蚜。

药剂防治。可用 1%苦参碱 SL 1000 倍液，或 10%啶虫脒 SC 2000 倍液，或 2.5%功夫 EC 4000 倍液，或 22%氟啶虫胺腈 SC 1500 倍液，或 10%烯啶虫胺 AS 1500 倍液等药剂喷雾。注意：菊酯类农药一茬期间只用 1 次，以免蚜虫产生抗性；瓜苗对敌敌畏、吡虫啉敏感，应避免使用；各种药剂交替使用。

（二）瓜绢螟

1. 危害特点与生活习性

瓜绢螟又称为瓜螟、瓜绢野螟、棉螟蛾等。以幼虫取食为害。初孵幼虫为害叶片时，先取食叶片下表皮及叶肉，仅留上表皮。虫龄增大后，将叶片吃成缺刻，仅留叶脉。虫口密度高时，能将整片瓜地叶片吃光。幼虫取食瓜的表皮呈花斑状或麻皮状，也可钻入瓜内取食瓜肉，使瓜腐烂变质，造成严重经济损失。

以老熟幼虫或蛹在枯叶或表土越冬。幼虫最适宜发育温度 26～30℃、相对湿度为 80%～84%。幼虫遇惊扰有吐丝下垂转移习性，成虫夜间活动，稍有趋光性。8～10 月为盛发期，危害严重。

2. 防治措施

农业防治。田间管理过程中，人工摘除卷叶、蛀果，带出田外集中销毁。收获后及时清洁田间，以减少虫源。避免在前茬为瓜类、茄果类作物的田块种植；提倡水旱轮作。

药剂防治。可选用 2.5%多杀霉素 SC 1000 倍液，或 2%阿维·苏 WP 1500 倍液，或 5%氯虫苯甲酰胺 SC 1000 倍液，或 15%茚虫威 SC 4000 倍液，或 0.5%阿维菌素 EC 2000 倍液喷施。

（三）黄守瓜

1. 危害特点与生活习性

黄守瓜又称为瓜守、黄虫、黄萤，是瓜类蔬菜的主要害虫，南瓜、西瓜、黄瓜、瓠瓜等危害最为严重。成虫取食瓜苗的叶、嫩茎、花和幼果，引起死苗。成虫取食叶片时，在叶片上形成环形或半环形蛀食孔。幼虫孵化后在土中咬食幼苗支根、主根和茎基，导致瓜苗整株枯死，还可蛀入近地表的瓜内，引起瓜果内部腐烂，失去食用价值。

长江流域年发生 2～4 代。以成虫休眠越冬，多潜伏在向阳的杂草、落叶及土缝内，尤以前作为瓜地的土隙中密度最高。黄守瓜喜温、喜湿，我国南方地区夏季雨后常大量发生。

2. 防治措施

农业防治。彻底铲除瓜地周围的秋冬寄主和场所，铲平土缝、清除杂草及落叶，消灭越冬虫源。幼苗出土后用纱网覆盖。引蔓上架时，在植株周围撒一层厚约 1 cm 的石灰粉、草木灰或稻谷壳，防止成虫产卵和幼虫为害瓜苗植株根部。

药剂防治。成虫发生期，可用 10%氯氰菊酯 EC 1500～3000 倍液喷雾，也可用 90%敌百虫 EC 1000 倍液，或 20%氰戊菊酯 EC 2000 倍液喷防。防治幼虫可选用 90%敌百虫 EC 1500 倍液，或 50%辛硫磷 EC 1000～1500 倍液灌根。

（四）朱砂叶螨

1. 危害特点与生活习性

朱砂叶螨又称为棉红蜘蛛，为害瓜类、豆类、玉米等作物。主要以成螨、幼螨、若螨聚集于叶背面为害，为害叶片、花萼和嫩茎。受害叶片上出现大量细小白点，严重时叶片失绿枯死，叶片上有吐丝结网，植株早衰，形成小老果，严重影响瓜果质量和产量。

叶螨繁殖最适温度 25～30℃，最适相对湿度为 35%～55%，6～7 月为其危害盛期。干旱、少雨年份常发生严重。

2. 防治措施

农业防治。秋末铲除田间残枝败叶并烧毁。加强田间管理，干旱时注意灌水，增加菜田湿度，抑制其发育繁殖。合理增施磷、钾肥，增强作物长势。摘除受害严重的叶片，带离并集中销毁。

药剂防治。若虫发生期，可选用 1.8%阿维菌素 EC 5000 倍液，或 43%联苯肼酯 SC 3000～5000 倍液，或 20%丁氟螨酯 SC 1500 倍液，或 11%乙螨唑 SC 5000～7000 倍液，或 20%双甲脒 EC 1500 倍液等药剂，每 7 d 左右喷 1 次，连续 2～3 次。

（五）瓜蓟马

1. 危害特点与生活习性

以成虫、若虫锉吸瓜类作物的心叶、嫩芽、幼果的汁液，使植株的嫩芽、嫩叶卷缩，心叶不能正常张开。瓜类植株生长点被害后，常失去光泽，皱缩变黑，不能抽蔓，甚至死苗。幼瓜受害，常出现畸形，表面留有黑褐色疙瘩，瓜形萎缩，严重时造成落果。成瓜受害，瓜呈畸形，瓜皮有粗糙斑痕，极少茸毛，或带有褐色波纹或整个布满"锈"斑。

瓜蓟马孤雌生殖，雄虫极少见。以成虫和 1～2 龄若虫取食危害，老熟的 2 龄幼虫自动掉落地面后，从裂缝中钻入土中，3～4 龄若虫不食不动。

2. 防治措施

参见第三章第四节蓟马部分内容。

（六）美洲斑潜蝇

参见第四章第四节美洲斑潜蝇部分内容。

（七）小地老虎

参见第三章第四节小地老虎部分内容。

第六章　山地白菜类蔬菜栽培

白菜类蔬菜是指十字花科芸薹属、芸薹种以叶球、嫩茎和嫩叶（叶丛）为产品的一类蔬菜，在中国栽培历史悠久，品种资源丰富，味道鲜美可口，营养丰富，素有"菜中之王"的美称，为广大群众所喜爱，栽培面积与消费量在中国居各类蔬菜之首。白菜类蔬菜主要包括大白菜、小白菜、菜心等，对氮肥需求量较大（其中大白菜在莲座期之前），须根发达，包括部分大白菜在内的大小植株均可以栽培。

白菜类蔬菜以叶片为主要产品器官，产量高，生产栽培效益较高，因而也是我国南方山地蔬菜栽培的主要类型之一。这类蔬菜喜温和冷凉气候，不耐热，生长过程中适宜较大昼夜温差；植株生长量大，喜光照，生长发育过程中水分需求较多；根系比较发达，适宜疏松肥沃、耕层深厚、透气性良好壤土或沙壤土；由于同属十字花科，不同白菜类蔬菜之间具有相同的病害，生产上安排茬口时需要特别注意。

第一节　山地大白菜栽培技术

大白菜（*Brassica rapa* ssp. *pekinensis*）又名结球白菜，是十字花科芸薹属芸薹种的一个亚种，为我国的原产和特产蔬菜，全国各地普遍栽培，以华北地区为主要产区。大白菜包括结球变种、半结球变种和花心变种，其中结球变种栽培最为普遍。结球变种的品种类型也十分丰富，主要包括直筒型、卵圆型和平头型。大白菜以其细嫩甘脆、易种植、耐储藏等特性，在我国的蔬菜生产和消费中占有重要的地位，是人们秋冬季节餐桌上的美味佳蔬。在北方，大白菜被称为"当家菜"、"半年菜"。近几年，随着我国大棚、微灌等栽培设施的普及、新品种的引进与选育，大白菜在我国南方山区的栽培面积也在逐渐扩大，为解决蔬菜的春淡和秋淡问题起到了十分重要的作用。

一、特征特性

大白菜以叶球作为食用器官，叶片较大，在结球期之前都是向上开张生长，进入结球期以后，从顶生叶开始卷心并逐渐形成紧实的叶球。根系属于直根系，主根可达 60 cm，侧根多平行生长，分布在 30 cm 的土层内。根据生长发育时期的不同，大白菜的茎可分为幼茎、短缩茎和花茎，营养生长期主要是短缩茎，花茎产生后大白菜营养品质明显下降。

　　大白菜喜温及冷凉的气候条件，种子发芽适温为 20~25℃，幼苗生长的适宜温度是 22~25℃，莲座期适宜温度为 17~20℃，结球期的适宜温度为 12~22℃，32℃以上植株生长不健壮，10℃以下生长缓慢，5℃以下生长停止。大白菜属长日照植物，但大白菜产品器官对光周期要求不严格，相对而言，较短的日照有利于叶球形成。

　　大白菜叶片多，叶面角质层薄，水分蒸腾量大。发芽期和幼苗期需水量较少，但种子发芽出土需有充足水分；幼苗期根系弱而浅，天气干旱应及时浇水，保持地面湿润，以利幼苗吸收水分，并应防止地表温度过高灼伤根系。莲座期需水较多，掌握地面见干见湿，对莲座叶生长既促又控；结球期需水量最多，应适时浇水。结球后期则需控制浇水，以利产品储存。大白菜对土壤的适应性强，但在 pH 6.5~7.0 微酸性至中性土壤中生长最好。

二、生产茬口

　　大白菜喜冷凉、湿润的气候条件。目前生产上，我国南方山地栽培主要茬口安排如表 6-1 所示。其中，海拔 200 m 左右山地多采用早春茬设施栽培，一般在 2 月中旬保温育苗，5 月中旬~6 月上旬采收；秋茬 8 月下旬~9 月直播，露地栽培，11 月~翌年 1 月采收。海拔 600 m 以上山地大多采用露地秋茬栽培，一般每年 7 月中下旬~8 月上中旬播种，10 月上旬~11 月上旬采收。

表 6-1　南方部分省份山地大白菜主要生产茬口

茬口类型	区域及海拔	播种期	定植期	采收期	栽培方式
早春茬	200 m 左右	2 月中旬	3 月中旬	5 月中旬~6 月上旬	设施
秋茬		8 月下旬~9 月	直播	11 月~翌年 1 月	露地
春茬	200~600 m	3 月上中旬	直播/育苗	6 月上中旬	露地
秋茬		7 月中下旬~8 月上中旬	直播/育苗	10 月上旬~11 月上旬	露地
越夏茬	东南（浙江、福建、江西）600~1000 m	4 月中旬~6 月上旬	直播/育苗	7 月中旬~10 月上旬	露地
	华中（湖北）800~1800 m	3 月中旬~8 月中旬	直播/育苗	6 月上旬~11 月下旬	露地
秋茬	东南（浙江、福建、江西）600~1000 m	7 月中下旬~8 月上中旬	直播/育苗	10 月上旬~11 月上旬	露地
	华中（湖北）1000~1500 m	7 月中下旬~8 月上中旬	直播/育苗	10 月上旬~11 月上旬	露地
	西南（四川、重庆）1000~1500 m	7 月中下旬~8 月上中旬	直播/育苗	10 月上旬~11 月上旬	露地

在我国南方山区，湖北省长阳县、重庆市武隆县等是著名山地大白菜产区，其中重庆武隆高山大白菜已成为中国地理标志产品。2011 年，该县已建成标准化蔬菜基地 1.57 万 hm^2，全县蔬菜种植面积 2.06 万 hm^2。

本节重点介绍山地大白菜越夏茬露地栽培技术。

三、栽培要点

（一）地块选择

为保证山地大白菜优质稳产，在选择地块时应考虑合理轮作，大白菜不宜连作，也不宜与其他十字花科蔬菜轮作，最好选择前茬作物为瓜类、豆类、水生蔬菜及粮食作物等田地种植。选择适宜海拔和朝向的地块，如海拔 600～1800 m 的南方山地均可种植，地块所处位置朝向以东坡、南坡、东南坡为宜。种植的地块宜选择土层深厚、疏松肥沃、富含有机质、排灌方便、中性或微酸性沙性轻壤土。

（二）品种选择

目前，夏季大白菜生产上优良品种较多，山地种植要选择生长期短、耐热性和抗病性强、优质丰产、产品符合市场需求、商品性好的大白菜品种。各地由于栽培习惯和市场消费需求不同，栽培的品种也有明显的差异，如浙江省常用的品种主要有'早熟 5 号'、'早熟 6 号'等。湖北长阳、重庆武隆等地常用的品种主要有'丰抗 70'、'山地王 2 号'、'高冷地'、'改良京春白'、'春夏王'、'金锦三号'等。

1. 早熟 5 号

早熟，生长期 50～55d。株型小，株高 31 cm，开展度 40 cm×45 cm。外叶绿色，厚而无毛，叶面较皱。叶球白色，稍叠抱，球高 25 cm，横径 15 cm，单球重 1.0～1.5 kg，净菜率高，风味好。耐高温，耐湿，抗炭疽病、病毒病，耐霜霉病、软腐病，适应性强，可作小白菜或结球白菜栽培。

2. 丰抗 70

早中熟，生长期 70～75 d。株高 35～40 cm，开展度 55～60 cm，外叶淡绿色，皱缩，叶柄白色，柄宽 6 cm。叶球平头，叠抱呈倒锥形，球叶闭合，单株重 3.5 kg 左右。净菜率 75%，软叶率 52%。生长速度快，结球早，商品性好，高抗霜霉病、软腐病，较抗病毒病。

3. 春夏王

引自韩国，早熟，生育期 80～85 d。叶色深绿，叶数 50～60 片，结球紧实，叶球矮桩形，球高 25～30 cm，球径 8～15 cm，单球重 3 kg 左右。球形整齐一致，不易裂球，商品性好。抗寒性强，耐抽薹，在短时高温和低温影响下，不易引起结球不良或抽薹现象，抗霜霉病、软腐病、黑斑病、病毒病能力较强。

4. 高冷地

引自韩国，早熟，生育期 60 d 左右。株型直立紧凑，外叶少而色绿，球叶合抱，叶球呈标准炮弹形，球高 29～33 cm，球径 20～25 cm，单球重 2.0～3.5 kg。内叶嫩黄，结球紧实，品质佳，口感出色，运输时不易脱叶，商品性好。较耐低温、抽薹晚，抗根肿病、霜霉病和软腐病。

5. 山地王 2 号

引自韩国，早熟，定植后 60 d 左右成熟。外叶浓绿，叶球圆筒形，球高 26～30 cm，横径 18 cm，单球重 3 kg 左右，内叶嫩黄，品质佳。结球紧实，运输时不易脱叶，商品性好。较耐低温、抽薹晚，抗根肿病。

6. 改良京春白

早中熟，定植后 60 d 左右收获。植株较直立，外叶深绿色，稍皱，叶球平合抱，球高约 26.2 cm，球宽 16.8 cm 左右，单球重约 2.5 kg，球内叶浅黄色，品质佳。耐抽薹性强，高抗病毒病、霜霉病和软腐病。

7. 金锦三号

引自日本，早中熟，适宜温度下生育期 65 d。株型整齐一致，叶色较绿，球叶合抱，叶球炮弹形，球顶稍舒心，球高 38 cm，直径 21.3 cm，球叶数 63 片，单株重 4.5 kg 左右。包球紧实，内叶淡黄色，品质优良，耐储运。高抗根肿病。

（三）育苗

大白菜生产可采取直播或育苗移栽两种方式。各地应根据气候特点、栽培习惯、品种特性、目标上市期确定适宜播种期。

1. 直播

1）种子消毒

进行种子消毒可有效防治大白菜软腐病、黑腐病等。常用的消毒方式有两种：一是温水消毒，用 50～55℃热水烫种 10 min，期间不断搅动种子，之后自然冷却后晾干播种；二是药剂拌种，可按照种子重量 0.3%～0.4% 的剂量，用 25% 瑞毒霉 WP 或 70% 乙磷铝·锰锌 WP 干拌，然后均匀播种。

2）大田准备

土壤酸性地块在翻土前 10～15 d，每亩用生石灰 100～150 kg 撒施，具有调酸和抑制病菌的作用，也可每亩施用 50% 多菌灵 WP 1 kg 进行土壤杀菌。提前 15～30 d 对播种田地进行翻耕晒垡，每亩深施腐熟农家肥 4000～6000 kg、复合肥 20 kg，作为基肥，翻匀耙细，整地，作高畦，畦宽 1.0～1.2 m，畦沟深 20～25 cm，长度依地块而定。

3）播种方法

按照每亩用种量 50～100 g 准备大白菜种子。夏季大白菜一般选择晴天播种，挖长 10～15 cm、深 2～3 cm 种植穴，穴底要平，每穴播种 2～3 粒，并保持穴内种子 3 cm 左右的间距，浇透水，然后覆盖 0.5～1 cm 厚细土，搂平压实，大白菜穴距 33～37 cm，行距 45～50 cm，每亩栽种 3300～3700 株。浇水时可加入 50% 多菌灵 WP 500 倍液。有条件的地方，也可实行地膜覆盖栽培，但要注意出苗后，应及时破膜放苗，并用泥土封严膜口。

2. 育苗移栽

壮苗培育是大白菜栽培获得优质高产的基础。山地大白菜通过育苗移栽可以减少用种量、提高出苗整齐度、减少因雨水冲刷和地下害虫为害导致不出苗等现象的发生。

平畦育苗。选择距栽培地近、前茬不是十字花科蔬菜的地块设置苗床。播前苗床要进行土壤杀菌处理，每平方米可撒施硫酸铜 5～8 g，或 50% 福美双 WP 3～5 g。苗床面积依秧苗大小而定。一般每亩大田需准备 30 m² 苗床。苗床宽 1.0～1.2 m，长 10 m，沟宽 0.4 m，沟深 10～15 cm。

每平方米苗床底施腐熟有机肥 2 kg，复合肥 30 g，浅耕翻，耙平，作成平畦。多用撒播法，每平方米床面播种 2～3 g，覆细土 1 cm 厚、压实。播后至出苗前中午前后用草苫或遮阳网覆盖遮阴，防强烈日光暴晒。为防止床面板结，不宜浇大水，可 2～3 d 采取床面喷水一次。幼苗拉"十"字时，进行叶面追肥喷施 0.2% 尿素；子叶期、拉"十"字和 3～4 片真叶期进行间苗，最后一次间苗苗距达到 10 cm 左右。苗期采用纱网覆盖防治蚜虫，危害严重时用化学农药防治。

穴盘育苗。穴盘育苗出苗整齐，成苗率高，培养的大白菜苗根系发达，缓苗期短，适于长途运输，还可有效降低大白菜苗受土传病害和苗床杂草危害概率。

大白菜穴盘育苗一般采用 72 穴苗盘，宜用商品基质育苗，也可用草炭与蛭石 2:1 作基质，每穴播种 1～2 粒种子，深度不宜超过 0.5 cm，播后覆盖一层基质，浇水后不露种子即可。苗期正值高温季节，需每天淋水 2～3 次，后期随水加入适量氮肥，子叶期、拉"十"字和 3～4 片真叶期进行间苗，每穴只留 1 苗，播后 20～25 d 苗长至 3～4 片真叶时即可移栽。

移栽。定植前，要提前做好定植地块整地、施肥及作畦工作。定植时，每株菜苗带土坨移栽，株距 40～50 cm，栽植深度与原来的土坨高低一致，每亩栽3300～3700 株。移栽后，要及时浇足定根水。

（四）田间管理

1. 中耕除草

直播大白菜可结合间苗进行 3 次以上中耕除草，按照"头锄浅，二锄深、三锄不伤根"的原则进行。第一次中耕是在第二次间苗后（直播）进行，浅锄 2～3 cm，以锄小草为主；定苗后锄第二遍，以疏松土壤为主，深锄 5～6 cm；封垄前锄第三遍，利于莲座叶往外扩展。育苗移栽的浇过缓苗水后，连续中耕 2～3 次，待外叶封垄时，停止中耕。

2. 追肥

幼苗期大白菜根系不发达，需肥量不大，一般每亩追施尿素 5～7.5 kg。莲座期大白菜的生长量较大，一般每亩追施尿素 15～20 kg，草木灰 50～100 kg，肥料应施在植株行间，在植株边缘外开 8～10 cm 深的小沟施入。结球前期莲座叶和外层球叶同时旺盛生长，可每亩施用尿素 20 kg，还可叶面喷施 0.2%磷酸二氢钾水溶液。

3. 水分管理

夏季大白菜的播种期正值炎热季节，一般采用三水齐苗措施，即播后浇第一水，拱土浇第二水，苗出齐后浇第三水。浇水宜在早晨或傍晚进行，保证地面见湿不见干。幼苗期处于雨季，应及时排水。莲座期每 5～6 d 浇水一次，结球期每隔 8～9 d 浇水一次。有条件的每畦铺设 2 条滴灌带，进行微灌。

（五）采收

夏季大白菜从播种到结球一般需要 60～80 d，采收宜在早上进行。采收后的大白菜宜放在阴凉处，做好分级包装，防止机械损伤。一般每亩产量为 2500～4000 kg，高产可达 5000 kg 以上。夏季大白菜的结球期正值多雨季节，植株易感染病害，叶球易开裂。叶球长紧实后，包心达到七成以上时即可采收。此期气温较高，叶球内气温高，采收不及时易腐烂，采收后要及时销售。

第二节　山地娃娃菜栽培技术

娃娃菜，又称为微型大白菜，属于十字花科芸薹属白菜亚种，近几年深受国内消费者青睐。娃娃菜外形与大白菜基本一致,但外形尺寸仅为大白菜的 1/4~1/5,类似大白菜的仿真微缩版,因此被称为娃娃菜。

娃娃菜帮薄甜嫩,味道鲜美,营养价值和大白菜也基本相同,富含胡萝卜素、B 族维生素、维生素 C 以及钙、磷、铁等,其微量元素锌的含量在蔬菜中名列前茅,甚至超过肉、蛋中锌的含量。娃娃菜的药用价值也很高,中医认为其性微寒无毒,经常食用具有养胃生津、除烦解渴、利尿通便、清热解毒之功效。娃娃菜味道甘甜,色泽金黄,营养丰富,口感鲜美柔嫩,生、熟均可食用,是餐桌上的上品。

一、特征特性

娃娃菜属小株型、速生白菜类品种,单株净重 200 g 左右,适应性广,包心早、生长快、周期短。叶球多为合抱,结球叶尖为开放型,抱球疏紧适度,呈半结球状,帮薄叶大,适于精包装和长途运输。娃娃菜为半耐寒性蔬菜,根系发达。娃娃菜生育期为 45~55 d,商品球高 20 cm 左右、直径 8~9 cm。生长适宜温度 15~25℃,低于 5℃则易受冻害,抱球松散或无法抱球;高于 25℃则易染病毒病。在发芽和幼苗期要求温度稍高;对土壤要求较严,适宜在土层深厚肥沃、保水保肥力强的土壤栽培。

二、生产茬口

娃娃菜对播种期要求较严格,播种适宜温度为 10~20℃,播种过早则易引起抽薹,播种期过晚,则生长期短,结球不实,质量差,产量低。因此应根据气候条件、品种特性等来确定播种期。目前生产上,海拔 200 m 左右山地多采用早春茬设施栽培,一般在 2 月下旬播种,4 月中旬~5 月上旬开始采收。海拔 600 m 以上山地大多采用露地越夏栽培,一般每年 5 月底~7 月上中旬进行播种,最早 7 月中旬即可采收,夏季蔬菜秋淡时段上市,9 月上旬结束采收。

我国南方部分省份山地娃娃菜主要生产茬口如表 6-2 所示。

表 6-2　南方部分省份山地娃娃菜主要生产茬口

茬口类型	区域及海拔	播种期	定植期	采收期	栽培方式
早春茬	200 m 左右	2 月下旬	直播/育苗	4 月中旬~5 月上旬	设施
春茬	200~600 m	3 月中下旬	直播/育苗	5 月中下旬	露地
越夏茬	东南(浙江、福建、江西)600~1000 m	5 月底~7 月上中旬	直播/育苗	7 月中旬~9 月上旬	露地
	华中(湖北)1000~1600 m	5 月底~7 月上中旬	直播/育苗	7 月中旬~9 月上旬	露地
	西南(四川、重庆)1000~1500 m	5 月底~7 月上中旬	直播/育苗	7 月中旬~9 月上旬	露地

本节重点介绍山地娃娃菜露地越夏栽培技术。

三、栽培要点

（一）地块选择

选择透气性好、耕层深、土壤肥力高、排灌方便的壤土、沙壤土种植，以 pH 6.5～7.5 为宜。为避免病害的发生，不宜与其他十字花科作物连作。

（二）品种选择

目前栽培的娃娃菜品种多引自国外，各地栽培的品种或有差异，主要有下列品种。

1. 春玉黄

引自韩国，极早熟，生长期 48～52 d。植株圆筒形，上下一致，开展度小，外叶少；结球紧实，成熟一致，单株重 0.8～1.0 kg；外叶浓绿，内叶嫩黄，口味特佳，商品性好，耐储运；耐寒，耐抽薹，抗病性强；适宜密植，每亩定植 10 000 株。

2. 高丽贝贝

引自韩国，极早熟，全生育期 55 d 左右。株型直立，开展度小，结球紧实，外叶少；球高 20 cm 左右，直径 8～9 cm，单球重 100～350 g；外叶深绿，内叶深黄，帮薄甜嫩，品质优良，商品性极强；耐热、耐湿、耐抽薹，抗病性强；适宜密植，每亩定植 10 000～12 000 株。

3. 高丽金娃娃

引自韩国，极早熟，全生育期 55 d。株型直立，开展度小，结球紧实，外叶少；球高 20 cm 左右，直径 8～9 cm；外叶绿，内叶金黄，球形美观，整齐度好；抗病、抗逆性较强，耐抽薹，适应性广。

4. 京春娃娃菜

极早熟，定植后 45～50 d 收获。株型较小，半直立，叶球合抱，筒形，球高约 15 cm，直径约 5 cm，单球 200～300 g；外叶浅绿，内叶浅黄色，上下等粗，品质极佳；抗病毒病、霜霉病和软腐病，耐抽薹性强，结球早；适于密植，每亩定植 10 000 株。

另外还有'京春娃二号'、'迷你星二号'、'金福'、'红孩儿'、'黄宝宝'、'鲁春白一号'等品种。

（三）育苗

1. 播种

5月底～7月上中旬播种育苗，一般选用72孔穴盘基质育苗，以保证秧苗有足够的生长空间，每亩大田用种量40～50 g。若采用直播则每亩用种量为100 g，每畦播4行，按照行、株距15 cm进行点播，每穴播2～3粒种子，播种深度为1～1.5 cm。

2. 苗期管理

温度一般控制在20～25℃，当有70%出土时，白天温度应控制在20～22℃，夜温应在13～16℃，以防夜温过低通过春化而发生先期抽薹。若育苗处在高温期，最好采用遮阴育苗，减少太阳直射，同时使用微喷设施，增加湿度，创造适合秧苗生长的环境条件。以覆盖黑色遮阳网为宜，如将穴盘放在大棚内，直接将遮阳网覆盖在棚顶或棚骨架上使穴盘形成花阴。选择通风干燥、排水良好的地块建育苗床。一般在定植前5～7 d进行变光变温炼苗，撤去遮阳网，并浇1次大水，使秧苗适应露地环境，根据天气灵活掌握。

3. 定植

娃娃菜一般选用小高畦栽培，畦面宽1 m，沟宽30 cm、深20 cm，长的地块需要开宽40 cm、深30 cm的腰沟。4叶1心时定植为宜，行距25 cm、株距20～25 cm。每亩施腐熟有机肥4000～5000 kg，尿素15～20 kg，过磷酸钙45 kg或磷酸二铵15～20 kg。在施足肥料的基础上，补充钾、钙、硼、钼等元素。

（四）田间管理

1. 中耕除草

中耕可以防止表土板结，促进土壤通气，并清除杂草。中耕除草应在结球前进行，应采用植株远处宜深、近处宜浅的原则，防止伤根。中耕时应锄松沟底和畦面两侧，并将所锄松泥土培于畦侧或畦面，以利于保证沟路畅通，并便于排灌。

2. 追肥

娃娃菜生长期短，要加强肥水管理，促进叶球快速生长。生长期间需追肥3～4次，其中苗期可追一次"提苗肥"，每亩追施尿素5～8 kg；进入莲座期时，每亩施复合肥10～15 kg；结球期，叶面喷洒磷酸二氢钾2～3次，每亩追施尿素10～15 kg。追肥宜在阴天或晴天下午4时进行。

3. 水分管理

不同生长期需水量不同，早春需水量少，缓苗后几乎不浇水，浇水过多，气温低不利于发棵。当叶面积逐渐变大时，生长速度加快，根系向深土层伸展，对水分要求比幼苗期大得多。莲座期水分不宜过多，否则植株易徒长、结球延迟，而且易感染病害，应采取蹲苗措施，只在干旱时酌量浇小水。结球后期应控制水分，保持土壤湿润，表土不干。收获前 7～10 d 停止浇水。

（五）采收

越夏露地栽培的娃娃菜一般在 8 月中旬～9 月下旬，定植（定苗）后 40～45 d，松紧度在七、八成时采收，过紧不便于包装。采收后去除外叶，单株加工成叶球净重 170～200 g，每袋 3 棵，然后装箱，每箱 30 袋，预冷后便可运输、销售。

采收结束后，田间及时清除老叶、病叶，增加通风量，减少病害的发生。

第三节　山地小白菜栽培技术

小白菜（*Brassica rapa* ssp. *chinensis* var. *communis*），又名不结球白菜、青菜、油菜等，是十字花科芸薹属芸薹种不结球白菜亚种，主要以嫩叶（叶丛）为产品的一、二年生草本植物，原产于我国，在我国栽培十分普遍，南北各地均有栽培。有数据显示，在我国南方地区，小白菜种植面积占秋、冬、春菜播种面积的 40%～60%。小白菜常作一年生栽培，茎叶均可食用，可食用部分比例达 81%。小白菜富含蛋白质、脂肪、糖类、膳食纤维、各种矿物质、维生素等，栽培容易、食用方便，深受消费者喜爱。

一、特征特性

小白菜根系较浅，为直根系，须根较发达，主要分布在 10～15 cm 土层。根系再生能力较强，可育苗移栽。小白菜的茎根据生长发育时期的不同，可分为幼茎、短缩茎和花茎，营养生长期主要是短缩茎，抽薹后产生花茎。叶分为莲座叶和花茎叶两种，莲座叶多直立，着生于短缩茎上，为主要食用部分。莲座叶为倒卵形至倒阔卵形，亦有圆形、卵形等。叶片绿色至深绿色，光滑不皱缩，叶片边缘波状，无毛或少有茸毛。单株叶数一般十几片，叶柄肥厚，横切面呈扁平、半圆形或扁圆形，花茎叶无叶柄，抱茎而生。

小白菜性耐寒，适于冷凉的气候条件。种子发芽适温为 20～25℃，生长期适宜温度是 15～20℃，－3～－2℃可安全越冬，25℃以上植株生长衰弱易感病，5℃以下生长缓慢；较大的昼夜温差有利于养分积累。小白菜属长日照植物，营养生长期需要较强光照才能生长发育良好。小白菜根系分布较浅，吸收能力较弱，而叶片柔嫩，蒸腾作用较强，耗水量大，因此需要较高的土壤和空气湿度。小白菜对土壤的适应性强，但以富含有机质、保水保肥力强的壤土或沙壤土栽培为宜。

二、生产茬口

小白菜品种丰富，生长期短，既耐寒又较耐热，还可分期采收，一年可以安排5～7茬。在我国南方中低海拔山区一年四季栽培、高山地区除了严寒冬季外均可种植，主要有秋冬季、春季和夏季三大栽培季节。冬季和早春可采用设施栽培，其他季节均可以露地栽培。各地可根据当地的气候特点、市场行情选择茬口。

三、栽培要点

（一）地块选择

山地小白菜种植的地块宜选择土壤疏松肥沃、保水、保肥、排水良好，具有灌溉条件的地块。小白菜忌长期重茬，否则生长缓慢，病虫害严重。宜选择前茬作物为葱蒜类、茄果类、瓜类、豆类和马铃薯等的田地种植。

（二）品种选择

我国南方山区栽培的白菜品种较多，各地可根据栽培及消费习惯选择适宜的品种。近年来，一些较耐热的青梗菜品种推广较快，特别是在盛夏及早秋高温季节栽培的小白菜品种，成为各地主要的栽培品种。此外，在我国长江流域常将叶片无茸毛、叶片柔软、品质好的早熟大白菜品种作为小白菜栽培，但这一类早熟大白菜不耐储运，不宜在中、高海拔地区栽培，仅适合低海拔并且运输距离较短的地区栽培。这里选择几个栽培较普遍的品种介绍如下。

1. 上海青

上海地方品种。株型低矮、大头、束腰，美观整齐，叶片椭圆形，叶柄肥厚、匙羹状，青绿色。叶少茎多，纤维细，味甜，口感好。喜冷凉，耐寒，抗病力强，适于夏秋栽培。

2. 苏州青

苏州地方品种。株型直立，株高和开展度30 cm，叶片近圆形，叶色深绿，表面光滑，叶柄扁平较肥厚，单株重75 g左右。早熟，丰产，品质优良。抗病，耐寒，抽薹晚，适应性强。

3. 杭州油冬儿

浙江地方品种。株型低矮直立，株高 30 cm 左右，开展度 25 cm×27 cm，叶椭圆形，叶色深绿，叶全缘，叶柄肥厚，浅绿色，附蜡质。叶片排列紧凑，基部膨大，束腰，单株重 250 g 左右。质细嫩味甘，品质佳。

4. 夏帝

引自日本。极耐热、耐湿，高温夏季栽培，不易出现节间伸长和缺钙症状，容易栽培。植株紧凑，近直筒型，大头，叶柄淡绿色，株型美观，整齐度高，产量高，市场性好。南方地区以 4 月下旬～10 月中旬播种最能发挥该品种优势。春季早播易引起先期抽薹。

5. 美华冠

引自日本。株型较直立，整齐一致，束腰，生长速度快。软叶部分嫩绿色，叶面较平，叶缘稀薄。叶柄宽，深绿肥厚，口感好、无苦味，品质优良。耐热、抗病、耐湿性好，适栽性广。

6. 夏绿 55

早熟，全生育期 55 d 左右。半高桩型，叶片半合抱，外叶深绿，叶厚，叶面少毛，叶球绿白色，内叶黄白色，美观，单球重一般 2～4 kg，细嫩无渣，纤维少，品质好，耐热、耐抽薹、结球快，抗霜霉病、软腐病和病毒病，抗软腐病能力极强。小白菜和娃娃菜栽培兼用品种。

（三）育苗

小白菜生长迅速，生长期短，大小植株均可以采收，所以在低海拔地区（特别是距离蔬菜集散中心较近的地区）可以直播栽培。但是，山地栽培（尤其是中高海拔山区）由于其产品主要销往大中城市，常采收"大菜"，宜进行育苗移栽。

1. 播种

采用直播栽培时，结合整地，每亩撒施腐熟有机肥 3000 kg，复合肥 15 kg，畦宽 1.5 m，沟宽 30 cm，宜龟背形畦面。每亩用种量为 250 g 左右，播种要疏密适当，使苗生长均匀；避免播种过密，播种太密不仅浪费种子，幼苗纤弱，不利生长，而且增加间苗工作量。播种可采用撒播或开沟条播、点播。

采用育苗移栽时，提倡基质穴盘育苗，可用 72 孔或 128 孔穴盘。有条件的可采用半自动或全自动播种机播种。采用土壤育苗时，育苗畦每亩施腐熟的有机肥

1000～1500 kg，耕翻整平作成平畦。

2. 间苗

采用土壤育苗时，出苗后在 1～2 片真叶时进行第一次间苗，主要间出细弱的小苗。在 3～4 片真叶时进行第二次间苗，苗距 8～10 cm，间苗后及时浇水，以便于幼苗根系扎入土壤。采用穴盘育苗、手工播种时，一般在出苗后、第一片真叶发生时进行间苗，每穴保留 1 株幼苗。播种后 25 d 左右即可定植。

采用直播栽培时，出苗后也应及时间苗。间苗一般分 2～3 次进行。

3. 定植

清园后将土地深翻晒垡 7～10 d，将土地整平、耙细，每亩施腐熟有机肥 300～400 kg，或有机无机复混肥 40～50 kg。若前作出茬时间紧，土壤耕作困难，可使用免深耕土壤调理剂。夏大白菜生长期间气温高、雨水多，为便于排水采用高畦栽培，一般畦面宽 100 cm 左右、龟背形，沟底宽 20 cm、沟深 20 cm。

当苗高 10 cm 左右，具 4～5 片真叶时可进行移栽，定植时应掌握"高温浅栽、低温深种"的原则，以利秧苗成活和生长。定植前 1 d 育苗畦浇水，起苗时尽量少伤根。定植的株行距应根据品种、栽培季节及采收标准确定，多数为 15～25 cm。栽植时要选择纯苗、壮苗、无病虫害苗，定植后立即浇水，保持土壤湿润，提高成活率。

（四）田间管理

1. 中耕除草

小白菜定植后封垄前一般进行 1～2 次中耕，通常在定植缓苗前结合追肥中耕一次，之后根据情况再进行一次中耕。

2. 肥水管理

小白菜根系分布浅，吸收能力较弱，因此肥水管理较严格，生长期内应不断供给充足的肥水，追肥主要是速效氮肥。小白菜从定植至采收，需追肥 4～6 次，一般自定植后 3～4 d 开始，每隔 5～7 d 追施 1 次，直至采收前 10 d 停止追肥。随植株生长追施肥料浓度逐渐增高。追肥的用量一般每亩施尿素总量 10～20 kg，每次追肥前可适当中耕、松土，防止肥、水流失。小白菜植株矮小，为防污染产品叶片，一般不采用有机肥追肥。

小白菜的灌溉一般与追肥相结合。通常定植后立即浇水，且 3～5 d 内不能缺水。夏季高温季节要在夜间灌溉，降低地温，利于小白菜生长。

（五）采收

小白菜采收不严格，视气候条件和消费习惯而定。直播的一般出苗后 25 d 可陆续采收上市。对于中高海拔山地，多数采用中、大株采收，通常在定植后 30～60 d 采收。采收宜选择凉爽的清晨或傍晚进行，收获后削根、去除老叶，剔除幼小或感病植株，分级装箱，置于阴凉通风场所，防止失水萎蔫影响品质。

第四节　山地菜心栽培技术

菜心（*Brassica rapa* ssp. *chinensis* var. *utilis*），又名菜薹，为十字花科芸薹属白菜亚种的一个变种，一年生或二年生草本植物，原产中国，是华南地区的特产蔬菜之一，被誉为"蔬品之冠"。在我国广东、广西一带，栽培历史悠久，品种资源丰富，一年四季均可栽培，周年运销香港、澳门等地，成为出口的主要蔬菜之一。主薹与侧薹供食，品质脆嫩，风味独特，营养丰富。由于菜心生长周期短，复种指数高，每年可收获 9～10 茬，经济效益高，目前江苏、浙江、上海和北京等大中城市郊区也开始规模发展与栽培。

一、特征特性

菜心的茎短缩，绿色，叶宽卵圆形或椭圆形，叶片绿或黄绿。柔嫩肉质的花茎称为菜薹，作为食用器官。花茎叶较小，卵圆形，花茎下部叶的叶柄短，上部的叶无叶柄，总状花序。长角果，种子近圆形，褐或黄褐色，千粒重 1.3～1.7 g。

菜心生长适宜温度为 10～25℃、不同生长期对温度要求有所不同，种子发芽和幼苗生长期最适温度为 25～30℃。菜薹形成期白天 20℃，夜间 15℃，菜薹发育良好，产量高，品质佳。菜心菜薹的形成要求通过低温春化，没有一定的低温，不能通过春化阶段，也不能形成菜薹。晚熟品种对低温春化条件要求严格，一般要求 15℃以下 20 d 以上，才能通过春化阶段。如果晚熟品种在温度较高的夏天种植，因为不能满足低温春化条件，不能形成菜薹。早熟品种对低温春化条件要求不严格,30℃左右的温度也能够完成春化过程;早熟品种在气温较低的季节栽培，由于植株抽薹早，菜薹细小，产量较低。因此，必须根据不同的栽培季节，合理选用菜心品种。

菜心整个生长发育都要求有充足的阳光，特别是菜薹形成期，遇长期阴雨天，影响其进行光合作用，菜薹生长细弱，产量低，品质差。菜心消耗水分多，但吸收水分能力较弱，以保持土壤湿润为好，如果水分不足，肥料缺乏，菜薹下部常表现为紫红色，味苦，纤维多、粗硬。菜心对土壤适应性广，但要获得高产，以保水保肥能力强、有机质多的壤土最为适宜。菜心对肥料吸收，以氮最多，钾次之,磷最少。

二、生产茬口

菜心喜温暖、湿润的气候条件,通过不同品种搭配,配合冬春季大棚保护设施及夏季遮阴设施,低海拔地区可以周年生产;华南南部的中高海拔地区,如海南五指山地区可以通过品种及播种期选择,实现菜心的周年生产,早熟品种播种时间为4~8月,中熟品种为9~10月,晚熟品种为11月~翌年3月;华东、华中及西南中高海拔山区多在夏秋季栽培。

三、栽培要点

(一)种植地准备

宜选择通风透光,地势平坦、排灌方便、水源清洁,耕作层深20 cm以上,富含有机质,保水保肥力强,pH 6.0左右,前茬为非十字花科作物的土壤种植。种植前菜心地要充分晒白,播种前要犁翻,耙碎土块,整地时要施足基肥,多施有机肥。要求畦面土壤细碎,畦面呈龟背形,畦高约0.3 m,畦宽连沟约1.5 m。注意挖深沟排水。

(二)品种选择

根据菜心生长发育对温度的要求(对温度的反应)可分为早熟品种、中熟品种和晚熟品种三类。不同的品种类型,适宜不同的栽培季节。

早熟品种株型和菜薹均较小,腋芽萌发力弱,以收主薹为主,产量较低;对温度的反应不敏感,在较高的温度下也能通过春化阶段,其生长速度快,耐热性较强。主要品种有'碧绿粗薹菜心'、'四九-19号'、'全年心'、'油青49'、'特青40天菜心'等;中熟品种植株半直立,基生叶6~8片,较大,腋芽有一定的萌发力,主侧薹兼收,以收主薹为主,菜薹质量好;这类品种对温度的反应与早熟品种相似,但发育稍慢,生长期略长。主要品种有'油青60天'、'东莞60天'、'70天菜心'、'石牌菜心'、'十月心'等;晚熟腋芽萌发力强,主侧薹兼收,采收期较长,菜薹产量较高;对温度的要求较严格,耐寒不耐热,发育较慢,其通过春化阶段要求较低的温度。主要品种有'80天菜心'、'迟心2号'、'迟心29号'、'三月青菜心'、'青圆叶菜心'、'青柳叶菜心'、'油青迟心'、'油青80天菜心'。各地可根据海拔、栽培季节、栽培设施及市场需求选择适宜的品种。

1. 碧绿粗薹菜心

早熟，从播种至始收 28～33 d。株型直立，矮壮，株高 24.7 cm，开展度 22.4 cm。叶片椭圆形，油绿色，叶长 16.2 cm、宽 8.8 cm，叶柄长 5.0 cm、宽 1.4 cm。薹色油绿有光泽，主薹高 18.4 cm，薹粗 1.5 cm，薹重 25 g。较抗霜霉病、炭疽病和软腐病，耐热性、耐涝性中等。

2. 四九-19 号

早熟，广东地区播种至始收 33 d。生长势强，根系发达，株型齐整。叶柄短，半直立生长，宜密植。叶片中等，长 22 cm，宽 13 cm，青绿色。菜薹高 18 cm，淡绿色，有光泽，单薹重 35～40 g。纤维少，品质好。耐高湿多雨，耐病性较强，适于夏季生产。

3. 油青 49

早熟，播种至始收 29～33 d。薹叶狭卵形，菜薹青绿色，薹粗匀条，薹高约 23 cm，横径 1.5～2.0 cm，有光泽，单薹重约 45 g，品质优。耐热、耐湿，抗逆性强，耐炭疽病、霜霉病及菌核病，适应广。

4. 迟心 2 号

中晚熟，从播种至始收 55～60 d。植株矮壮，半直立型，基叶 7～8 片，阔卵形，长 19 cm，宽 10 cm，绿色，叶柄长约 13 cm。薹叶狭卵形，薹高 25～27 cm，横径 1.5～2.0 cm，菜薹节疏条匀，油绿有光泽，单薹重约 53 g。薹质脆嫩，纤维少，不易空心，品质优。耐肥，较耐寒，耐霜霉病、软腐病。适宜冬春栽培。

5. 绿宝 70 天菜心

中迟熟，播种至始收 42 d，延续采收 10 d，以主薹为主。株型较矮、紧凑，株高 32 cm，基叶柳叶形，深绿色，叶面平滑，大小中等，长 21.8 cm，宽 8.6 cm，叶柄长 9.7 cm;薹叶柳叶形，青绿色、紧实条匀、有光泽，主薹高 27.3 cm，横径 1.55 cm，单薹重约 41.3 g。生长势强，分枝多，纯度高，齐口花，纤维少，食味甜，品质优。耐病毒病，较耐霜霉病。

6. 油绿 80 天菜心

中迟熟，播种至始收 39～42 d。株型直立，株高 35.5 cm，开展度 29.2 cm，叶片椭圆形，长 28.2 cm，宽 10.5 cm，叶柄长 11.5 cm。主薹高 24.5 cm，直径 1.53 cm，单薹重 60.2 g，薹色浅绿有光泽。肉质爽脆、味甜，纤维含量中等，商品率较高，品质优。耐寒性较强，耐软腐病、炭疽病、霜霉病，适应性较广。

7. 迟心 29 号

晚熟，生长期 75～85 d。迟熟株型较大，株高 40～45 cm，开展度 33 cm，基叶丛生，柳叶。13～15 片叶时开始抽薹；薹叶细小，剑叶形，菜薹深绿色，有光泽，薹高 31～32 cm，横径 1.8～2.0 cm。侧薹抽生能力较强，花球大，纤维少，肉质坚实，不易空心，品质优良，较耐储运。耐霜霉病和软腐病。冬性较强，适应性广。

此外一些白菜地方品种，如‘杭州早油冬儿’等也可在 9～10 月播种，翌年 2～3 月采收菜薹。

（三）育苗

夏季菜心生产一般以直播为主。直播时可用撒播、条播和穴播。撒播时播种量为 0.3～0.6 kg。夏季高温多雨季节可适当加大播种量。播种时要注意避免大暴雨的天气，播种后用碎稻草、山草、松叶或腐熟有机质薄盖畦面，防止雨水冲刷。播种后要淋足水分，保持苗床土壤湿润。宜用稻草或塑料薄膜等覆盖保湿，待有少量种子萌芽出土时将覆盖物揭去，使发芽后菜心叶片能吸收阳光。

育苗移植一般用于秋冬季节的中迟熟品种。苗床育苗每亩播种 0.7～0.9 kg，可供 0.5～0.8 hm^2 大田种植。出苗后间苗 1～2 次，株距应在 3 cm 左右；间苗后需适当追肥。当菜心生长有 15～20 d，有 3 片真叶时即可移苗定植或定苗。定苗的株距早熟种为 10～13 cm，中熟种为 13～16 cm，迟熟种为 16～17 cm。

（四）田间管理

1. 合理密植

直播栽培时，在第 1 片真叶开展时要及时间苗，以后再间苗 1～2 次，若播种太多没有及时间苗，幼苗容易徒长，变弱，降低幼苗质量。有 3～4 片真叶及时定苗。栽培密度根据品种特性而定，采收主薹的 12 cm×15 cm 左右，主侧薹兼收的 15 cm×20 cm 左右。定植（或定苗）时剔去拔节苗、劣苗和弱苗及杂种苗。定植缓苗后发现缺苗需及时补苗。

2. 合理施肥

菜心的根群分布浅，吸收面积较小，吸收能力较弱，而且栽培密度大，生长速度快，需加强肥水管理。宜选用含多种营养元素的复合肥，注意根据土壤进行配方施肥，切勿偏施氮肥。施肥应以基肥为主，特别是在高温多雨季节不利于追肥,宜施充足的有机肥作基肥,一般每亩施腐熟有机肥 2000 kg、复合肥 20～30 kg,与土壤充分混匀。定植后根据生长情况每隔 7～10 d 施肥一次,生长期间每亩施肥总量为复合肥 20 kg 与尿素 10 kg,两者混合施用。高温季节应降低施肥浓度,并以傍晚施肥为宜,防止烧伤叶片。菜心进入菜薹形成期时生长明显加快,需保证肥水充足,一般每 5～7 d 施肥一次。

肥料种类对菜薹品质有很大影响。使用有机完全肥料,菜薹组织结实、味甜、色泽油绿,品质佳。偏施速效氮肥,虽然菜薹颜色浓绿,但组织不充实,味淡,纤维多。特别是菜薹形成期,要注意增加磷钾肥的施用,有利于提高菜薹品质和产量。

对于主侧薹均采收的品种,应在主薹采收后及时追肥,以促进侧薹生长发育。

3. 防雨降温

夏季菜心生长期间正值高温多雨季节,应抓住防热防暴雨的中心环节。幼苗期遇到高温和暴雨的天气,可在苗床上方 0.8 m 处用遮光率为 45%左右的遮阳网覆盖,避免高温和暴雨造成的危害。高温天气苗床遮阳网早盖晚揭,阴天及小雨天不覆盖,保证菜心生长有良好的光照条件。

菜心根系浅,中后期叶面积大,在高温下蒸腾量极大,整个生长季节要保持土壤湿润。要勤于浇水,干燥时可灌跑马水,但不能漫灌。雨天后要注意及时排水防涝,以减少软腐病、病毒病等病害的发生。夏秋高温烈日下应在早、晚各淋水一次,保持湿润并降低田间温度。

（五）采收

一般在菜薹高及叶片的先端,已初花或将有初花,即所谓的"齐口花"时为适当的采收期。根据商品需求也可在"齐口花"之前采收。采收过早,产量低;采收过迟则品质劣。夏季栽培菜心以采收主薹为主,一般不采收侧薹。应按统一规格进行分级采收,使产品整齐度高。采收时切口要平面整齐,菜体保持完整,大小、长短均匀一致。采收后立即进行清洁,包装,及时运销。

第五节　病虫害防治技术

一、主要病害

山地白菜类蔬菜生产上常见的病害有白菜类病毒病、白菜类霜霉病、白菜类软腐病、白菜类黑腐病、白菜类菌核病、白菜类黑斑病、根肿病、白菜干烧心、根结线虫病等。

（一）白菜类病毒病

1. 症状

病毒病又称为孤丁病、抽风病，病株常出现花叶、畸形、坏死斑点或条斑等。苗期发病，心叶出现明脉，并沿叶脉褪绿，逐渐出现皱缩花叶，心叶僵缩、扭曲，生长缓慢，叶脉上产生褐色坏死斑点或条斑，严重时病株早期枯死。成株期发病，叶片皱缩、凹凸不平，呈黄绿相间的花叶，叶脉上也有褐色的坏死斑点或条斑，植株停止生长，矮化，结球白菜不包心，病叶僵硬、扭曲、皱缩成团。被害严重的种株，第 2 年种植后，花薹未抽出即死亡；发病较轻的种株，花薹抽出晚，呈畸形，新叶出现明脉和花叶，老叶主脉坏死，花梗多纵横裂口，果荚瘦小弯曲，籽粒不饱满，发芽率低。重病株根系不发达，病根切面呈黄褐色。

2. 发病特点

主要毒源有芜菁花叶病毒（TuMV）、黄瓜花叶病毒（CMV）、烟草花叶病毒（TMV）三种。病毒主要通过蚜虫、汁液和人工接触等传播。苗期高温、干旱，或雨后暴晴，发病严重。施肥不当、重茬易发病。蚜虫多，发病严重。

3. 药剂防治

苗期及时防治蚜虫，减少毒源传播。发病初期，可用 0.5%香菇多糖 AS 600 倍液，或 7.5%菌毒·吗啉胍水剂 500 倍液，或 31%吗啉胍·三氮唑核苷 SP 800～1000 倍液，或 20%吗啉胍·乙铜 WP 500 倍液等药剂，每 7～10 d 喷 1 次，连续 2～3 次。

（二）白菜类霜霉病

1. 症状

白菜类蔬菜三大病害之一，主要为害叶片，在留种株上也可为害茎、花梗及果荚等。叶片发病，多从基部或外缘开始。初叶正面出现褪绿色小斑点，后扩大呈多角形黄色病斑。湿度大时叶背病斑处密生白色霜状霉层，后期病斑变褐，叶片逐渐变黄干枯。白菜包心时，病株叶片从外向内干枯，严重时仅剩心叶球。

2. 发病特点

由寄生霜霉菌引起的真菌性病害，主要以菌丝体、卵孢子在病残体和土壤中越冬。幼苗到成株期均可发病，尤以苗期和叶球包合期发病重。种植过密，基肥不足，偏施氮肥，连作地块易发病。

3. 药剂防治

发病初期，可选用 70%代森联 DF 500 倍液，或 22.5%啶氧菌酯 SC 2000 倍液，或 30%烯酰吗啉 SC 1000 倍液，或 72%霜脲·锰锌 WP 600 倍液，或 50%甲霜灵·锰锌 600 倍液等药剂，视天气与病情发展，每 5～7 d 喷 1 次，连续 2～3 次。注意药剂交替施用，并对老叶及叶背仔细喷雾，每种药剂只用 1 次。

（三）白菜类软腐病

1. 症状

白菜类蔬菜三大病害之一，以大白菜尤为严重。一般从莲座期到包心期开始发病，有基腐型、心腐型和外腐型三种。基腐型发病初期，植株外围叶片基部或短缩茎发生水渍状软腐，外叶萎蔫、下垂，叶球裸露，极易脱帮，往往溢出污白色菌脓，除残留部分维管束外，组织呈黏滑状腐烂。心腐型病原由菜帮基部伤口侵入叶球内部，形成水浸状湿润区，逐渐扩大呈黏滑软腐状，结球外部无病状。外腐型病原由叶柄外部叶片边缘或叶球顶端伤口侵入，外叶边缘焦枯或顶叶腐烂。

2. 发病特点

由胡萝卜软腐欧氏杆菌引起的细菌性病害。病原菌主要随病残体遗留在土壤中或肥料中越冬，借雨水、田间灌溉、带菌土壤和昆虫传播。最适发病温度 27～30℃。地势低洼、土质黏重、连作地块，包心期高温多雨、田间积水，发病严重。

3. 药剂防治

发病初期，可选用 72%农用硫酸链霉素 SP 1000～2000 倍液，或 70%碱式硫酸铜 AS 400 倍液，或 20%噻菌铜 DF 500 倍液，或 72%新植霉素 WP 2000 倍液，或 14%络氨铜 AS 400 倍液等药剂，每 7～10 d 喷淋 1 次，连续 2～3 次。注意药剂交替使用，重点喷淋病株基部及地表，使药液流入心叶为好。

（四）白菜类黑腐病

1. 症状

白菜类蔬菜的一种主要病害，苗期和成株期均可发病。幼苗发病，子叶初呈水浸状，渐渐枯死，病斑蔓延至真叶，叶脉出现黑点状斑或黑色条纹，后期根髓部变黑，枯萎死亡。成株期发病，叶片上出现叶斑或黑脉，并向内扩展形成“V”字形黄褐色枯斑或网状黑脉，病斑边缘组织黄化，病健部交界不明显。叶柄受害，菜帮呈淡褐色干腐，外叶易干枯脱落，甚至倒瘫。湿度大时，病部产生黄褐色菌脓或呈油渍状湿腐。重病株茎基部腐烂，髓部中空，呈黑色干腐。

2. 发病特点

由野油菜黄单胞杆菌黑腐病致病型引起的细菌性病害。病菌随种子、种株或病残体在土壤中越冬。通过雨水、灌溉水、农事操作和昆虫进行传播，从植株水孔或伤口侵入。南方夏秋高温多雨季节发病重。连作地块、播种过早、管理粗放、缺肥早衰、虫害多，发病重。

3. 药剂防治

发病初期，可选用 20%噻菌铜 DF 500 倍液，或 70%碱式硫酸铜 AS 400 倍液，或 72%农用硫酸链霉 SP 1000 倍液，或 8%宁南霉素 AS 800 倍液，或 77%可杀得 DF 800 倍液等药剂，及时进行喷淋或灌根。

（五）白菜类菌核病

1. 症状

苗期至成熟期均可发病，以生长中后期较为严重。主要为害近地面的茎部、叶片或叶球及种荚。苗期发病，基部出现水渍状，随病情发展，逐渐软腐，幼株猝倒。成株期受害，近地面茎基部、叶腋和分杈处先出现浅褐色水浸状病斑，后病斑沿茎系统发展，茎变青白色或灰白色，部分叶片出现叶脉坏死、叶片产生褐色小斑点，斑点周围变鲜黄色，发展后叶片枯死，以至全株死亡。最终病株茎部表皮腐烂，呈剥离状，茎部中空，有白色丝状物，并在其上产生黑褐色鼠粪状小颗粒（菌核）。病株往往尚未开花就干枯死亡。种荚上病斑为不规则形，内有黑色菌核。

2. 发病特点

由核盘菌引起的真菌性病害。病菌以菌核在土壤中或混杂在种子中越冬、越夏，也可在采种株上危害越冬。菌核萌发后借气流传播，温度 5～20℃、相对湿度 85% 以上，有利于病害发生。地势低洼，排水不良，偏施氮肥，种植过密，通透性差，大水漫灌的地块容易发病。

3. 药剂防治

发病初期，可选用 30%嘧霉胺 SC 1000～2000 倍液，或 50%速克灵 WP 1000 倍液、50%甲基托布津 WP 500 倍液，或 20%腈菌唑 EC 1500～2000 倍液，或 80% 多·福·福锌 WP 700 倍液等药剂，每 7～10 d 喷 1 次，连续 2～3 次。注意以上药剂交替使用。

（六）白菜类黑斑病

1. 症状

苗期至成株期均可发生，主要为害植株的叶片、叶柄，有时也为害花梗与种荚。叶片受害，多从外叶开始发病，初呈褪绿色近圆形病斑，后扩大为灰褐色或暗褐色病斑，具明显的同心轮纹，有的病斑外围有黄色晕圈，高温高湿条件下病部穿孔，后期病斑上产生黑色霉层，严重时多个病斑汇合，致叶片局部或全部变黄枯死，整株叶片从外向内干枯。叶柄和花梗受害，病斑暗褐色长梭形，稍凹陷。种荚病斑近圆形，中央灰色，边缘褐色，外围淡褐色。潮湿时，病部产生暗褐色霉层。

2. 发病特点

由芸薹链格孢菌引起的真菌性病害。我国南方的一些地区周年均可发生，在十字花科蔬菜上辗转为害，无明显越冬期。通常多雨高湿及温度偏低，病害发生早而严重。发病温度范围 11～24℃，适宜温度 11.8～19.2℃，相对湿度 72%～85%；品种间抗性有差异，但未见免疫品种。

3. 药剂防治

发现病株，可用 4%嘧啶核苷类抗菌素 AS 400 倍液，或 50%异菌脲 WP 1500 倍液，或 40%菌核净 DF 1500～2000 倍液，或 80%代森锰锌 WP 400～500 倍液，或 75%百菌清 WP 500～600 倍液等药剂，喷雾防治；与霜霉病混发时，可选用 70%乙膦·锰锌 WP 500 倍液，或 58%甲霜灵·锰锌 WP 500 倍液，每 7 d 左右喷 1 次，连续 3～4 次。

（七）根肿病

1. 症状

苗期和成株期均可发生，主要为害根部，典型特征是被害根形成肿瘤。发病初期，植株生长缓慢、矮小、基部叶片常在中午萎蔫，早晚恢复，后期基部叶片变黄，呈失水状萎蔫，严重时全株枯死，病株根部长出纺锤形或不规则形且大小不一的肿瘤，大的如鸡蛋，小的像小米粒。肿瘤物初期为乳白色，中后期变为褐色，表面粗糙、龟裂，最后腐烂发臭。

2. 发病特点

由芸薹根肿菌引起的真菌性病害。病菌主要以休眠饱子囊随种子或病残体在土壤中越冬或越夏。通过雨水、灌溉水、害虫和农事操作等进行传播，从根毛侵入根部。最适发病温度 19～25℃，土壤含水量 45%～90%。通常 6～9 月为发病高峰期。酸性土壤、土质黏重、地势低洼、排水不良，或有机质含量低、偏施化肥的地块发病较重。

3. 药剂防治

在菜苗移栽前，进行大田浇土灌根处理。用 10%科佳 SC 1500～2000 倍液浇灌，要求每穴（株）用药液量 200～250 ml。

大田定植成活后，可用 10%科佳 SC 1500～2000 倍液，或 15%恶霉灵 AS 500 倍液，或 70%甲基硫菌灵 WP 600 倍液，或 60%百泰 WDG 1000 倍液，或 50%多菌灵 WP 500 倍液等药剂灌根，每穴（株）250～300 ml，每 7 d 浇灌 1 次，连续 2～3 次。

（八）白菜干烧心

1. 症状

干烧心也称为夹皮烂，是白菜生产上常见的一种生理性病害。多以莲座期出现，心叶边缘干枯，向内卷缩，生长受抑。结球初期，叶边缘呈水浸状，后变黄色半透明至黄褐色焦枯，结球后外表无异常，但内部球叶变质，不能食用。剖视叶球，中间 3～4 层球叶上部呈暗褐色水渍纸状，叶片腐烂，有酸败味，短缩茎和维管束正常。

2. 发病特点

主要因土壤干湿不济，土壤中活性锰、水溶性钙缺失，导致植株营养失调而致。土壤偏酸，盐碱地，施肥不当，蹲苗时间过长，土壤缺水等均易引起干烧心。

3. 药剂防治

合理施肥，提高抗性。要求每亩施腐熟有机肥 4000～5000 kg 作底肥，生长期多施磷、钾肥，尽量不施或少施速效氮肥，促进植株生长。

调酸补钙，促进吸收。偏酸性土壤每亩应增施生石灰 75～150 kg，及时调节酸碱度，增加土壤钙质养分。

根外喷施，缓解病害。发现中心病株，立即浇水，并喷洒 0.7%氧化钙与 2000 倍萘乙酸混合液，或 1%过磷酸钙溶液，或 0.7%硫酸锰溶液，每 5～7 d 喷 1 次，共 3 次。

（九）根结线虫病

参见第三章第四节根结线虫病部分内容。

二、主要虫害

山地白菜类主要虫害有菜蚜、菜粉蝶、小菜蛾、菜螟、甜菜夜蛾、甘蓝夜蛾、斜纹夜蛾、黄曲条跳甲、小猿叶甲等。

（一）菜蚜

1. 危害特点与生活习性

主要有萝卜蚜（又称为菜缢管蚜）和桃蚜，是十字花科作物的主要害虫，特别是在苗期危害严重，还能传播病毒病，对生产造成影响。苗期受害，叶片发黄卷缩，生长缓慢，形成僵瘤老秧，严重时可造成秧苗成片枯死。菜心在抽薹期生长点被害，嫩头枯焦。青菜、大白菜等菜株被传染病毒后，常造成早枯，对产量影响很大。

萝卜蚜全年在白菜、大白菜、油菜、萝卜等菜株上转移为害。桃蚜除了在菜株上转移为害外，还在桃、李、杏、梅等果树直跳上产卵越冬。

2. 防治措施

参见第三章第四节蚜虫部分内容。

（二）菜粉蝶

1. 危害特点与生活习性

十字花科最常见的主要害虫之一。1～2龄幼虫在叶背啃食叶肉，留下一层薄而透明的表皮。3龄以上的幼虫食量明显增加，把叶片吃成孔洞或缺刻，严重时吃光整张叶片，仅剩叶脉和叶柄，影响植株生长发育。此外，虫伤易引起软腐病的发生。

为一年多代的害虫，长江流域江苏、浙江、湖北年发生7～8代。以蛹越冬。成虫只在白天活动，喜在蜜源植物和甘蓝等寄主作物间往返飞行，进行取食、交配和产卵。低龄幼虫受惊扰就吐丝下坠，高龄幼虫则会卷缩落地。幼虫最适发育温度为20～25℃，相对湿度76%左右。

2. 防治措施

农业防治。清洁田园，收获后及时处理残株、老叶和杂草，并耕翻土地，消灭土壤上层的卵、幼虫和蛹。春季栽培应配合使用地膜覆盖，以提早收获，减轻危害。

生物防治。加强生物天敌如广赤眼蜂、蝶蛹金小蜂、广大腿小蜂、花蝽、草蛉、瓢虫、蜘蛛等的使用与保护。

药剂防治。①采用生物制剂，可喷洒 32 000 IU/mg 苏云金杆菌 WDG 500 倍液，或 3.2%阿维菌素 EC 2500 倍液，或 2.5%多杀菌素 SC 1500 倍液，或 0.5%印楝素 EC 1000 倍液等药剂。②使用昆虫生长调节剂，可喷洒 20%灭幼脲 1 号 SC 或 25%灭幼脲 3 号 SC 500～1000 倍液，使幼虫的生理发育受到阻碍，导致死亡。③幼虫为害初期，可选用 5%氯虫苯甲酰胺 SC 1000 倍液，或 10%溴氰虫酰胺 OD 2000 倍液，或 240 g/L 虫螨腈 SC 1500 倍液等药剂，每 10～15 d 喷 1 次，连续 2～3 次。

（三）小菜蛾

1. 危害特点与生活习性

小菜蛾又称为菜蛾、方块蛾、小青虫，其繁殖力强，世代周期短，是白菜类蔬菜上危害最严重的害虫之一。成虫有趋光性。初龄幼虫仅啃食叶肉，2 龄前咬食叶背，残留叶面表皮，使叶片成透明的斑块，俗称"开天窗"，3 龄以后，仍在叶背为害，将叶片吃穿成孔洞或缺刻。受惊后幼虫激烈扭动、倒退、并吐丝下垂。虫口密度高时，可将叶肉全部吃光，只剩叶柄和叶脉。苗期幼虫集中心叶为害，影响包心。

小菜蛾发育适宜温度为 20～30℃。高温干燥的条件有利于小菜蛾发生。小菜蛾易产生抗药性，白菜类蔬菜种植面积大、复种指数高的地区小菜蛾发生严重。

2. 防治措施

农业防治。避免十字花科蔬菜周年连作。加强田间管理，收获后及时翻耕土地，及时清理残株落叶。

生物防治。释放天敌菜蛾绒茧蜂、姬蜂。利用性诱剂诱杀成虫。

物理防治。利用趋光性，在成虫发生期，采用频振式杀虫灯或黑光灯，诱杀小菜蛾，减少虫源。

药剂防治。卵孵化盛期至 2 龄前喷药，可用 1%阿维菌素 EC 3000 倍液、5%氯虫苯甲酰胺 SC 1000 倍液、10%溴氰虫酰胺 OD 2000 倍液，或 240 g/L 虫螨腈

SC 1500 倍液等药剂喷防，每 7～10 d 喷 1 次，连续 2～3 次。

（四）菜螟

1. 危害特点与生活习性

初孵幼虫蛀食幼苗期心叶和叶片，吐丝结网，轻则影响苗株生长，重者可致幼苗枯死，造成缺苗断垄。高龄幼虫除啮食心叶外，还可蛀食茎髓和根部，并可传播细菌性软腐病，引致菜株腐烂死亡。蛀孔外常缀有细丝及潮湿虫粪，易于识别。

菜螟喜低温高湿环境，长江流域年发生 6～7 代，华南 9 代，以 8～10 月为害最重。成虫稍有趋光性，羽化后昼伏夜出，卵多散产于嫩叶（尤其是心叶）叶脉处。幼虫孵化后昼夜取食，有吐丝下垂及转叶为害习性。5 龄后在菜根附近土面或土内吐丝作茧化蛹，在田间杂草、残叶或表土层中越冬。

2. 防治措施

农业防治。春耕翻土，清洁田园，减少虫源；调整播期，使植株 3～5 片真叶期错开菜螟盛发期。

物理防治。田间设置频振式杀虫灯，诱杀成虫。

药剂防治。幼虫孵化盛期或初见心叶被害和有丝网时，可选用 1%苦参碱 SL 1000 倍液，或 5%抑太保 EC 4000 倍液，或 20%灭幼脲 1 号 SC 500～1000 倍液，或 100 亿孢子/g 苏云金杆菌 WP 1000 倍液，或 100 亿个/g 青虫菌 SC 1000～1500 倍液等药剂，每 7～10 d 喷 1 次，连续 2～3 次。注意将药液均匀喷到菜心上，药剂交替使用。

（五）甜菜夜蛾

1. 危害特点与生活习性

甜菜夜蛾又名贪夜蛾，具有孵化率高、食性杂、抗药性强、昼伏夜出等特点。成虫有趋光性。卵块状，产于植物嫩叶背面，卵块上覆有白色的毛。幼虫为害叶、茎及花、果。初孵幼虫群集在叶背，吐丝结网在网内取食叶肉，留下表皮，3 龄后将叶片吃出孔洞，咬断幼茎。3 龄前群集危害，但食量小，4 龄后食量大增，危害严重。幼虫有假死性，受惊后虫体蜷缩掉落。老熟幼虫在 1～3 cm 内表土层中吐丝作室化蛹。

长江流域年发生 5～6 代，一般危害高峰期为 7～9 月。在 7～8 月，降水量少，湿度小，有利于大发生。

2. 防治措施

农业防治。尽量避开辣椒、大葱等敏感作物田，铲除地边杂草，减少虫源。翻耕田地消灭虫蛹，中耕管理清除集中危害的低龄幼虫。

物理防治。利用甜菜夜蛾成虫夜间活动，并有趋光性的特点，在菜地中连片设置频振式杀虫灯诱杀成虫，减少成虫数量。

药剂防治。在初孵幼虫还未取食时，可用灭幼脲 2 号 SC 1000 倍液，于晴天傍晚时施药。或在幼虫危害初期，可选用 10%吡虫啉 WP 1000 倍液、5%氯虫苯甲酰胺 SC 1000 倍液，或 10%溴氰虫酰胺 OD 2000 倍液等药剂，喷雾防治。

（六）甘蓝夜蛾

1. 危害特点与生活习性

甘蓝夜蛾又称为地蚕、夜盗虫、菜夜蛾等。为多食性害虫，主要为害甘蓝、白菜等十字花科蔬菜，以及瓜类、豆类、茄果类蔬菜和甜菜等，其中以甘蓝、秋白菜、甜菜受害最重。初孵幼虫群集在叶背取食，啃食叶肉，致叶片残存表皮，呈"小天窗"状；稍大后，将叶片吃成孔洞或缺刻，并迁移分散；4 龄后，白天潜伏在心叶、叶背或植株根部附近表土中，夜出暴食，仅留叶脉与叶柄；老龄幼虫可将作物吃光，并成群迁移邻田为害；大龄幼虫有钻蛀习性，常钻蛀叶球或菜心，排出粪便，并诱发软腐病引起腐烂，使蔬菜失去商品价值。

幼虫共 6 龄。适宜生长发育温度为 18～25℃、相对湿度为 70%～80%。温度低于 15℃或高于 30℃，湿度低于 68%或高于 85%，生长发育受到抑制。一般年中的春、秋季发生严重；水肥条件好，长势旺盛的菜地受害重。

2. 防治措施

农业防治。菜田收获后进行秋耕或冬耕深翻，铲除杂草可消灭部分越冬蛹；结合农事操作，及时摘除卵块及初龄幼虫聚集的叶片，集中处理。

物理防治。利用成虫的趋光性和趋化性，在羽化期设置频振式杀虫灯或糖醋盆(诱液中糖、醋、酒、水比例为 10：1：1：8 或 6：3：1：10)，诱杀成虫。

生物防治。在卵期人工释放赤眼蜂，每亩设 6～8 个点，每次每点放 2000～3000 头，每隔 5 d 放 1 次，连续 2～3 次。

药剂防治。掌握在幼虫 3 龄前进行。可选择在温度 20℃以上的晴天，喷施 100 亿孢子/g 苏云金杆菌 WP 500～800 倍液防治；也可选用 10%除尽 SC 2000 倍，或 15%安打 SC 2500～3000 倍液喷雾；若错过 1、2 龄幼虫后，可用 9%螺螨酯（美螨）EC 2000 倍喷雾防治。常用药剂用法与用量也可参照菜粉蝶。注意药剂交替使用，以防产生抗药性，喷药要求均匀到位。

（七）斜纹夜蛾

参见第三章第四节斜纹夜蛾部分内容。

（八）黄曲条跳甲

1. 危害特点与生活习性

成虫咬食叶片危害，常吃成孔洞，严重时只剩下叶脉。幼苗期危害最严重，子叶被吃后，整株死亡，造成缺苗、断垄。幼虫可蛀食根部皮层，使根表皮破损导致病菌侵入，引发黑腐病等植物病害，影响植株正常生长。严重时咬断须根，使地上部叶片发黄，直至整株萎蔫死亡，造成减产。

长江流域每年发生 7～8 代，世代重叠。以成虫在落叶、杂草中潜伏越冬，翌年春季气温达到 10℃以上时开始取食。成虫发生盛期为 4 月上旬～6 月下旬和 10 月下旬～12 月中旬，高峰期为 5 月中下旬～11 月中下旬。成虫善跳跃，以中午前后活动最盛，有趋光性，对黑光灯敏感。卵散产于植株周围湿润的土壤中或细根上，产卵期可延续 1 个月以上。幼虫共 3 龄，在 3～5 mm 的表土中取食根皮，老熟后在土下 3～7 mm 处作室化蛹。

2. 防治措施

农业防治。清除菜地残枝落叶，铲除杂草，消灭其越冬场所和食料基地；播前深耕晒土，造成不利于幼虫生活的环境，并消灭部分蛹。

物理防治。在十字花科蔬菜种植地覆盖防虫网避虫。在田间安插具黏性的黄板或白板诱杀成虫。一般每亩插 30～40 块，可以有效减少田间虫量。

药剂防治。虫害发生初期，可选用 0.5%印楝素 EC 1000 倍液，或 100 亿孢子/g 金龟子绿僵菌 WP 1500 倍液，或 240 g/L 氰氟虫腙 SC 800 倍液，或 10%溴氰虫酰胺 OD 2000 倍液，或 20%啶虫脒 SP 1000～1500 倍液等药剂，喷雾防治。也可用 10%氯氰菊酯 EC 2000 倍液灌根处理。

（九）小猿叶甲

1. 危害特点与生活习性

以成虫和幼虫群集为害，取食叶片呈缺刻或孔洞，严重时，叶片被吃成网状，仅留叶脉，造成减产。

长江流域以成虫在枯叶下或根隙越冬，年发生 3 代，春季 1 代，秋季 2 代。广东年发生 5 代，无明显越冬现象。成虫具假死性，受惊扰后落地，其后翅退化，无飞翔能力。成虫和幼虫略有群集性，日夜均可取食，常与大猿叶甲混合发生。

2. 防治措施

农业防治。秋冬季结合清洁田园、翻耕晒土，清除田间残株落叶、田边杂草，消灭部分越冬虫源。

物理防治。利用成虫和幼虫的假死性，振落地面扑杀；越冬前，在田间地埂、畦埂处堆放菜叶杂草，引诱成虫，集中消灭。

药剂防治。发生初期，可用 10%溴氰虫酰胺 OD 2000 倍液，或 240 g/L 氰氟虫腙 SC 800 倍液，或 20%啶虫脒 SP 1000～1500 倍液，或 2.5%溴氰菊酯 EC 1000 倍液，或 2.5%鱼藤酮 EC 1000 倍液等药剂，对准植株上部叶背面环绕喷雾防治，收获前 7～10 d 停止用药。

第七章 山地甘蓝类蔬菜栽培

甘蓝类蔬菜是指十字花科芸薹属甘蓝种的一类蔬菜，主要包括结球甘蓝、花椰菜、青花菜等多个变种，我国各地均有栽培。甘蓝类蔬菜都有肥厚的外叶，具明显的蜡粉和波状的叶缘，均为低温长日照作物，但各变种与品种间有明显差异。各变种都有适于不同生态条件栽培的品种，一年内可排开播种，分期收获。

甘蓝类蔬菜形成产品器官要求冷凉温和气候。甘蓝类蔬菜根系较发达，再生能力较强，适于育苗移栽。适应性较强，适于在富含有机质并有灌溉条件的壤土或沙壤土种植。

第一节 山地结球甘蓝栽培技术

结球甘蓝简称甘蓝（*Brassica oleracea* var. *capitata*），别名包菜、卷心菜、圆白菜或洋白菜等，是十字花科芸薹属甘蓝种中能形成叶球的一个变种，原产于地中海沿岸。结球甘蓝富含蛋白质、脂肪、碳水化合物、膳食纤维、矿物质、维生素、叶酸等。甘蓝具有耐寒、抗病、适应性强、易储耐运、产量高、品质好等特点，现在我国各地普遍栽培，是东北、西北、华北等地区春、夏、秋季的主要蔬菜之一。结球甘蓝是西方最为重要的蔬菜之一，也是我国南方山地蔬菜生产适宜的栽培类型之一。

一、特征特性

结球甘蓝的叶片在不同时期形态不同，幼苗叶片具有明显叶柄，莲座叶叶柄逐渐变短，直至无叶柄，开始结球；甘蓝叶片叶面光滑，肉厚，覆有灰白色蜡粉。甘蓝为圆锥根系，主根基部肥大，主要根系分布在 30 cm 土层内。茎可分为短缩茎和花茎，叶球内着生球叶的内短缩茎越短，叶球抱合越紧密，冬性越强。

结球甘蓝喜温和冷凉气候，但对寒冷和高温也有一定的忍耐力。种子在 2～3℃时缓慢发芽，发芽适温为 18～20℃；幼苗期可忍耐较长期的 −2～−1℃ 及短期内 −5～−3℃ 低温。结球甘蓝的根系分布浅，且叶片大，蒸腾量较大，要求比较湿润的栽培环境。空气干燥，土壤水分不足时，植株生长缓慢、结球延迟。

结球甘蓝属长日照植物，通过春化后遇到长日照条件则加快抽薹开花；甘蓝叶球形成对光周期不敏感。对光强的适应范围广，在露地和保护地设施内均可栽培。

结球甘蓝对土壤适应范围较广，以中性或微酸性土壤生长较好。

二、生产茬口

甘蓝喜温和、冷凉气候条件。我国南方地区由于各地海拔、地理纬度存在明显的差异，栽培茬口也不尽相同。山地结球甘蓝的主要生产茬口如表 7-1 所示。其中，200 m 左右低海拔山地多以秋甘蓝露地栽培为主，一般在 7 月播种育苗，8月下旬~9 月上旬定植，10 月下旬~12 月中旬采收；200~600 m 中低海拔山地一般每年 12 月中下旬播种，翌年 2 月上中旬定植，5 月下旬~6 月中旬采收；600 m以上高海拔山地，多在 4 月下旬~5 月上旬播种，5 月下旬~6 月中旬定植，7 月中旬~9 月中旬采收。

表 7-1 南方部分省份山地结球甘蓝主要生产茬口

茬口类型	区域及海拔	播种期	定植期	采收期	栽培方式
秋茬	200 m 左右	7 月全月	8 月下旬~9 月上旬	10 月下旬~12 月中旬	露地
春茬	200~600 m	12 月中下旬	翌年 2 月上中旬	5 月下旬~6 月中旬	保温育苗、露地
越夏茬	东南（浙江、福建、江西）600~1000 m	4 月下旬~5 月上旬	5 月下旬~6 月中旬	7 月中旬~9 月中旬	露地
	华中（湖北）800~1600 m	4 月下旬~5 月上旬	5 月下旬~6 月中旬	7 月中旬~9 月中旬	露地
	西南（四川、重庆）1000~1500 m	4 月下旬~5 月上旬	5 月下旬~6 月中旬	7 月中旬~9 月中旬	露地

本节重点介绍山地结球甘蓝越夏栽培技术。

三、栽培要点

（一）地块选择

种植的地块宜选择土层深厚、疏松肥沃、土壤肥力高、中性或微酸性土壤；地块要求排灌方便，雨后能及时排水，干旱时具有灌溉条件。为避免病害的发生，不宜与其他十字花科作物连作。

（二）品种选择

结球甘蓝栽培所用的品种，按其栽培目的和上市时间的不同而定。春季结球甘蓝栽培成败的关键是品种和播种期的选择，宜选冬性强、不易发生未熟抽薹的品种。秋甘蓝的栽培，要选用耐病、优质、丰产的品种。

山地结球甘蓝越夏栽培应选用耐热、耐涝和抗病性以及适应性较强的品种。各地可根据当地的栽培习惯、市场需求特点，选择相应的适宜品种。这里就若干栽培面积较大的品种进行简要介绍。

1. 强力 50

日本引进，早熟，定植后 50 d 即可收获。植株长势较强，开展度 50~60 cm，外叶 10~12 片，叶色深绿，蜡粉中等。叶球坚实，高扁圆形，纵径 12 cm，横径 18.5cm，单球重 1.2~1.5 kg。整齐度高，采收集中，品质佳。耐热耐寒，适播期长。

2. 中甘 21

早熟，定植到收获约 50 d。植株开展度约 52 cm，外叶约 15 片，叶色绿，蜡粉少。叶球圆球形，球内中心柱长约 6 cm，单球重 1~1.5 kg。叶球坚实，外形美观，叶质脆嫩，品质佳。抗逆性强，耐裂球，不易先期抽薹。

3. 美貌 2 号

中早熟，植株半开张性，长势强，株高 20 cm，开展度 55~60 cm，外叶 10~11 张。叶球高扁圆形，浓绿色，球高 15 cm，横径 22 cm，单球重 1.5 kg，中心柱长 6.3 cm，外叶紧抱。内叶淡绿，脆嫩味甜，品质佳。特抗软腐病和黑腐病，裂球迟，适收期长。

4. 夏光

极早熟，播种到收获约 50 d。植株开展度 60 cm 左右，叶球紧实，扁圆形，高 12.6 cm，宽 15.9 cm，单球重 1.0~1.5 kg，叶球叠抱，叶片光滑无毛，有光泽。抗热耐湿，耐病性强。

5. 秋丰

晚熟，定植到收获 100 d 左右。植株生长势强，开展度 70 cm 左右。外叶 15~17 片，叶色灰绿，蜡粉较多。叶球扁圆形，绿色，整齐度高，中心柱高 7~9 cm，单球重 2 kg 左右。耐储藏，抗热，抗病性强。

6. 京丰 1 号

中晚熟，从定植到收获 80~90 d。植株开展度 70~80 cm，外叶 12~14 片，叶色深绿，蜡粉中等。叶球扁圆形，结球较紧，单球重 2.5 kg 左右。球叶肉质脆嫩，品质中上。抗病性强，生长整齐一致。

7. 鲁甘蓝 2 号

极早熟，从定植到收获 40～45 d。植株开展 45～50 cm，外叶 14～15 片，叶色深绿，叶面蜡粉中等，叶球圆形，单球重 0.5～1 kg，品质优良。冬性强，生长一致，结球性好。

8. 京惠

韩国引进，早熟，定植到收获约 50 d。叶球圆球形，叶色绿，单球重 1.2 kg 左右，球形美观，叶质脆嫩，不易裂球，品质优良。冬性强，抗干烧心病，耐先期抽薹性好。

（三）育苗

1. 育苗方式

根据栽培季节和方式，可在塑料拱棚、温室、露地育苗，山地越夏栽培宜采用避雨育苗。

2. 种子处理

种子消毒。用 50℃温水浸种 20～30 min 后晾干播种；或用 50%代森胺水溶液 200 倍液浸种 15 min，洗净晾干后播种；或用农用硫酸链霉素 SP 1000 倍液浸种 2 h，洗净晾干后播种；也可用种子重量 0.4%的 50%福美双 WP 拌种。

3. 苗床准备

床土配制。选用近3年来未种过十字花科蔬菜的肥沃园土，整地前，每亩施 5000 kg 的优质经充分腐熟的圈肥，复合肥1 kg，施后倒翻两遍，使粪土混合均匀并整平畦面。将床土铺入苗床，厚度10～12 cm。提倡利用商品基质进行穴盘育苗。

床土消毒。50%多菌灵 WP 与 50%福美双 WP 按 1∶1 混合，或25%甲霜灵 WP 与 70%代森锰锌 WP 按 9∶1 混合，按每平方米用药 8～10 g 与 15～30 kg 细土混合，播种时 2/3 铺于床面，其余 1/3 覆盖在种子上。

4. 播种

4月下旬～5月上旬适时播种。先将苗床浇足底水，待水渗后覆一层细土，将种子均匀撒播于床面，再覆细土 0.6～0.8 cm。每亩大田需种量为 50 g 左右。

5. 间苗

齐苗后，子叶平展时进行第 1 次间苗，拔去小苗、弱苗及丛生苗。当幼苗第 2 片真叶发生后，进行第 2 次间苗，留苗距 10 cm 为宜。

（四）定植

待苗长至 5~6 片真叶时，及时安排定植。选择前茬为非十字花科的豆类或瓜类地块为宜，每亩施腐熟有机肥 3000 kg、硫酸钾三元复合肥 30 kg，翻地作畦，畦宽 1.2 m，栽 2 行。定植前傍晚苗床浇透水，一般要求 10 cm 土层能够渗透即可。定植株行距因品种、栽培季节及土壤肥力水平等确定，一般株型较小的甘蓝品种行株距以 40 cm×35 cm 为宜，每亩栽 5000 株；株型较大品种行株距以 50 cm×50 cm 为宜，每亩栽 2400~2600 株。移植时应注意将大小苗分开定植，以方便管理。定植后及时浇定根水。

（五）田间管理

1. 中耕除草

移栽缓苗后，应及时中耕松土，促进根系生长，并消灭杂草。中耕深度 3 cm 左右为宜，在第 1 次中耕 5~6 d 后进行第 2 次中耕，深 4 cm 左右，并把表土耙碎，整平以便保墒。一般在植株封行之前浅锄 1~2 次，以后可随手拔除杂草。

2. 水分管理

定植到叶球形成除了定植时的稳苗水外，一般不浇水，如果土壤干燥，则宜傍晚浇水，以确保秧苗成活；缓苗后结合中耕、追肥浇水，保持土壤湿润，促进莲座叶生长。当叶球开始形成后，应适当浇水，维持土壤湿润，并随着叶球生长，结合追肥浇水。采收前 15 d 左右宜控制水分，以免病害流行及叶球破裂。

3. 追肥

甘蓝定植缓苗后，根据土壤肥力水平施一次薄肥，一般每亩施尿素 3 kg 左右，兑水浇施；进入莲座期，根系吸收能力逐渐加强，每亩追施尿素 10 kg 左右。进入结球期，植株对氮、磷、钾养分均有较高需求，一般每亩施用复合肥或蔬菜专用肥 40~50 kg 为防止干烧心，可在甘蓝的生长中后期喷 2~3 次 0.3%~0.5%的氯化钙或硝酸钙溶液。

（六）采收

甘蓝进入结球末期，当叶球抱合紧实，外观翻亮，大小定型，紧实度达八成，手压有紧实感时，即可分批收获。收获时宜带 2 片外叶作为保护叶。

第二节　山地青花菜栽培技术

青花菜（*Brassica oleracea* var. *italica*），别名绿花菜、茎椰菜、西兰花等，为十字花科芸薹属甘蓝种中以花球为产品的一个变种，是一、二年生草本植物，原产地中海东部沿岸地区。19 世纪初传入我国，先在台湾省种植，以后广东、福建、云南、北京、上海等省（直辖市）也随之栽培。青花菜营养丰富，含有蛋白质、脂肪、碳水化合物、膳食纤维、维生素、矿物质等多种营养成分。20 世纪 50 年代后，青花菜在国外市场上受欢迎的程度已超过花椰菜，一般用来做沙拉配料生食、冷冻或炒食，属于最有发展前景的高档保健蔬菜之一。近年来，我国南方部分山地栽培青花菜，产品供应国内外市场。

一、特征特性

青花菜叶色较深，蓝绿，蜡质层较厚。主茎顶端形成大花球，部分品种叶腋抽生的侧枝也可形成小花球。青花菜性喜温和凉爽气候，在 5～25℃，温度越高，青花菜的生长发育越快。最适发芽温度为 20～25℃，幼苗期的生长适温为 15～20℃，莲座期生长适温为 20～22℃，花蕾发育适温为 18～20℃，温度高于 25℃时花球品质易变劣。植株在生长前期要求较高的温度，以促进营养生长；后期要求凉爽，以促进花芽分化及花蕾的发育。低于 5℃则植株生长缓慢；花球在－5～－3℃的低温下受冻，当温度回升后，形态基本恢复正常，但质量变劣。

青花菜是长日照植物，但花球形成对光周期不敏感。植株生长要求充足的光照，光照不足，植株易徒长，花球变小。

青花菜喜湿润环境，对水分要求量较大，生长期间要求保持土壤湿润，特别是在叶片旺盛生长和花蕾发育期,需要充足的水分,土壤湿度在田间持水量70%～80%才能满足生长需要。此外，青花菜不耐涝，特别在植株生育前期，抗涝能力弱，栽培上需开排水沟，防止涝害。

青花菜对土壤要求不严格，但对土壤养分要求严格，生长过程中需要充足的肥料，并注意氮、磷、钾元素的搭配使用。在花蕾发育过程中，青花菜对硼、钼、镁等微量元素的需要量也较多，如缺硼常引起花茎中心开裂、花球变成锈褐色、缺镁叶片变黄色，缺钼新生叶呈鞭形、花球膨大不良。因此，在青花菜栽培中需要注意补充这些微量元素。

二、生产茬口

青花菜喜冷凉气候条件，属半耐寒性蔬菜。山地青花菜栽培茬口与同纬度平原地区有一定差异，各地应根据实际气候条件安排茬口。南方部分省份山地青花菜栽培主要茬口如表7-2所示。其中，海拔200 m左右山地多以秋茬露地栽培为主，一般在7月中旬前后播种育苗，8月下旬~9月上旬定植，10月下旬~12月中旬采收；海拔200~600 m山地大多以春茬栽培为主，一般每年1月中下旬播种，3月中下旬定植，5月下旬~6月中旬采收；600 m以上山地适宜越夏栽培，多在6月中旬~7月上旬播种（采用遮阳网庇荫育苗，因前期正值高温季节，宜选用早熟、较耐热的品种，如'优秀'、'海绿'等），7月上旬~8月上旬定植，9月中旬~10月中旬采收。

表7-2　南方部分省份山地青花菜主要生产茬口

茬口类型	区域及海拔	播种期	定植期	采收期	栽培方式
秋茬	200 m左右	7月中旬	8月下旬~ 9月上旬	10月下旬~ 12月中旬	露地
春茬	200~600 m	1月中下旬	3月中下旬	5月下旬~ 6月中旬	露地
越夏茬	东南（浙江、福建、江西） 600~1000 m	6月上旬~ 7月上旬	7月上旬~ 8月上旬	9月中旬~ 10月中旬	露地
	华中（湖北） 800~1500 m	6月上旬~ 7月上旬	7月上旬~ 8月上旬	9月中旬~ 10月中旬	露地
	西南（四川、重庆） 1000 ~1500 m	6月上旬~ 7月上旬	7月上旬~ 8月上旬	9月中旬~ 10月中旬	露地

本节重点介绍山地青花菜越夏栽培技术。

三、栽培要点

（一）地块选择

选择排灌良好、耕层深厚、土质疏松肥沃、有机质含量丰富、保水保肥力强的壤土或沙壤土种植。适应土壤pH范围5.5~8.0，但以pH 6.0左右为最好。要求地块交通运输便利，背风向阳，要有灌水和排水条件。前茬作物以麦茬作为生产田块最好，其次为玉米、豆茬等茬口，尽量不要用蔬菜茬口。

（二）品种选择

根据生育期不同,青花菜品种一般分早熟品种、中晚熟品种和晚熟品种三类。其中,早熟品种花芽分化、花球形成可以在较高温度下完成,宜作山地越夏栽培或早秋栽培;中晚熟品种花芽分化和花球形成要求相对较低的温度,一般作秋冬季及春季栽培。目前,国内青花菜栽培品种不多,且多数引自日本、美国等。这里介绍若干普遍推广的青花菜品种。

1. 优秀

日本引进。早中熟,播种后 90～100 d 收获。植株高大、直立,侧枝少,生长势强,高约 60 cm,开展度 50 cm,易倒伏。叶色深绿,叶片数 18～20 片。花球圆头形,鲜绿紧实,蕾粒细小,单球重 350～400 g,易产生柳叶状小叶。耐寒,对温、湿度剧变不敏感,较抗霜霉病和黑腐病,栽培适应性广。

2. 绿雄 60

日本引进。早熟,定植后 60 d 左右可收获。株型直立,侧枝少,长势强。花球圆头形,鲜绿紧实,单球重约 350 g,花球蕾粒细小均匀。球面平整,枯蕾不易发生,品味极佳,货架期长。耐暑性强,空茎发生少,适应性广,抗病性强。适宜密植,每亩种植 2300～2800 株,春秋兼用。

3. 绿雄 90

日本引进。中晚熟,定植至采收 90～110 d。株高 65～70 cm,开展度 40～45 cm。叶挺直而窄小,总叶数 21～22 片。花球半球形,球面圆整紧实,蕾粒中细均匀,颜色深绿。作保鲜小花球单球重 300 g,作大花球可达 750 g,直径 15～18 cm。耐寒性、耐阴雨性强,抗花球霜霉。

4. 台绿 1 号

中晚熟,从定植至采收约 95 d。株型半直立,长势较强,侧枝较少,株高约 70 cm,开展度 90 cm×88 cm 左右;叶片长椭圆形,总叶数约 22 片,叶色深绿,叶面平滑、蜡粉中等。花球高圆形,纵横径分别为 11 cm 和 16 cm 左右,单球重 750 g 左右。花球紧实,蕾粒中细均匀,商品性好。

5. 东京绿

日本育成,早中熟,从定植到收获 68～75 d。分枝力极强,是顶、侧花球兼用种。植株较矮小,株高 57 cm,开展度约 83 cm,叶片数约 22 片。主花球半圆形，纵径 15 cm，横径约 18 cm，单球重 300～400 g，花球紧实，深绿色；花蕾浓绿色，花茎短，蕾粒紧密，纤维较少，品质优良。耐热、耐寒性强，抗病性较强，适应性广。

6. 中青一号

中熟，生育期 105～110 d，为顶花球专用种。植株生长旺盛，较开张，株高 38～40 cm，开展度 62～65 cm，叶片数 15～17 片，叶大而厚，蜡粉厚。主茎粗大，花球重 300～400 g，花蕾粒较细，紧密，浓绿色，品质良好。较抗病毒病和黑腐病，适应性广。

7. 海绿

早中熟，从移栽到收获生育期 70 d 左右。植株直立，健壮整齐，株型紧凑，侧枝多，平均株高 65 cm，开展度约 75 cm，叶片长椭圆形，蜡粉多，叶色深绿。花球紧实、颜色绿、蕾粒细，半圆球形，球径 14 cm 左右，单球重约 490 g。耐密植，每亩种植密度可达 3000 株。适合夏种秋收。

8. 曼陀绿

早熟，定植到收获 60～65 d。株型直立、高大，侧枝少，株高 65 cm，开展度 82 cm，叶片数 25 张，叶色淡绿，蜡质厚。花球紧实，呈蘑菇状，蕾粒细匀，平均单球重 400 g，最大可达 1.5～2.0 kg，灰绿色。球形美观，不易散粒，商品性好。花茎不易空心，成品率高。抗病性强，尤其高抗菌核病。对气候、土壤适应性广，较耐寒，耐肥。

（三）育苗

青花菜种子价格较高且种子供应较紧张，栽培上秧苗大小不一易导致采收期拉长。为了节省用种、方便管理、培育壮苗，生产上均采用育苗移栽。提倡基质穴盘育苗，不具备穴盘育苗条件的，可以采用自制土块育苗。

1. 种子处理

播种前需要进行种子处理，其目的主要是减少病害发生、提高出苗整齐度。种子处理方法可以选择晒种、10%磷酸三钠浸种或 55℃温水烫种。采用 10%磷酸三钠浸种时，浸种时间控制在 20 min 左右，然后用清水冲洗数次，晾干后播种；用 55℃的温水烫种 15～20 min，期间不断搅拌，自然冷却至 30～25℃，晾干后播种。

2. 土块育苗

育苗床选择地势高燥、通风排水良好、靠近水源、土质疏松肥沃的地块,一般苗床宽 1.2 m,每亩苗床施腐熟有机肥 5000～6000 kg,复合肥 25 kg,施肥后将苗床精耕细作,搂碎耙平,然后灌透水 1 次,待苗床无明水后用刀按 8 cm×8 cm 规格划割床土,约 3 d 后即可播种。播种时每个土块中间挖一小穴,穴内播种 1 粒种子,播种后覆盖 0.3 cm 厚的过筛细土。秋季栽培注意用遮阳网覆盖 3～4 d,出苗后要炼苗,一般晴天上午 9～10 时加盖,下午 4 时后揭开,做到七分阴三分阳,既可起到遮阳、降温、防暴雨、冰雹损伤苗,又可有效地防止因湿度过大而导致苗徒长,提高幼苗防御能力。若遇大雨要加盖塑料薄膜,以防雨水冲刷。

3. 穴盘育苗

育苗基质应选用草炭、蛭石、珍珠岩配制,每立方米加入硫酸钾复合肥 1.5 kg,50%多菌灵 WP 150 g 充分拌匀待用。提倡用专用商品育苗基质育苗。

选用 72 孔或 128 穴标准育苗盘,将基质料装入盘中,整齐摆放在育苗床上。播种前浇透底水,每穴播 1 粒种子,播后覆盖 0.5 cm 厚基质。春季育苗播后加盖地膜增温、保湿;秋季育苗播后平铺 2 层遮阳网,以遮阳、防雨。

4. 苗期管理

苗期要严把三关:一是要及时揭膜。春季地膜覆盖时间长,温度过高容易导致苗徒长,温度控制在 18～20℃,超过 25℃时应注意通风。二是要适时适量灌水,但应避免傍晚浇水。苗期应保持土壤湿润状态,防止水分过多或干旱。一般幼苗出土、子叶展开后适当控制水分,防止苗徒长。适宜的土壤湿度为 70%～80%。三是预防病虫害。青花菜苗期主要害虫是菜青虫、夜蛾类和黑绒金龟甲,选用适用农药对症防治。菜青虫用 5%氟虫苯甲酰胺 SC 1500 倍液防治;对甜菜夜蛾和斜纹夜蛾可用 20%虫酰肼 SC 1000 倍液加 10%高效氯氰菊酯 EC 1500 倍液防治;黑绒金龟甲用 5 g 炒熟的麦麸皮拌 50 g 40%甲基异柳磷 EC 配成毒饵撒放在苗床四周防治。

（四）定植

结合整地每亩施有机肥 1500～2000 kg 或干鸡粪 2000 kg,硫酸钾复合肥 25 kg,硼砂 2～3 kg 作为基肥。翻耕后作畦,畦宽 100 cm,沟宽 40 cm、沟深 25 cm,镇压后待定植。

秧苗具 5～6 片真叶时移栽。秋季栽培定植期在 8 月上中旬,此期气温尚高,宜在傍晚进行,并浇足定植水。行株距:早熟顶侧花球兼用种和中熟种的行株距为 60 cm×50 cm，每亩栽 2200 株左右，晚熟品种的行株距为 70 cm×50 cm，每亩栽 1800 株左右。

（五）田间管理

1. 追肥

青花菜植株生长期长，特别是顶、侧花球兼用种，采收期可达 2 个月甚至更长，需要消耗大量的养分。为此，除施足基肥外，还要追肥 3～4 次。采用人工或机械条施追肥的方法，在定植后 7～10 d，每亩追施尿素 5 kg，硫酸钾 10 kg；15～20 d 后追施第 2 次肥，每亩追施复合肥 25 kg，硫酸钾 10 kg；花球形成初期喷施 0.2%～0.3%磷酸二氢钾溶液或 0.05%～0.10%的硼砂和钼酸铵溶液 1 次，以提高花球质量，减少黄蕾、焦蕾的发生。顶花球采收后再施 1～2 次，促进侧花球的发育，提高总产量。

2. 水分管理

青花菜叶面蒸发量大，对水分的要求比较高，要求土壤湿润，在日常管理中应适当增加灌水量，但雨季要及时排水，防止涝害。青花菜在定植、缓苗期、莲座期、结球期间，应保持田间持水量 60%～70%。每次追肥后应及时浇水，莲座期后适当控制浇水，花球直径 2～3 cm 后及时浇水，主花球采收前 7 d 左右一般需要停止浇水。

3. 侧枝管理

顶花球专用种在顶花球采收前，应抹去侧芽；顶、侧花球兼用种，侧枝抽生很多，可选留健壮侧枝 3～4 个，抹去细弱侧枝，减少养分消耗。当 60%～80%的主茎花球采收后，浇水追肥，催侧枝花球的生长，当侧花球长至直径达 10 cm 左右时采收。

4. 温度管理

在花球开始形成时温度控制在 25℃左右。花球形成期的环境温度主要通过播种期的调整实现，但在气候异常年份（特别是异常高温）需要采取相应措施，一般田间 30℃的高温不能连续超过 3 d，超过 3 d 时应及时采取控制温度措施：人工折叶覆盖花球或用遮阳网覆盖等方法控制高温，防止花球出现焦蕾、黄粒、散球。

5. 束叶遮阴

采摘前 5～7 d 束叶遮阴，即将花球外围两边老叶主脉向内折断，在其上搭个遮阴小棚，遮住强光，防止太阳强光照射使花球变紫开花、质地变粗、纤维增多等，从而降低品质和商品率。

（六）采收

适时采收是保证青花菜优质的一项重要措施。过早采收，影响产量；过迟采收，花球松散，表面凹凸不平。采收要求花球紧实，颜色深绿，表面完整，无病虫为害，无畸形和机械损伤。一般保留 4～5 片叶，避免运输过程中出现机械损伤；高度 16～18 cm（从花顶到茎下端），花球直径 11.5～13 cm。

出口青花菜标准要求花球 11.5～14 cm，花环连柄长不低于 16 cm，重量为 100～200 g。色泽浓绿、花球紧实、球形圆正、花蕾比较均匀，无满天星（黄粒）、焦蕾、腐烂，无虫口、无活虫、无破损、柄无空心等畸形现象。采收的花球装入专业箱（筐），用叶片覆盖防晒、防碰伤。装车后应盖上遮阳网，防止运输时间长阳光暴晒，装卸轻拿轻放。

第三节　　山地花椰菜栽培技术

花椰菜（*Brassica oleracea* var. *botrytis*），又名花菜或菜花，原产地中海至北海沿岸，是十字花科芸薹属二年生植物，由甘蓝演化而来。其产品器官为短缩、肥嫩的花蕾、花枝、花轴等聚合而成的花球。花椰菜含蛋白质、脂肪、碳水化合物、膳食纤维、维生素、矿物质等。花椰菜营养丰富，风味鲜美，深受人们喜爱，是南方山区栽培的主要蔬菜种类之一。

一、特征特性

花椰菜叶片阔披针形或长卵形，为浅蓝绿色，表面具有蜡粉，显球时新叶自然向内卷曲，可保护花球免受日光直射或受霜害。主根基部粗大，须根发达，主要根系分布在 30 cm 以内的土壤内。茎在营养生长期短缩，上端增粗，暂时储藏养分；营养阶段发育完成后抽生花薹，顶芽形成花球，花球半球形，是主要食用部分。目前栽培的花椰菜主要有两种类型：一种是传统的花球紧实类型，另一种是花球松散型，后者常被称为松花菜。

花椰菜属于半耐寒性蔬菜，喜冷凉温和气候，营养生长适温为 15～25℃，花球肥大期适温为 10～20℃，25℃以上花球停止形成，或出现异常花蕾。5℃以下生长受到抑制，0℃以下裸球受到冻害。花椰菜属长日照作物，但目前应用的品种其花球形成对日照要求不严格；花椰菜是喜光作物，充足的光照有利于营养面积的扩大及营养物质的合成和积累，能促进花球肥大；但在花球肥大期阳光直射会使花球颜色变黄，影响花球品质，故应在花球肥大期进行束叶或摘叶遮阴。花椰菜喜湿润环境，耐寒、耐涝能力较弱。在空气湿度 80%～90%，土壤湿度 70%～80% 条件下生长良好，在莲座后期及花球形成期尤其需要大量的水分；但土壤湿度过大易造成根系活动受阻，根系腐烂甚至死亡。

　　花椰菜对土壤要求严格，要求土壤疏松、耕作层厚、富含有机质，保水保肥能力强。花椰菜在整个生育期内要求充足的氮、磷、钾营养元素，在前期特别是叶簇形成期对氮的要求很高，花球形成期对磷、钾肥要求较高。此外，花椰菜对硼、镁等营养元素也有特殊要求，缺硼常引起花球变成锈褐色、味苦，缺镁叶片变黄。

二、生产茬口

　　花椰菜喜冷凉气候条件，属半耐寒性蔬菜。目前生产上，我国南方山地花椰菜主要生产茬口如表 7-3 所示。其中，海拔 200 m 左右多采用秋茬露地栽培，一般在 6 月中旬～7 月育苗，7 月中下旬～8 月上旬移栽，9 月下旬～11 月上旬采收；海拔 600 m 以上适播区及适播期较广，大多采用露地栽培，一般每年 4 月中旬～7 中旬分段育苗，5 月中旬～8 月中旬分批移栽，7 月上旬～11 月上旬陆续采收。山地花椰菜越夏栽培，国庆前后（9～10 月）补淡上市，以 6 月上旬～7 月上旬播种育苗，6 月底～7 月下旬定植为宜。各地由于地理纬度、海拔及区域小气候差异，栽培季节略有差异，宜根据实际情况进行调整。

表 7-3　南方部分省份山地花椰菜主要生产茬口

茬口类型	区域及海拔	播种期	定植期	采收期	栽培方式
秋茬	200 m 左右	6 月中旬～7 月	7 月中下旬～8 月上旬	9 月下旬～11 月上旬	露地
春茬	200～600 m	1 月上旬	3 月中下旬	5 月下旬～6 月中旬	露地
越夏茬	东南（浙江、福建、江西）600～1000 m	4 月上中旬～7 月中旬	5 月中旬～8 月中旬	7 月上旬～11 月上旬	露地
	华中（湖北）1000～1500 m	4 月上中旬～7 月中旬	5 月中旬～8 月中旬	7 月上旬～11 月上旬	露地
	西南（四川、重庆）1000～1500 m	4 月上中旬～7 月中旬	5 月中旬～8 月中旬	7 月上旬～11 月上旬	露地

　　本节重点介绍山地花椰菜越夏栽培技术。

三、栽培要点

（一）地块选择

选择土层深厚、疏松肥沃、有机质丰富、保水保肥力较强、排灌良好的壤土或轻沙壤土栽培。最适土壤酸碱度为 pH 6.0～6.7。前茬作物不应是十字花科植物，并以豆类、麦类、玉米等为前茬作物为佳。

（二）品种选择

花椰菜不同季节对品种要求严格，品种选择不善会大幅度降低产量和品质。高山地区春季可选择早熟品种，秋季栽培宜选择耐热、抗病品种，越夏栽培因前期正值高温季节，宜选用耐热、耐湿、商品性好的品种。目前山地栽培的花椰菜除了传统的花球紧实型品种外，更多的是松花菜品种。

应用较广的花球紧实型品种有：

1. 日本雪山

日本引进。株高 70 cm，开展度 88～90 cm，叶长披针形，平均叶数 23～25 片，叶片深灰绿色，蜡粉中等。花球高圆形、雪白、紧密，单球重 2000 g 左右，耐热、耐寒，抗病性强。

2. 特早 50 天

早熟，株型较紧凑，株高约 40 cm，开展度约 70 cm，叶色浅绿，呈卵圆形，蜡粉中等，叶柄较长。花球近圆球形稍扁，球大结实，洁白形美，品质佳，球径约 14 cm，单球重 900 g 左右。抗病，耐热、耐湿，适合夏季播种。

3. 利民 70 天

中早熟，株型中等大小，株高约 45 cm，开展度约 70 cm。叶色浅绿，呈卵圆形，蜡粉中等。花球近圆球形，球径约 15 cm，单球重 1.2 kg 左右。花球洁白，心叶紧包花蕾，不易发紫、毛花，质地柔嫩，品质优良，商品性好。抗病性好，耐热、耐湿。

4. 新花 80 天

中熟，株形直立，长势旺盛，生长快速，外叶自包心，护球性好，叶色深绿，叶面蜡粉中等。花球特洁白、紧实、细腻，商品性极佳，单球重 1.5～2.0 kg。耐热、耐寒性强，适应性广。

5. 荷兰雪球

中熟，株高 50～55 cm，开展度 60～80 cm，叶片长椭圆形，深绿色，大而厚，叶柄绿色，叶片及叶柄表面均有一层蜡粉。花球圆球形，肥厚，质地柔嫩，品质好，单球重 600～1000 g。耐热、耐寒性强，抗病力中等。

应用较广的松花类型品种有：

6. 庆松 55 天

早熟，定植至采收约 55 d。叶片长，生长快。花球白，松大不毛花，蕾枝青梗，甜脆可口，品质极佳。花球整齐，扁平美观，单球重 700 g。耐热，耐湿，抗病，适应广，为提早上市的首选品种。

7. 台松 60 天

早熟，秋种定植后约 60 d 采收。生长快、株型大、结球期适温 17～28℃。花球品质佳、球形扁平、雪白松大、蕾枝青梗、梗长、肉质松软、甜脆好吃，单球重 1.2 kg。耐热、耐湿，抗逆性强，适应性广。

8. 庆农 65 天

中早熟，春季定植至采收约 50 d，高山夏季定植至采收约 80 d，秋季定植至采收约 65 d。长势较旺，株高 70 cm，株幅 80 cm，易栽培管理。蕾枝较长，浅绿色，花球松大，洁白美观，质地柔软，单球重 1.3 kg。耐热、耐湿，抗病性强，适应性广。

9. 浙 017

青梗松花类型杂交种。中早熟，定植至采收 65 d 左右。株型紧凑，植株较直立，株高约 50 cm，开展度约 70 cm。叶片长椭圆形，叶色深绿，蜡粉厚。花球扁平圆形、乳白色，花梗淡绿，花球直径 23 cm 左右，单球重约 1.2 kg。

10. 大绿 65

中早熟，秋季定植后约 65 d 采收，春季定植后约 50 d 采收。花球松大，雪白，蕾枝青绿色，肉质甜脆好吃，单球重 1.5～2.5 kg。耐热、耐湿，抗旱、抗风雨，发育快，根部旺，吸肥力强，易于栽培，在不良环境下基本上能正常生长。

11. 浙 091

中熟，可春秋两季种植，夏播定植后 80 d 左右采收。叶片披针形，叶色深绿，蜡粉厚。植株健壮整齐，株型中等，株高约 50 cm，开展度约 80 cm。花球松大、半球形，花层较薄，无毛花，不易发紫，梗细而青，商品性佳。夏播球径 24 cm 左右，单球重 1.5 kg 左右。综合抗性良好，吸肥力强。

12. 庆松 100 天

晚熟。耐寒、抗病、生长势强，适应广，株形整齐，花球雪白美观，松大形，蕾枝浅青梗，甜脆好吃，品质极佳，单球重 2 kg。高产稳产，是秋延后种植冬春上市品种。秋种定植后 90～100 d，春种定植后 70 d 采收，结球期适温 10～20℃。

（三）育苗

花椰菜育苗技术与青花菜基本一致，请参阅本章第二节相关内容。

1. 种子处理

花椰菜种子应选籽粒圆整、饱满、大小一致、具有光泽、无杂质的当年种子。可采用 55℃的温水烫种处理，减少病害发生、提高出苗整齐度。若温水烫种，去除杂质、秕子和弱小的种子后，将干净种子放入 55℃温水浸种 15～20 min，并不停搅拌，冷却至常温后晾干播种。

2. 苗床育苗

选择近 3 年内未种过十字花科作物、地势稍高、光照充足、排灌方便的肥沃沙质壤土地块作为苗床。苗床应在前茬作物收获后及时清除杂草，深翻晾晒。每亩施腐熟有机肥 1500 kg 作为底肥，每立方米苗床土加 N：P_2O_5：K_2O（15：15：15）三元复合肥 1 kg，充分混匀，将床土铺入苗床内，厚度 10～12 cm。筑长 10～15 m、宽 1.2 m、沟深 20～25 cm 的苗床，一般每亩大田需要准备 6～20 m^2 的苗床。用 50%多菌灵 WP 与 50%福美双 WP 1：1 混合，或 25%甲霜灵 WP 与 70%代森锰锌 WP 9：1 混合，按每立方米用药 8～10 g 与 4～5 kg 过筛细土混合，播种时 2/3 铺于床面，1/3 覆盖在种子上。

将苗床浇透水，水分渗入土中后，在苗床表面撒一层过筛细干土。按穴播种，每穴 1～2 粒，使种子均匀分布在穴里，播种后覆盖 0.3～0.5 cm 厚的过筛细土。每平方米畦面用种量 0.4～0.6 g。

越夏栽培播种时外界温度较高，可用塑料遮阳网或草帘覆盖畦面，以保持土壤水分，降低蒸腾量，降低畦面温度，种子出苗整齐。2～3 d 后种子发芽，子叶开始露出土面时，于傍晚揭掉覆盖物，再在苗床上搭好遮阳棚架。

3. 穴盘育苗

育苗基质应选用草炭、蛭石、珍珠岩配制,每立方米加入硫酸钾复合肥 1.5 kg,50%多菌灵 150 g 充分拌匀待用。也可以用专用商品育苗基质育苗。

选用 72 孔标准育苗盘,将基质装入盘中,摆放整齐,浇透底水后,每穴播 1 粒种子,播后覆盖 0.5 cm 厚基质。高温季节育苗,播后平铺 2 层遮阳网,以遮阳、防雨。

4. 苗期管理

间苗。一般苗床育苗播种后36～48 h即可出苗,3～4 d后齐苗,及时间苗,去掉病苗、弱苗及杂苗,每穴只留1株,间苗后覆土1次。

覆盖物管理。暴雨到来之前,合理调节及时盖好塑料薄膜,要盖严、盖实,暴雨过后及时揭除。出苗前全天覆盖遮阳网,保持气温 15～20℃;出苗后,遮阳网采取白天盖,晚上揭;气温高于 30℃时盖,低于 30℃可不盖;一般白天上午 9 时盖棚,下午 4 时揭棚,以利炼苗,增强其苗质。

水分管理。要保持苗床见干见湿,才能促使幼苗正常生长。一般不旱不浇,每 3～4 d 浇水 1 次,旱时喷洒轻浇,若水分过多,幼苗极易徒长。大雨将至时盖膜防雨,并利用苗床四周排水沟及时排水,严防苗床渍水。适宜的土壤湿度为70%～80%。

追肥。前期一般不施肥,在定植前 2～3 d 施一次腐熟薄粪水,或在定植前一周喷施一次有机叶面肥料。

(四)定植

花椰菜适宜选择土层深厚、肥沃、排水良好的沙壤土栽培。土壤翻耕后施足基肥,每亩施优质腐熟农家肥 2000～3000 kg,复合肥 50 kg,过磷酸钙或钙镁磷肥 25 kg,尿素 10 kg,硼砂 1 kg。施肥后耙平,每亩施生石灰 50～100 kg,再按连沟宽 1.5 m、高 15 cm 整地作畦。

当苗具有 5～6 片真叶时即可定植。定植前一天傍晚,苗床浇透水,以便起苗时多带土,保证成活率。定植时严格剔除病、弱、杂苗,杜绝裸根定植。合理密植利于提高产量,一般早熟品种株行距 45 cm×50 cm,每亩定植 3000 株左右;中晚熟品种株行距 50 cm×60 cm,每亩定植 2300 株左右。定植后及时浇定根水,促活棵。春季栽培时因气温低,蒸发量较小,一般活棵后不需浇水;秋季栽培时外界温度较高,定植后 3 d 内,早上和傍晚都得浇一次水促活棵。遇土壤过干,可在中午温度较高时浇稀薄人粪尿。

（五）田间管理

1. 水分管理

花椰菜在营养生长阶段，应采取薄水勤浇，以促进根系深扎。土壤湿度控制在田间最大持水量的 60% 左右。结球期植株需水量加大，可采用沟灌，使水布满畦面，土壤湿度在田间最大持水量的 70%～80%。畦沟渗透后，及时将余水排除，以免引起沤根现象。若土壤湿度过大，通透性降低，影响根系生长，花球也易染病害。结球期浇水不能把水浇到花球上，以免损伤花球。收获期适当控水，特别是在收割前 3 d，不宜浇水。有条件的提倡采用微灌。

2. 中耕除草

定植后因多次浇水易造成畦面板结，应及时松土，使畦面疏松，有利于根系生长。以后在封行前再进行 1～2 次松土。

3. 追肥

花椰菜需肥量大，定植活棵后应追肥一次，每亩施用尿素 5 kg。现蕾初期，即花球分化新叶交心时应追施一次重肥，每亩施 N：P_2O_5：K_2O（15：15：15）三元复合肥 20 kg，此后根据植株生长情况酌情追肥。花球膨大期可喷 0.3% 的硼砂和 0.05% 的钼酸铵水溶液，3～5 d 喷 1 次。

4. 折叶盖球

花椰菜横径 5 cm 左右时，折断靠近花球的叶片覆盖花球，以免阳光直射，保持球洁白，确保花球质量。随着花球长大，花球易露出叶面，需再折叶覆盖花球。

（六）采收

花椰菜以花球为产品，采收应及时。一般春季栽培花椰菜在现花球后 12～25 d 就可以采收；秋季栽培则在花球现蕾后 1 个月左右采收。采收的标准（松花菜）：花球充分长大紧实，洁白平整，基部花枝略有松散时。采收时带 1～2 片叶割下花球，以保护花球，便于包装运输。

第四节　病虫害防治技术

一、主要病害

山地甘蓝类蔬菜生产上常见的病害有甘蓝类霜霉病、甘蓝类软腐病、甘蓝类黑腐病、甘蓝类枯萎病、甘蓝黑斑病、甘蓝黄叶病、甘蓝类裂球、根肿病、根结线虫病等。

（一）甘蓝类霜霉病

1. 症状

主要为害叶片，引起局部病斑，也为害茎、花梗等。病斑初为淡绿色，逐渐变为黄色至黄褐色，或暗黑色至紫褐色，中央略带黄褐色，稍凹陷，受叶脉限制而呈不规则形或多角形。湿度大时叶背或叶面产生稀疏灰白色霉状物。严重时病斑汇合成片，致叶片变黄干枯。

2. 发病特点

参见第六章第五节霜霉病部分内容。

3. 药剂防治

参见第六章第五节霜霉病部分内容。

（二）甘蓝类软腐病

1. 症状

一般始于结球期，初在外叶或叶球基部出现水浸状斑，后外叶萎蔫不再恢复，病部开始腐烂，致叶球外露或植株基部逐渐腐烂呈泥状，或塌地溃烂，叶球内部组织呈黏滑状软腐，并散发出恶臭，叶柄或根茎基部组织呈灰褐色软腐，严重的全株腐烂。在干燥环境下，腐烂的球叶失水呈薄纸状。

2. 发病特点

参见第六章第五节软腐病部分内容。

3. 药剂防治

参见第六章第五节软腐病部分内容。

（三）甘蓝类黑腐病

1. 症状

主要为害叶部，但叶球及球基也可受害。叶片受害，常从叶缘开始向内形成"V"字形、黑褐色病斑，病斑边缘具黄色晕环。根茎部受害维管束变黑，内部干腐以致全株萎蔫死亡。病株虽腐烂，但无臭味，这有别于软腐病。

2. 发病特点

参见第六章第五节黑腐病部分内容。

3. 药剂防治

参见第六章第五节黑腐病部分内容。

（四）甘蓝类枯萎病

1. 症状

甘蓝类蔬菜进入结球期，田间出现发病株，整叶或全株变黄，最后叶片逐渐萎蔫，严重的枯死，造成缺苗断垅。剖开病株的球茎，维管束变褐。

2. 发病特点

病菌以厚垣孢子随病残体在土壤中或附着在种子上越冬，夏秋高温季节易发病，气温 17℃以下、35℃以上，发病重。连作地块，灌溉失当，发病严重。

3. 药剂防治

参见第四章第三节枯萎病部分内容。

（五）甘蓝黑斑病

1. 症状

甘蓝黑斑病又称为黑霉病，主要为害叶片、叶柄、花梗和种荚。多发生在外叶或外层球叶上，初产生小黑斑，后病斑迅速扩大为灰褐色圆形斑，轮纹不明显，比白菜稍大，但斑面上产生的黑霉常较白菜多且明显。病斑多时常汇合成大斑块，致叶片变黄早枯。叶柄、茎染病，病斑呈纵条形，具黑霉。花梗、种荚受侵，现黑褐色长梭形条状斑，结实少或种子瘦瘪。

2. 发病特点

由芸薹链格孢菌引起的真菌性病害，以菌丝体或分生孢子在土壤中、病残体上、留种株上及种子表面越冬。分生孢子借气流传播侵染。发病最适温度为 28～31℃，最适 pH 6.6。通常 7～8 月在甘蓝生长中后期，遇高温、高湿天气，或肥力不足，或大田改种甘蓝类蔬菜，发病严重。

3. 药剂防治

参见第六章第五节黑斑病部分内容。

（六）甘蓝黄叶病

1. 症状

甘蓝黄叶病又称为甘蓝黄蔫病、萎黄病，主要为害甘蓝、芥蓝、花椰菜等十字花科蔬菜。发病后，初病株萎蔫、矮心、黄化，芥蓝、结球甘蓝被感染的叶片叶缘变紫，叶基变褐，最终下部叶片一片接一片脱落，在叶片和植株的感病部位维管束变黑。

2. 发病特点

由镰刀菌引起的真菌性病害。病菌主要以厚垣孢子或分生孢子病菌在土壤中生存，遇干旱的年份，土壤温度过高或持续时间过长，对分布在耕作层的根系造成灼伤，次生根延伸缓慢，影响苗株水分吸收，致使根系逐渐木栓化而引起发病。山地越夏反季节栽培类型发病多。

3. 药剂防治

可选用 40%多·硫 SC 600～700 倍液，或 50%甲基硫菌灵·硫磺 SC 800 倍液，或 50%混杀硫 SC 500 倍液，或 20%二氯异氰脲酸钠 SP 400 倍液，或 12.5%增效多菌灵 SP 200～300 倍液等药剂，每 10 d 左右喷淋或浇灌 1 次，每株（穴）100 ml，防治 1～2 次。

（七）甘蓝类裂球

1. 症状

结球甘蓝类裂球又称为叶球开裂，常见的是叶球顶部开裂，有时侧面也开裂，多呈一条线开裂。轻者叶球外面几层叶片开裂，重者深至短缩茎，影响产品外观品质，开裂的叶球在储运过程中易因病菌的侵染而腐烂。

2. 发病特点

主要有 4 个方面：①进入结球期，叶球组织变脆，细胞柔韧性小，当水分供应过多时，细胞吸水过多发胀，引起裂球。②土壤缺水时，突遇降雨或浇水过多，造成裂球。③品种特性，有些品种易裂球。一般尖头品种裂球少，圆头、平头品种裂球多。④未及时采收，叶球过熟导致开裂。

3. 防治措施

选用抗（耐）裂球优良品种；选择地势平坦、土质肥沃、排灌方便的地块种植；施足腐熟有机肥，提高土壤保肥保水能力；进入莲座期后，做到适时适量供水，保持土壤湿度在70%～80%；雨后及时清沟排水；适时采收上市。

干旱季节，结合田间灌溉，可叶面喷施云大-120植物生长调节剂3000倍液，连续2～3次。

（八）根肿病

参见第六章第五节根肿病部分内容。

（九）根结线虫病

参见第三章第四节根结线虫病部分内容。

二、主要虫害

山地甘蓝类蔬菜常见的虫害有菜蚜、菜粉蝶、小菜蛾、菜螟、甜菜夜蛾、甘蓝夜蛾、斜纹夜蛾、黄曲条跳甲等，与同属于十字花科的白菜类蔬菜基本一致。

防治技术参见第六章第五节主要虫害部分内容。

第八章　山地根菜类蔬菜栽培

根菜类蔬菜是指具有可食用的肥大肉质直根的一类蔬菜，主要包括十字花科的萝卜、根用芥菜、芜菁、芜菁甘蓝、辣根等；伞形科的胡萝卜、根芹、美洲防风；菊科的牛蒡、婆罗门参；藜科的根甜菜等。根菜类蔬菜耐储运，对于蔬菜全年均衡供应起着重要作用，还适于做加工蔬菜。

根菜类蔬菜大多要求土层较厚、富含有机质、疏松肥沃、排水良好的土壤。栽培过程中应注意防止地下害虫为害，产品器官形成期间要求阳光充足、昼夜温差较大，以利于产品营养物质的积累。萝卜和盘菜在排水良好的南方山地已得到广泛栽培，不仅品质好，还填补了南方夏秋淡季的蔬菜市场供应。

第一节　山地萝卜栽培技术

萝卜（*Raphanus sativus*）是十字花科萝卜属一、二年生草本植物，以膨大的肉质根为产品，富含钾、钙、维生素 A、膳食纤维等营养物质和功能成分。萝卜原产我国，各地均有栽培，品种较多，是我国南方山地广泛栽培的蔬菜种类之一。在适宜的气候条件下，萝卜四季均可种植，以秋季栽培为主。在湖北省恩施州、湖南省石门县与龙山县、四川省自贡市、贵州省毕节市、广东省梅县、安徽省潜山县和浙江省新昌县、云和县及庆元县等地已形成一定规模的山地萝卜越夏反季节栽培基地。

一、特征特性

萝卜根为直根系，主要包括吸收根系和肉质根。萝卜主要根群分布在 20～45 cm 土层内，吸收根系入土很深，大型萝卜主根深 180 cm 以上，小型萝卜主根深 60～150 cm。肉质根呈圆形、球形或圆锥形等，根皮呈红色、绿色、白色、粉红色或紫色，肉色有红色、白色、青绿色等不同颜色。肉质根大小因类型和品种不同区别很大，小的只有数克，大的可达 15 kg。

萝卜的茎直立，粗壮，圆柱形，中空，自基部分枝。短缩茎，节间密集，在生殖生长时期则形成花茎。茎向上逐渐变小，不裂或稍分裂，不抱茎。

萝卜叶片在营养生长期丛生于短缩茎上，有全缘叶（板叶）和裂刻叶（花叶、半花叶）之分。叶色有绿、浅绿和深绿。叶柄和叶脉一般有绿色、粉红色及紫色等，这与肉质根的皮或肉色有关。叶丛伸展的方式有直立、半直立和平展三种类型。

羽状总状花序，顶生及腋生。花为完全花，花淡粉红色或白色。长角果，不开裂，近圆锥形，直或稍弯，种子间缢缩成串珠状，先端具长喙，喙长 2.5～5 cm，果壁海绵质。种子 1～6 粒，红褐色，圆形，有细网纹。

萝卜种子萌发适温为 20～25℃，在 2～3℃即可发芽。幼苗期生长适温为 15～20℃，能忍受–3℃的低温。肉质根膨大适温为 13～18℃，在 6～20℃能正常膨大，低于 0℃会受到冻害。不同萝卜品种对温度的适应范围有较大的差异。四季萝卜适应的温度范围较广，能在温度较高的季节生长，也是目前山地栽培的主要类型。冬萝卜适应范围较窄，高温条件下难以形成肉质根。萝卜为种子春化型蔬菜，即萌动种子、幼苗、肉质根等都可以感受低温完成春化作用，其温度范围因品种不同而异，多数萝卜品种在 1～5℃较低的温度条件下易完成春化。此外，肉质根膨大期要求昼夜温差较大，有利于同化产物的积累和运输，减少呼吸消耗，有利于肉质根的快速膨大。

萝卜生长需要充足的光照。多数萝卜光饱和点为 1000～1500 μmol/（m²·s）（50 000～70 000 lx），光补偿点为 30～50 μmol/(m²·s)（1500～2500 lx），光照充足时，植株健壮，光合作用强，物质积累多，肉质根的膨大快，产量高。萝卜多为长日照性植物，完成春化的植株在长日照（12 h 以上）条件下，花芽分化及花枝抽生都较快，肉质根形成与光周期关系不大。

萝卜不耐旱，适于肉质根生长的土壤有效水含量为 65%～80%，空气湿度为 80%～90%。空气湿度大，可提高品质。土壤水分也不能过多，否则会引起土中氧气缺乏，不利于根的生长与吸收；土壤过于干燥，肉质根的辣味增强，品质不良；若水分供应不匀，肉质根容易开裂。

萝卜以土层深厚，土质疏松，保水、保肥性能良好的沙壤土为最好。土壤的适宜的 pH 范围为 5.3～7.0。长根品种要求土层深厚，否则易阻碍主根生长，致使侧根膨大，进而引发肉质根分叉。在我国南方地区，多采用高畦栽培。

萝卜对营养元素的吸收量，以钾最多，次为氮，磷较少。每生产 1000 kg 萝卜约吸收氮 5.55 kg、磷 2.6 kg、钾 6.37 kg，三要素比为 2.1 : 1 : 2.5。

二、生产茬口

萝卜为半耐寒蔬菜，不同海拔山地栽培季节和茬口安排差异很大。我国南方山地萝卜主要生产茬口如表 8-1 所示。

目前生产上，南方低海拔山地以秋冬栽培为主，也有部分春茬栽培。其中早春茬一般 4 月上中旬播种，采收期为 6 月上中旬～7 月中旬；秋茬一般在 8 月中旬～9 月上旬播种，9 月下旬开始采收，可采收至 12 月中旬。

南方中、高海拔山区，生产上多采用越夏栽培。一般 3～7 月播种，7 月下旬夏秋蔬菜淡季时段开始采收上市，可持续采收至 10 月中旬。例如，在湖北恩施州

表 8-1　南方部分省份山地萝卜主要生产茬口

茬口类型	区域及海拔	播种期	定植期	采收期	栽培方式
春茬	东南（浙江、江西）500 m 以下	4 月上中旬	直播	6 月上旬～7 月中旬	露地
秋茬	东南（浙江、江西）500 m 以下	8 月中旬～9 月上旬	直播	9 月下旬～12 月中旬	露地
	西南（贵州）1300～1600 m	8 月下旬～9 月中旬	直播	10 月上旬～12 月下旬	露地
越夏茬	东南（浙江、江西）500～1000 m	5 月下旬～7 月上旬	直播	7 月下旬～10 月中旬	露地
	华南（广东）800 m 左右	5～7 月	直播	7～9 月	露地
	西南（四川）1000～1600 m	4～5 月	直播	7～8 月	露地
	华中（湖北、湖南）1200～1800 m	4～8 月	直播	7 月下旬～10 月中旬	露地

等地，1200 m 以上高海拔区域已形成 4～8 月分批播种、6～10 月持续采收的越夏栽培模式：3 月播种的生育期 90 d 左右，产品供应期在 6 月；4～5 月播种的生育期 70 d 左右，产品供应期在 6～7 月；6～7 月播种的生育期 45～50 d，产品供应期在 7～9 月；8 月上中旬播种的生育期 70 d 左右，产品供应期在 10～11 月。

本节主要介绍高山萝卜越夏栽培技术。

三、栽培要点

（一）地块选择

由于萝卜为半耐寒作物，对温度、土壤要求严格，为保证高山萝卜优质稳产，种植地块选择应综合考虑以下因素：

第一，要选择土层深厚、土质疏松肥沃，土壤呈中性或微酸性，且未种植十字花科和根菜类作物的沙质壤土。一般要求耕层 30 cm 左右，土层中不含粗石块、硬土块等杂质，不宜选择黏性土或黄泥土。此外，种植地四周要求有较好的排灌条件。

第二，要选择适宜的海拔和坡向。由于萝卜肉质根膨大期的温度不宜太高，同时还要有较好的光照条件，光照不能被山体或林木等遮挡。一般应选择具有典型山区气候特征的中、高海拔区域山地，朝向以东坡、南坡、东南坡、东北坡为佳。浙江、安徽、江西等地以选择 500～1000 m 的高海拔区域为宜。湖北、四川、贵州、云南等地以选择海拔 1000～2000 m 的次高山区域为宜。

第三，要有良好的产地环境。由于萝卜是根菜类蔬菜，对重金属的富集较为严重。因此，要求种植地远离工矿区和生活区，土壤、大气、灌溉水无污染或少污染，重金属等有害物质含量在国家规定的标准以内，周围环境干净、整洁、美观。

（二）品种选择

目前萝卜生产上，涌现出了许多优秀的潜力品种。山地越夏栽培应选择早熟、耐高温、抗病性强、根形端直、须根少、叉根率低的品种。我国南方地区常用的品种有'白玉春'、'大棚大根'、'雪单 1 号'、'丰翘'、'夏抗 40 天'、'夏玉美'等，主要品种特性如下：

1. 白玉春

引自韩国，播种后 60 d 左右开始收获。叶簇半直立，叶片少而平展，根部全白，长圆形，单根重 1.3～1.5 kg，最大可以达到 2.5 kg，肉质脆嫩、味甜，口感好。耐糠心，极少发生裂根，耐延迟采收，抗黑腐病。长江以南地区的高温高湿会导致根型偏短，一般情况下 26～29 cm。

2. 特新白玉春

播种后 60 d 左右开始收获。叶簇开张，长势中等，花叶类型，叶色浓绿亮泽，叶片 21 张，叶长 47 cm。根部全白，长直筒形，长 36 cm、横径 7.8 cm，单根重 1.2～1.5 kg，最大 4.6 kg。外表光滑细腻，肉质致密，口感鲜美，糠心晚、歧根、裂根少。抽薹稳定，高温条件下较易发生软腐病、病毒病。

3. 大棚大根

播种后大约 65 d 成熟。叶簇直立，叶色浓绿，花叶类型，成熟时叶片长约 39 cm，宽约 14 cm。肉质根皮白色，有绿肩，底部锥形，直筒形，根长 30 cm，横径 6 cm，单根重 1 kg。肉质紧实脆嫩。耐低温弱光性强，不易老化，不易抽薹。抗霜霉病、病毒病。

4. 雪单 1 号

春白萝卜品种，播种后 60 d 左右开始收获。叶簇半直立，裂叶，叶色深绿，叶片数 15 片左右。肉质根长圆柱形，长 25～30 cm，横茎 7～10 cm，樱口较小，白皮白肉，根皮较光滑，歧根、须根少，单根重 900 g 左右。肉质脆嫩，水分含量较高，生食味微甜，辣味轻，不易糠心。较耐抽薹。较抗霜霉病和黑腐病。

5. 丰翘

中熟品种，生长期90 d左右。叶簇半直立，羽状裂叶，叶量较少。肉质根短圆柱形，长30 cm、横径10 cm左右，单根重1.5～1.75 kg。表皮光滑，约1／2露出土面，出土部分绿色，入土部分白色。肉淡绿色，质脆味稍甜，水分适中，品质好，可生食、熟食和腌制加工。较抗病，耐储藏。

6. 夏抗40天

极早熟品种，种植后 40 d 左右采收。板叶深绿色，肉质根长圆柱形，根长 20～50 cm，横径 5～7 cm，单根重 0.5～0.7 kg。皮肉白色，肉质细嫩，不易糠心。极抗热，夏季 40℃高温下能够正常生长，长江流域以南地区 7～9 月均可播种。

7. 夏玉美

半板叶半花叶，叶片半直立，根长 26 cm 左右，直径 5.5 cm 左右，根形好，上下顺直，根皮光滑且通体洁白，生长速度快，播种后 55～60 d 成熟。耐热性强，兼具一定的耐寒能力，可适当延长播种期，抗病能力强。

（三）整地与播种

1. 整地与施肥

整地要求早翻、深翻，若是空闲地，以早翻晒白为佳。可在种植前 1 周喷百草枯除草，若是酸性土壤，可每亩施生石灰 50～75 kg。用旋耕机深翻，要求深度 30 cm 以上。常采用高畦窄畦双行模式，畦高 30 cm、宽 70～80 cm（连沟）。

通常，每生产 1 t 萝卜肉质根需纯 N 2.6～4.0 kg、P_2O_5 17～25 kg、K_2O 6～8 kg。应结合整地起垄，施足基肥。一般每亩施腐熟有机肥 2000～3000 kg 或饼肥 100～150 kg、三元复合肥 50 kg、硼砂 1 kg，与土壤充分混匀，深施。

2. 适期播种

高山萝卜适播期较广，播种期应根据栽培品种、生产茬口、栽培方式等因素综合确定。通常在畦面打孔播种，每畦 2 行，行距约 35 cm，株距约 30 cm，孔径 2.5～3.0 cm，每亩计 4500～5000 孔。每孔播 2～3 粒种子，播后覆厚 1.5 cm 左右细土，及时洒水湿土。

（四）田间管理

1. 间苗和定苗

应掌握"早间苗、分次间苗、晚定苗"的原则，以免因相互遮光、挤压造成幼苗徒长、畸形。通常在萝卜苗长至 2～3 片真叶时进行，间除弱苗、小苗和病虫苗；6～8 片真叶时（肉质根"破肚"期）定苗，应选择粗壮、无病虫为害的健壮苗，每穴留 1 株。定苗后用细土小心培苗。

2. 中耕除草

播种后出苗前，一般每亩用 90% 乙草胺 EC 50～70 ml 兑水 20～30 kg 喷洒畦面，进行封闭除草。当幼苗长至具 2 片真叶时，应进行 1 次浅耕除草，保持土壤疏松。在"破肚"前（幼苗具 5～6 片真叶），结合根部培土，进行第 2 次中耕除草。苗期若突遭雨淋造成土壤板结，应及时进行中耕除草。

3. 肥水管理

萝卜幼苗生长前期需水量较小，保持土壤含水量 60% 左右即可。幼苗至"破肚"前应蹲苗少浇水，以使直根下扎；叶旺盛生长期需水较多，要及时适量浇水，以保证叶片的生长；肉质根生长盛期，应充分均匀浇水，保证土壤湿润，防止忽干忽湿，影响肉质根生长，导致裂根、糠心；土壤水分过多，应及时进行排水，以防烂根。有条件的可采用地膜覆盖栽培结合微蓄微灌。

追肥可分 2 次进行。第 1 次在 2～3 片真叶时结合中耕进行，每亩追施沼肥或腐熟粪水 2000 kg，或每亩用尿素 3～5 kg 兑水 1000 kg 灌施根际，以促进植株前期营养生长良好。第 2 次追肥在莲座期进行，每亩追施沼肥或清粪水 2500 kg，或每亩用尿素、过磷酸钙（或钙镁磷肥）、硫酸钾各 10 kg 拌匀后，在株间打孔埋施，以促进肉质根膨大。也可在莲座期后每 7～10 d 喷施一次叶面肥，每亩用 0.5% 磷酸二氢钾水溶液 50 kg 喷雾 2～3 次。

（五）采收

通常在肉质根充分膨大、叶色转淡、叶片开始转黄前须采收完毕。采收时，稍留头部寸长心叶，剔除分杈、细小、腐烂的劣质根，清洗，轻拿轻放，整齐码入容器内，以便长途运输。

第二节　山地盘菜栽培技术

盘菜(*Brassica rapa*)属十字花科芸薹属芸薹种芜菁亚种，又称为芜菁、大头菜、大头芥。因其肉质根扁圆，根端凹陷，形似盘状，故名为"盘菜"。盘菜通常作秋冬栽培，因其肉质根细嫩、致密，营养丰富，可供炒食、煮食或腌渍，而深受大众喜爱，是浙南地区主要的冬季蔬菜之一，在我国长江流域种植历史悠久，尤以浙江玉环、瑞安和福建武平最为著名。

一、特征特性

盘菜为芜菁亚种可形成肉质根的二年生草本，株高达 90 cm。肉质根的皮有白色、淡黄色和紫红色，形状有圆锥形、扁圆形或圆形，须根多着生于块根下的直根上。

叶柄有叶翼，叶柄多刺毛，叶形有裂叶和板叶两种。在营养生长期茎短缩，抽薹开花期茎直立，上部有分枝，总状无限花序，花瓣 4 片、黄色。长角果，种子近圆形，褐色。

盘菜性喜冷凉，对环境条件要求较严格。苗期较耐热，且有一定的耐寒性，可耐 2～3℃的低温，成株可耐轻霜。肉质根膨大期最适温度为 15～18℃，并要有一定的昼夜温差，否则影响肉质根膨大，出现干、硬、苦、辣，品质下降。

盘菜根系不发达，吸收肥水能力弱，喜湿怕渍，适宜酸性或微酸性土壤，并且以土质疏松肥沃、富含有机质、保水保肥能力强的沙质壤土为宜。

二、生产茬口

山地盘菜对播种期要求严格，早播易发生病毒病。最适宜的播种期是由海拔和当年天气决定，海拔每升高或降低 100 m，播种期提早或延后 5～7 d。海拔 500～600 m 的应在 8 月中下旬～9 月初播种；海拔 800 m 以上的可在 7 月下旬～8 月上旬播种。育苗移栽方式较直播方式栽培的播种期可适当提前。近年来，台州、丽水、温州等浙南地区利用 7～9 月山地凉爽气候，发展山地盘菜夏秋栽培，因提早采收上市，获得了较好的经济效益。

三、栽培要点

（一）地块选择

宜选择海拔为 600 m 以上，土壤疏松肥沃、有机质丰富、排灌方便的沙质壤土或壤土。盘菜忌连作，要与非十字花科蔬菜进行轮作，种植地块最好为生地。

（二）品种选择

山地种植的盘菜品种应选择较耐热、耐病、较早熟、优质和商品性好的品种。目前主要选用'温州中缨盘菜'、'玉环盘菜'、'武平西郊盘菜'等。

1. 温州中缨盘菜

中熟种，从播种至采收 100～110 d。植株长势强，叶簇生，横展匍匐，叶面无茸毛；肉质根扁圆如盘，纵径 8 cm，横径约 16 cm，平均单根重 1.5 kg；皮肉洁白，质地细脆、致密，味甘、品质好；抗病、耐寒，亩产约 3500 kg。

2. 玉环盘菜

早熟小缨品种，生育期 80～90 d。叶丛生较直立，叶面粗糙多刺毛；肉质根扁圆球形，纵径约 6 cm，横径 12～14 cm，平均单根重 1.0～1.5 kg；皮色微黄白，外形美观，肉质洁白，质地细嫩，营养丰富，品质优。亩产约 3000 kg。

3. 武平西郊盘菜

从当地盘菜品种中选育出的优良品种，生长期 90～100 d。叶簇生，叶色深绿，叶面有茸毛；根部肥大，呈圆盘形，单根重 0.5～1.0 kg；肉质根表皮光滑，皮肉黄白，肉质致密，味甜，营养丰富，品质好。

（三）育苗

山地盘菜栽培适宜在大田直接播种。但为了节省种子和便于苗期管理，利于作物茬口安排，提高复种指数和土地利用率，一般采用育苗移栽方式。

1. 苗床准备

一般每亩大田需苗床 10～15 m²。每 10 m² 苗床地撒施腐熟有机肥和堆肥 40～50 kg、三元复合肥 0.5～1.0 kg、石灰 1～2 kg 等。仔细翻耕土壤，深度为 15～20 cm，敲碎土块，耙平畦面。作深沟高畦，连沟畦宽 1.5 m，畦面宽为 1.1～1.2 m，畦深 0.3 m 以上。为了防止地下害虫为害，可用 1.8% 阿维菌素 EC 1000 倍液喷洒在畦面，并加盖地膜闷 24 h。

2. 播种

提前 1 d 将苗床浇足底水。播种前先在常温下浸种 5～6 h，捞出晾干，用少量细土拌种后，均匀撒播于畦面，播后覆盖厚约 1.0 cm 的细土或营养土。用喷雾器喷湿表土，再用遮阳网或稻草覆盖，并搭建小拱棚，加盖一层遮阳网。每亩大田用种量 15～20 g。

3. 培育管理

盘菜种子 1/3 出土后，及时揭掉畦面覆盖遮阳网或稻草。遇高温、强光照天气的上午 10 时至下午 3 时，在小拱棚上覆盖遮阳网，防止高温危害。出苗 1 周后，进行第一次间苗，苗距 4～5 cm，并要及时拔除杂草。

4. 肥水管理

在苗床表土露白时浇水。第 1 次间苗结束后，进行第 1 次追肥，用 0.2%～0.3% 的硫酸钾复合肥溶液浇施。出苗 20 d 左右再追肥 1 次。

（四）移栽

1. 整地和施基肥

种植前 2～3 d，深翻土壤，整碎、耙平，作成畦宽 1.5 m（连沟）、深 0.3 m 左右高畦。要求每亩施腐熟农家肥 1500～2000 kg，钙镁磷肥 40～50 kg，15-15-15 三元复合肥 30～50 kg 作基肥，其中 2/3 宜随整地撒施翻耕入土，其余在作畦后开沟深施。缺硼地区每亩加施 1～1.5 kg 硼砂。

2. 定植

1）选择壮苗

盘菜苗龄 25～30 d，要选择肉质根膨大至黄豆粒大、两片子叶完整的壮苗进行定植，剔除病苗与弱苗。定植前对秧苗进行一次病虫害防治和浇水，使土壤较湿软，方便起苗，达到秧苗带土定植。

2）合理密植

每亩栽 3000～4000 株。按畦宽（连沟）1.5 m 整地作畦，每畦栽 3 行，株行距为 0.35 m×0.5 m。移栽时要浇植，以小盘菜稍露出土面为宜。不同规格的苗应分区块种植，以便于管理。栽后要立即浇足定根水。若遇到干旱天气，每天早、晚各浇水 1 次，连浇 2～3 d，或安装微喷（滴）灌。

（五）田间管理

1. 中耕除草

移栽时可在畦面覆盖银黑地膜或铺设稻草，以保墒抑草。没有采取地面覆盖栽培的盘菜，一般要中耕除草 1～2 次，即在定植后 10～15 d 进行第 1 次中耕，第 2 次中耕视苗生长情况和土壤情况而定。中耕要浅，不能伤根或把盘菜根颈部淹埋。

2. 肥水管理

结合第 2 次中耕追肥 1 次，每亩追施 15-15-15 三元复合肥 15 kg。要施在盘菜行中间，不能施在盘菜根上。生长中后期视长势，再追肥 1 次。追肥在雨前进行，或利用喷滴灌系统进行肥水同灌。盘菜怕渍，雨后要及时排涝，防止田间积水；干旱天气在畦面发白缺水时要及时灌溉。

（六）采收

一般在定植后 75～90 d，肉质根充分膨大，叶色转淡，开始变为黄绿色，单个肉质根长到 0.5～1.0 kg，即可选择晴天，分批采收。

第三节　病虫害防治技术

一、主要病害

山地萝卜、盘菜生产上常见的病害有病毒病、黑腐病、软腐病、霜霉病、炭疽病、菌核病、黑斑病等，与白菜类蔬菜基本一致。因寄主作物、器官、环境条件不同，各种病害在显症上略有差异。

（一）病毒病

1. 症状

新叶发病呈浓淡绿色相间的花叶状，病叶逐渐变黄、皱缩、变厚，生长渐弱；幼叶受侵，植株矮缩，肉质根不会膨大。

2. 发病特点

整个生育期均可发生，5 叶前为易感病期，以 9～10 月最流行。主要通过蚜虫传播。不同寄主间可通过交叉接种传毒。秋季高温干旱，蚜虫发生量大，发病严重。

3. 药剂防治

参见第三章第四节病毒病部分内容。

（二）黑腐病

1. 症状

主要为害叶和根。幼苗期发病子叶呈水浸状，根髓变黑、腐烂。叶片初发病时，叶缘产生黄色斑，此后呈"V"字形向内发展，叶脉变黑，整叶逐渐变黄干枯。病菌沿叶脉和维管束向短缩茎和根部发展。肉质根被感染后，透过日光可见暗灰色病变；横切萝卜可见维管束呈放射线状、黑褐色，重者呈干缩空洞，维管束溢出菌脓。

2. 发病特点

参见第六章第五节黑腐病部分内容。

3. 药剂防治

参见第六章第五节黑腐病部分内容。

（三）软腐病

1. 症状

主要为害根、短茎、叶柄及叶。根部多从根尖伤口处开始发病，初现水渍状褐色软腐，后病部上下扩展呈软腐状。病健部界限明显，常有汁液流出，并产生一股难闻的臭味。采种株染病，常使心髓部完全溃烂，仅存空壳。肉质根储藏期也会发病呈软腐状。

2. 发病特点

参见第六章第五节软腐病部分内容。

3. 药剂防治

参见第六章第五节软腐病部分内容。

（四）霜霉病

1. 症状

通常由基部叶向上部叶发展。病叶初生水浸状不规则褪绿色斑点，扩大呈多角形或不规则形黄褐色病斑。湿度大时，叶背面病斑上长出白色霉层，有时可蔓延到叶面。发病严重时，多个病斑相互连片，致叶片变黄干枯。

2. 发病特点

参见第六章第五节霜霉病部分内容。

3. 药剂防治

参见第六章第五节霜霉病部分内容。

（五）炭疽病

1. 症状

病斑发生在叶片或肉质根上，初呈针尖大小的水渍状斑点，后逐渐扩大为2～3 mm大小的褐色小斑，严重时叶片病斑开裂或穿孔。

2. 发病特点

病菌喜高温、高湿环境，最适发育温度26～30℃，一般在秋季高温伴随多雨的年份病害易流行。播种过密、低洼积水、通风不良、长势衰弱、管理不善的地块，发病较重。

3. 药剂防治

参见第四章第三节菜豆炭疽病部分相关内容。

（六）菌核病

1. 症状

幼苗期受害，基部出现水渍状病斑，后病情扩展，逐渐软腐，苗株猝倒。成株期受害，茎基部及根颈处呈淡褐色湿腐状，地下肉质根则软化，表面密生白色至灰白色棉絮状菌丝体，后期现数量不等的黑色鼠粪状菌核，最终植株地上部萎蔫。

2. 发病特点

参见第六章第五节菌核病部分内容。

3. 药剂防治

参见第六章第五节菌核病部分内容。

（七）黑斑病

参见第六章第五节黑斑病部分内容。

二、主要虫害

山地萝卜、盘菜生产上常见的虫害有萝卜蚜、小菜蛾、菜粉蝶、菜螟、甜菜夜蛾、斜斑夜蛾、小猿叶甲、黄曲条跳甲、小地老虎等。与白菜类蔬菜基本一致。

参见第六章第五节主要虫害部分内容。

第九章　山地多年生蔬菜栽培

多年生蔬菜是指播种或栽植一次、连续生长和采收两年以上的蔬菜。例如，金针菜、芦笋、百合等多年生草本蔬菜及竹笋、香椿、枸杞等多年生木本蔬菜。多年生草本蔬菜的地上部每年冬季枯死，地下部的根、根状茎、鳞茎、球茎等器官宿存于土壤中休眠，第 2 年气候条件适宜时重新萌芽、生长、发育。它们根系发达、适应性广、抗逆性强，对土壤、水分、营养等条件要求不严格，一般以地下根茎、块茎、鳞茎等进行无性繁殖，普遍采用分株繁殖法，部分可结籽的种类也可用种子繁殖。随着效益农业的不断发展，绿芦笋、食用百合在南方山地蔬菜栽培中占有重要地位。

第一节　山地芦笋栽培技术

芦笋(*Asparagus officinalis*)为百合科多年生宿根蔬菜，又称为石刁柏、龙须菜。原产于地中海沿岸及小亚细亚一带，20 世纪 70 年代我国开始栽培，并主要进行培土栽培，产品用于加工制罐，栽培区域性明显。20 世纪 90 年代开始采用大棚等设施栽培蔬菜绿芦笋，栽培区域显著扩大、栽培面积大幅度提高。芦笋是品味兼优的名贵蔬菜，产品质地细腻，纤维柔软，含有丰富的蛋白质、脂肪、钙、铁和多种维生素和天门冬酰胺、天门冬氨酸等物质，营养价值极高，在国际市场上享有"蔬菜之王"的美称。

芦笋适宜在夏季温暖、冬季冷凉的气候条件下栽培，其根系发达，耐旱力强，怕涝，喜光，喜温，适合在疏松的沙质壤土和肥料充足的条件下种植，其栽培管理简便，一次栽种可多年收获，投入少、产出高。我国南方山地在 21 世纪初开始进行避雨设施栽培，是中低海拔山地栽培的主要种类之一。

一、特征特性

芦笋为须根系，根群发达，分为肉质储藏根和纤细吸收根。肉质储藏根多数分布在距地表 30 cm 的土层内，通常可达 2 m 左右，具有固定和储藏茎叶同化养分作用；纤细吸收根着生于肉质储藏根上，在高温、干旱、盐渍或酸碱不适、水分过多、通气不良等逆境条件下，易萎缩，寿命较短。

芦笋茎分为地下根状茎、鳞芽和地上茎三部分，地下根状茎是短缩的变态茎，多水平生长。根状茎的分枝先端鳞芽聚生形成鳞芽群，多个鳞芽群集结成鳞芽盘。

鳞芽萌发向下产生新的储藏根，向上形成嫩茎或地上植株。地下茎健壮，潜伏芽多，嫩茎就多，产量就高；芦笋嫩茎粗细，因植株年龄、品种、植株性别、气候、土壤和栽培管理条件等不同而异。地上茎的高度一般为 1.5～2.0 m。芦笋雌雄异株，雌株高大，但发茎数少，产量低；雄株稍矮，但茎数多，产量高。进入投产期后，雌雄株间产量差距很大，雄株比雌株高 25% 以上。

芦笋叶器官退化成三角形薄膜鳞片状，着生于地上茎的节上，是区别品种与嫩茎质量的重要标志。叶腋中绿色针状变态枝——"拟叶"是光合作用的主要同化器官。芦笋耐寒但要求强光照，光饱和点为 60 000 lx；冬天休眠期地下茎能耐 −38℃ 低温，我国南方各地均能正常越冬。嫩茎生长适温为 15～25℃，超过 30℃，嫩茎变细，易散头，味苦，纤维增多变硬；低于 15℃，易出现空心茎。芦笋茎叶光合作用的适温为 16～20℃，超过 30℃，甚至没有光合产物的积累，如果生长期遇连续阴雨天气，光照强度和光照时间不足，光合产物就会大大减少，影响产量。所以芦笋不能与高秆作物间作。芦笋为针状拟叶，蒸腾量小，根系发达，要求湿润，干旱会影响嫩茎的抽发和生长，影响产量，田间持水量以 60%～70% 为宜。

芦笋对土壤的适应性广，生产栽培以土质疏松，土层深厚，保肥保水，透气性良好，有机质丰富，pH 为 5.5～7.8 的肥沃沙壤土或壤土为好。地下水位高、地势低洼和排水不良容易造成涝害。根茎一旦遭遇水淹，会因缺氧而窒息腐烂。芦笋为喜肥作物，一般亩产 400 kg 的芦笋田，每年约吸收 N 6.8 kg、P_2O_5 1.75 kg、K_2O 5.94 kg。土壤施肥时，不仅要施用氮肥，还应注意磷、钾肥的施用。

二、生产茬口

目前生产上，南方山地大多以种植绿芦笋为主，通常在 200～300 m 的低海拔平缓地块采用大棚设施避雨栽培方式进行。山地芦笋育苗季节主要分春播和秋播两种，其中春播一般在 2 月上旬～3 月上旬育苗，5 月中旬～7 月上旬定植。秋播一般在 9 月中旬～10 月上旬进行，翌年 3 月下旬～4 月上旬开始定植。浙江山地芦笋主要生产茬口如表 9-1 所示。

表 9-1　浙江山地芦笋主要生产茬口

海拔	播种期	定植期	采收期	栽培方式
200～300 m	春播（2 月上旬～3 月上旬）	5 月上旬～7 月上旬	3 月中旬～12 月中旬	设施避雨
	秋播（9 月中旬～10 月上旬）	3 月下旬～4 月上旬	3 月中旬～12 月中旬	

三、栽培要点

（一）地块选择

芦笋生长期长，完全靠地上植株制造养分，由地下茎储藏的养分供给地下嫩茎生长，且芦笋根系入土深而广，耐旱不耐湿，山地栽培宜选择土层深厚、土质疏松、排水良好、管理方便的农田或缓坡地。以富含腐殖质、pH 为 6.0～6.7 的沙质壤土最为适宜。由于芦笋极不耐涝，在山地种植时，切忌选择地下水位高的涝洼地或稻田附近的土地。

（二）品种选择

我国目前栽培的芦笋品种，仍然以国外引进为主，尤其欧美居多。山地栽培应根据市场需求选择产量高、品质优良、风味佳、抗病性好的中早熟芦笋品种。

1. 格兰德（Grande）F_1

美国加利福尼亚芦笋种子公司育成的无性系双杂交一代品种。芦笋肥大、整齐、汁多、微甜、质地嫩、纤维含量少等。第 1 分枝高度 53.2 cm，顶部鳞片抱合紧密，在高温下散头率低，芦笋深绿色，长圆形，有蜡质，外形与品质均佳，极受国际市场欢迎，是出口的最佳品种。抗病能力较强，不易染病，高抗叶枯病、锈病，较耐根腐病、茎枯病，对芦笋 II 潜伏病毒有免疫力。植株前期生长势中等，成年期生长势强，抽茎多、产量高、质量好，一、二级品率可达 80%以上。成年笋每亩产量 1500 kg 左右，是目前栽培上理想的绿白兼用品种。

2. 阿特拉斯（Atlas）F_1

双杂交一代种，适应性广泛，圆锥形嫩茎为绿色，大小适中，芽蕾、芽尖及芽条基部略带紫色，色泽诱人，在温和至较热的气候条件下收获，笋头抱合紧密紧凑。笋茎圆柱形，笋头锥形，笋茎光滑，高耐镰刀菌，耐芦笋锈菌，高耐其他叶片尾孢菌，对芦笋 II 号潜伏病毒有免疫力。品种杂交优势突出，产量高，单笋重 26 g 以上，第 1 分枝点 51.7 cm，茎粗壮，笋尖包头紧实，颜色深绿，平均直径 1.8 cm 左右。绿白兼用品种，适宜速冻、加工及保鲜上市。

3. 阿波罗（Apollo）F_1

美国加利福尼亚芦笋种子公司选育的无性系杂交一代品种。生长势极强，嫩茎肥大适中，平均茎粗 1.79 cm、整齐，质地细嫩，纤维含量少。第 1 分枝高度 56 cm，嫩茎圆柱形，顶端微细。鳞芽包裹得非常紧密，笋尖光滑美观，在较高温下，散头率也较低。嫩茎颜色深绿，笋尖鳞芽上端和嫩笋出土部分略带紫色，笋尖形，包裹紧密。外形与品质俱佳，极受国际市场欢迎，是速冻出口的最佳品种。抗病能力较强，不易染病，对叶枯病、锈病高抗，对根腐病、茎枯病有较高的耐病性。高耐镰刀菌及锈菌，对石刁柏潜伏病毒Ⅱ有免疫力。植株前期生长势中等，成年期生长势强，抽茎多，产量高，质量好，一、二级品率可达 80%。成年笋每亩产量可达 1500 kg 以上，是目前生产应用较广的绿白兼用芦笋品种。

4. 达宝利（De Paoli）F_1

美国加利福尼亚大学最新研发的杂交一代芦笋早熟品种。长势旺盛，成年株高约 2 m，喜肥水，抗逆性强，耐疫霉属病害，抗锈病。早生性好，休眠期短，高产，精笋率极高。嫩茎长柱形，粗细均匀适中，平均茎粗 16～18 mm，单笋重约 16 g。嫩茎整齐，鳞芽抱合紧凑，可保持 30 cm 不散头，无紫头，质地细嫩，品质高，商品性好。在我国南方地区周年可以育苗，露地、保护地、大棚均可栽培，种植表现十分优异，是目前绿笋种植的首选品种。

5. 太平洋早生 F_1

极早熟，耐低温，比格兰德提前 20 d 左右采收，秋季可延长采收 20 d 左右。笋茎特粗大，超过 2/3 的产品直径在 1.8～2.8 cm，大小均匀。嫩笋全绿，无紫头紫根现象。亩产量高，比格兰德高出 50% 以上，露地栽培每亩一般产量为 2000 kg 左右，是目前生产上绿白兼用的潜力品种。30°N 以南地区设施栽培可四季采收。

（三）育苗

芦笋既耐寒，也耐热，我国各地均可栽培。芦笋可分株繁殖，也可以种子繁殖。分株繁殖植株细弱，品质、产量均不及种子繁殖。因此，生产上多采用种子播种。播种期因地区和栽培方式不同而异，一般应在 10 cm 地温稳定在 10℃ 以上时才可播种。南方地区生产上 3～10 月均可播种。浙江省多以春季播种育苗、夏季定植为主。

1. 播前处理

芦笋种子皮厚，有一层较厚的蜡质，不易吸水。播种前必须浸种催芽、进行药剂处理才能播种。浸种前先用清水将种子漂洗，漂去秕和虫蛀种，再用 50% 的多菌灵 WP 300 倍液浸泡杀菌 12 h。然后，春季用 26～30℃ 的洁净温水中浸种 2～3 d，每天搓洗 1～2 次（夏、秋育苗用冷的井水浸泡），种子充分膨胀后用湿布包裹置于 25～28℃ 条件下催芽 2～3 d，每天用清水冲洗种子一次避免闷种，当有 10% 左右种子露白后即可播种，没有发芽的继续催芽。

2. 播种方法

芦笋播种育苗常见有营养钵育苗和苗床播种两种方式。

1）营养钵育苗

选用 10 cm×8 cm 的塑料营养钵，营养土为生物有机肥：表土=1：4，每钵正中播 1 粒种子，按顺序播种，播后覆营养土或沙土 1～2 cm。3 个月后待苗高 30 cm 左右，生出 5 条小茎，肉质根达 10～15 条时即可移栽定植。

2）苗床播种育苗

芦笋幼苗期对土壤条件反应十分敏感。直播育苗时，苗床设置应选择地势平坦、坐向朝南、避风向阳、土层深厚、土质疏松、富含有机质、排灌方便、保水保肥的微酸性肥沃沙质壤土地块。忌选择地下水位高，排灌不畅，土壤盐渍化或前作为甘薯、胡萝卜、桑园等的地块。

每亩用种量 100 g 左右，育苗床畦面积 20 m² 左右。如果土壤不够疏松，育苗整地时要施有机肥，每亩可用腐熟农家肥 2000 kg 或商品有机肥 1000 kg 平铺。翻地后作畦宽 1.3～1.5 m、畦高 0.2 m 的高畦，耙平畦面准备播种。播种前，先将畦面灌足底水，待水渗下后，按条距 15～20 cm 开播种沟，沟深 2～3 cm，沟内每隔 6～8 cm 播 1 粒种子。播后覆盖 1～2 cm 厚的过筛细土，耙平畦面。春播可用小拱膜（宽 90～120 cm，高 50～80 cm）覆盖，以利于提早出苗。点种后可在畦面上撒少量辛硫磷颗粒剂药饵，以防蝼蛄等地下害虫。

3）苗床管理

播种后应保持苗床土湿润，苗床内温度白天控制在 25～30℃，夜晚 15～18℃，温度超过 32℃要及时通风。一般播种后 15～20 d 即可齐苗，此时应及时揭去覆盖物；苗高 6～10 cm 时结合浇水进行追肥、中耕除草，并做好幼苗病虫防治工作。如果基肥不足，还可结合浇水追施三元复混肥或控释肥，培育壮苗。当幼苗具 3 根以上地上茎、苗高 25 cm 时即可定植。

3. 搭棚与整地

南方雨水较多，山地芦笋应以设施避雨栽培为主。大棚多以南北方向搭建，棚宽 6～8 m，棚顶高 2.3～3.2 m，长度一般 30～45 m，具体依种植地块而定。

芦笋是多年生植物，可一次种植多年采收，定植前的精细整地尤为重要。定植地块应提前 30 d 左右深耕晒白，每亩撒施腐熟的有机肥 3000～4000 kg，整平后南北向开沟作畦，畦面宽 1.2～1.5 m，并拉线开好定植沟。定植沟深 30～50 cm，宽 40～50 cm。开沟分两次进行，先将 20 cm 左右的表土翻向一侧，底土翻向另一侧，定植沟挖成上下宽度一致的槽形。挖好后，将表土的一半回填沟内，然后将每亩施 1000～1500 kg 的商品有机肥和过磷酸钙 30 kg、氯化钾 20 kg、尿素 10 kg 拌匀填入定植沟内，上面覆盖一层松土，使沟面与畦面相平。同时做好基地排灌设施，确保芦笋丰产稳产。

（四）定植

定植时期。土壤 10 cm 地温稳定在 10℃以上时，即可进行芦笋幼苗定植。通常，春季定植所栽幼苗是上年培育的秋苗，苗期长，植株大，起苗时伤根重，定植后缓苗慢，长势差，影响以后产量。因此，山地芦笋定植宜在夏季 6～7 月进行，此时幼苗苗期短，根系浅，苗健壮，起苗伤根轻，定植后缓苗快，成活率高，长势旺，定植后翌年 3～4 月即可采笋。

定植深度。应视苗龄大小、土质和气候条件的不同而异。多雨，土壤透气性差，宜浅植；少雨，气候干燥，土质疏松，宜适当深栽。一般以芦笋苗鳞茎盘入土 12～13 cm 为宜。刚定植时覆土厚度只需 3～6 cm，当新的地上茎长出后，再分次覆土到一定深度。

起苗定植。移栽定植选阴天或晴天下午 3 时后进行。苗床育苗的要提前 1 d 将苗床用水浇透。起苗前沿芦笋苗行间用铁锹分割成方块，带土将苗起出，南北行栽培的，把小苗最细小的一个茎朝北方向，按 25～30 cm 株距栽植于沟中心。定植时，把芦笋苗根理顺分成两半固定在定植沟里，地下茎鳞芽朝向畦中线，顺沟排放，扶直幼苗，地下茎着生鳞芽群一侧与行向平行，使两侧根系伸向畦面。覆少部分土后将苗株向上提拉一下，以免根部留有空隙，然后再覆土、镇压，浇定根水，待水渗下后，再覆松土保墒，并避免土表板结。

定植密度。南北方向栽植，6 m 宽标准大棚作畦 4 行，棚两边保留 50 cm 空间，畦面单行种植，株距 35 cm，每亩定植 1200～1400 株。

（五）田间管理

1. 定植当年的管理

定植后及时浇施薄肥 2～3 次，促进成活。以后依据天气情况，天旱要及时浇水，雨后要及时做好田间排水；定植 1 个月内进行查苗补苗。采用沟灌地块，植株生长期间隔 20～25 d 灌水 1 次，也可结合田间追肥进行；采用滴灌地块，可以根据土壤水分状况及植株生长情况适时滴灌。山地栽培雨季棚内湿度大，雨季杂草生长快，植株小，要早锄草，避免杂草与植株争夺肥、水，影响通风、透光。补苗时要浇足底水，确保成活，补栽的幼苗仍要注意定向栽植。

定植后 20 d 左右，植株嫩茎开始抽生，管理上应及时追肥，每亩施复合肥 5～10 kg，以加速芦笋生长。适时中耕促根系发育，同时结合畦面中耕，每隔 10～15 d

培土一次，每次覆土 2～3 cm，共培土 2～3 次。定植后 40～60 d，每 20～25 d，施肥一次，每亩施复合肥 20～30 kg 或尿素 10 kg 加氯化钾 9 kg；定植后 4 个月，每 25 d，施肥一次，每亩施复合肥 20～25 kg，尿素 10～15 kg，穴施或开沟施入。施肥后及时灌水，并做好中耕除草工作。

芦笋定植当年，植株较小，土地利用率低。为充分利用土地，可于芦笋行间间作对芦笋有益无害的作物，如萝卜、菠菜等。不要间作与芦笋争光、有相同病虫害的作物。

冬季地上部分冻死枯死，地下部分不受影响，因此可不盖棚膜。芦笋进入冬眠期间，在封冻前要浇水 1～2 次越冬。当芦笋植株地上部完全枯死后，可将枯茎割除，并清除地面上的枯枝落叶，带出田间烧毁，消灭病源物和虫源。

2. 扣棚

扣棚目的一是为了保温以使芦笋季节错开上市；二是避雨防病。因此，大棚覆膜时间可安排在 1 月上旬，春笋采收始期可从露地栽培的 3 月下旬提早至 2 月上中旬，提前 40 d 左右。

按照芦笋的生物学特性，当地表温度达到或超过 11℃时，鳞芽才开始萌动，并相继长出嫩茎。越冬期增施 1 次有机肥，每亩 施用腐熟有机肥 2000～3000 kg，提高土温，加快出笋；保持土壤湿润，以利于正常出笋；控制好棚温，严寒夜晚大棚两侧及棚内小拱棚上加盖草帘等保温，白天棚内温度高于 35℃时要通风降温，保持棚温 25～30℃；母茎在 4 月上旬开始留养，做到适时适量留养。当母茎分枝放叶后，气温已正常，可及时去掉侧膜，采用常规的田间管理。

翌年土壤 10 cm 地温回升到 10℃以上时，地下害虫，如金针虫、蝼蛄、地老虎、蛴螬等开始为害芦笋幼苗和嫩茎，6～7 月为害最为猖獗；此期间应及时用药剂喷洒地面，或拌成毒土、毒饵撒于田间防虫。同时，随着气温回升，植株嫩茎生长较快，5 月开始，结合田间植株生长情况，每 2 个月追肥 1 次，每次每亩施复合肥 20～25 kg。

3. 打桩整枝

芦笋母茎容易倒伏，应打桩扶植。当植株嫩茎长到 80 cm 以上时，可每隔 3～5 m，用木棒或竹材等在每畦畦面对称设一桩柱，桩高 1.3 m 左右，用绳拉紧，搭架防倒。植株长到 1.5 m 时，及时摘除顶端，防止芦笋茎秆倒伏。

芦笋生长期间，地上部老枝、病虫枝及露出地面的残茬应及时拔除，以改善植株间的通风透光条件，减少病虫危害。母茎留养结束后及时整枝，去掉新抽发的侧枝，以促进夏笋的生长，细弱株应及时拔除。每年冬季，植株地上部分衰老变黄时，及时将干枯的地上茎着地割去，带出棚外集中烧毁或粉碎发酵再利用。

同时结合清园，在离根盘 20～30 cm 处开深 10～15 cm 的沟，每亩施用腐熟农家肥 1000 kg、芦笋专用 BB 肥 15～20 kg，施后覆土，为翌年优质高产奠定基础。

4. 肥水管理

1）合理施肥

芦笋整个生育期采用"冬肥足、春肥控、夏肥重、秋肥补"的施肥原则。每年冬季母茎拉秋后立即追施基肥，每亩施腐熟农家肥 3000～5000 kg，三元复合肥 30～50 kg 加尿素 15 kg。芦笋生长需要大量有机肥料，使土质疏松肥沃，有利于地下根系的伸展。每年 5 月下旬每亩施有机肥 1000～1500 kg，9 月中下旬每亩施有机肥 2000～3000 kg，离开植株根部 15～20 cm，挖深度 10～15 cm 的施肥沟施入，并覆土。整个芦笋生长过程中一般每年施追肥 12 次，以有机复合肥最好（$N+P_2O_5+K_2O \geqslant 16\%$、有机质 $\geqslant 25\%$）。成年芦笋年每亩用量 300～400 kg，若用高浓度三元复合肥（$N+P_2O_5+K_2O \geqslant 45\%$），每亩用量为 150～200 kg。芦笋采收期，每隔 10～15 d 施肥 1 次，每次每亩 施复合肥 15～20 kg，或尿素 15～20 kg、氯化钾 12.5 kg。

芦笋对养分吸收以钾为最多，其次是氮、磷。氮肥施用要适量，还要注意钙、镁、锌、硼以及硅等微量元素的施用。

2）水分管理

芦笋生长期长，较耐旱而不耐涝渍。因此，生长期尤要注意防涝保湿，及时开好棚头沟、地边沟，做到沟沟相通，雨后沟干无积水，严防大水漫灌。若遇连续干旱，应适时灌跑马水保湿，有条件的可采用滴灌或膜下滴灌设施进行灌溉。苗期以"少浇、勤浇"为原则，保持土壤相对湿度 60% 左右；母茎留养期土壤相对湿度 50% 左右；采笋期土壤相对湿度 60% 左右；冬季休眠前要浇一次透水，培土休眠。

5. 母茎留养

母茎留养时间决定芦笋新嫩茎的抽生和采收时间，母茎留养数量又制约着新嫩茎的抽生时间，合适的留养数可以保证适时采收芦笋，过多留养母茎就会导致出笋期的推迟。

实践证明，采用一年二次留母茎栽培法是芦笋获得高产的有效途径。每年 3 月开始，陆续有春芦笋嫩茎出土，即可采收。春母茎合适的留养始期为 4 月上中旬，应选择无病斑、健壮、茎粗 1.0 cm 以上的芦笋留养母茎。留养数量一般控制在 2 年生植株每穴选留 2～3 根，3 年生植株 3～4 根，4 年生以上植株 5～8 根。秋母茎留养始期，要采收秋笋的掌握在 8 月下旬左右，留养数量一般为 10～15

根，9 月下旬开始进入秋笋采收期。母茎留养后及时搭架用尼龙绳固定，母茎植株高达 1.2～1.5 m 时及时打顶。

（六）采收及清园

山地芦笋第 1 年春季播种育苗，当年夏秋季移栽，第 3 年即进入丰产期。采收期间，应根据温度及生长情况，当芦笋嫩茎粗度达到 0.6 cm 以上、长度达到 20～25 cm 时采收上市。采笋一般选择在上午 7～9 时和下午 5～6 时进行，嫩笋采后立即用湿布覆盖，及时进行分级包装冷藏或销售。

芦笋春母茎于留茎后 4 个月枯萎，于 8 月上中旬拉秧；秋母茎于 12 月枝叶转黄后拉秧。在植株枯枝后，垄畦浇一次透水，过 3～5 d 后将干枯的地上茎拔除，并喷洒杀菌剂和杀虫剂防治病虫害。拉秧后的植株残体可以进行粉碎，堆制发酵后作有机肥料使用。

第二节　山地食用百合栽培技术

百合(*Lilium brownii*)为多年生宿根草本植物，可菜用、药用和观赏。我国食用百合遍及大江南北，其地下鳞茎肉质洁白肥厚，风味清香可口，富含百合皂苷、秋水仙碱等多种生物碱和蛋白质、脂肪、淀粉、钙、磷、铁及维生素 B1、维生素 B2、维生素 C、β-胡萝卜素等营养成分，具有镇咳、祛痰、抗疲劳、耐缺氧、抗癌等功能特性，是目前市场上热销的新兴保健型蔬菜品种，深受消费者青睐。因百合的种类不同，品质和风味也各不一样，有甜味较浓的兰州百合，略有苦味的宜兴百合等。与一般蔬菜相比，百合鳞茎含水量较低，又耐低温，不易腐烂变质，保鲜比其他蔬菜容易，宜于储藏运输，可以鲜食、制粉和干制加工，是我国南方山地效益蔬菜生产发展的适宜类型。

一、特征特性

百合根为须根系，分为肉质根和纤维状根。其肉质根着生于鳞茎球基部，一般分布在地表下 40～50 cm 深的土层中，寿命 2～3 年，吸收土壤养分能力较强。纤维状根着生于地上茎基部，称之为不定根，一般在土壤中分布较浅，除吸收水分和养分的功能外，还起着固定支持地上茎的作用，每年与茎干同时枯死。

百合的茎分为鳞茎和地上茎。鳞茎为地下部分，扁球形或椭圆形，由鳞片和短缩茎组成，数十片鳞片抱合为一个仔鳞茎，鳞片白色或淡黄色。一般一个母鳞茎有 3 个以上仔鳞茎，是光合养分的储藏器官，同时也是种植百合的经济产量部分。百合的地上茎由茎底盘的顶芽伸长而成，茎粗 1～2 cm，高 100～300 cm，不分枝，直立坚硬，呈绿紫或深紫色，表面光滑或有白色茸毛。部分品种茎的叶腋间可产生紫黑色的气生鳞茎，称之为珠芽，俗称"百合籽"；有的品种茎基部土层内可产生小鳞茎，称为"籽球"。生产上，珠芽、籽球、鳞片或大鳞茎均可作为百合繁殖材料，但一般不用种子繁殖。

百合的叶形有披针形和条形两种，颜色为绿色。花大而鲜艳，有香味，花形为喇叭、钟形或开放后向外翻卷。花瓣的颜色，五彩缤纷；百合的果实属于蒴果，形如长椭圆形，其中分三隔，内有数百粒种子。种子为近圆形薄片状，黄褐色，种子边缘有一圈透明状的种翅，千粒重为 2.08～3.4 g。

百合喜冷凉气候条件，地下鳞茎土中越冬时能耐-10℃低温，地上茎不耐霜冻。早春气温达 10℃以上，顶芽开始生长，出苗后气温低于 10℃时，生长即受到抑制，当气温陆续下降到 3℃以下，叶片即受冻害。生长适宜温度为 15～25℃。鳞茎肥大期的温度为 23～25℃，气温高于 30℃时则生长不良。百合喜欢光线柔和、无强光直射的半阴条件。百合喜干燥，怕水涝。生长期土壤湿度不宜过高，排水通气性要好，土壤相对含水量要低。若遇雨涝积水，则因鳞茎鲜嫩，积水缺氧会造成腐烂，导致植株死亡。

百合根系入土浅、吸收能力弱，鳞茎生长适宜土层深厚、疏松肥沃的微酸性或中性沙质壤土，一般以 pH 5.5～6.5 为好，酸碱度过高或过低均不利于百合生长发育。百合耐肥，对养分要求全且高，生长需要充足的养分，吸取数量较多的是氮、磷、钾，其次是钙、镁、硫，还有少量的铁、硼、锰、铜、锌、钼等微量元素。百合一般不耐盐，土壤中氟和氯的含量均要求在 50 mg/L 以内，土壤总盐度不超过 1.50 ms/cm。

二、生产茬口

目前，南方山地食用百合生产上大多以秋季栽培为主。通常在 9～10 月播种，翌年 3 月中下旬～4 月初出苗，7 月中下旬开始采收，8～9 月采收结束。秋季适当提早栽种，可促进百合地下部分的生长，并在越冬前形成强壮的根系，翌年开春后可提早出苗并形成壮苗。但不宜过早播种，以免年内发芽遭受冻害。

春播一般只在 200 m 左右的低海拔平缓山地进行。播种期为岁末年初，以上年 12 月至当年 1 月为主，3 月中下旬～4 月初出苗，7 月中下旬开始采收。但栽植后拱棚搭建、覆盖保温、破膜引芽、揭棚去膜等农事烦琐，投入较大，而百合整个生长期又相对较短，收获的鳞茎质量与产量普遍低于秋季栽培，因此生产上采用较少。

三、栽培要点

（一）地块选择

百合适应性较强，喜干燥阴凉，怕水渍，忌连作。山地种植时，应选择土层深厚，土质疏松、富含腐殖质，排水良好的半阴坡地、旱地或稻田，以近3年内未种过茄科、百合科作物，pH 5.5～6.5 的微酸性沙壤土为好。山地坡度过大应设置等高梯，并做好配套排灌沟系。百合对海拔要求不严，但以中、高海拔山地栽种的产量高，鳞茎质量好。实践中也有选择山地果林或其他作物进行间作套种。

（二）品种选择

百合品种很多，如'龙牙百合'、'麝香百合'、'铁炮百合'、'王百合'、'卷丹百合'、'川百合'、'兰州百合'、'青岛百合'、'宜兴百合'和'牛齿百合'等。山地栽种食用百合需选用地下鳞茎大、产量高、品质好的品种。目前，生产上常见的食用百合品种主要有：

1. 宜兴百合

宜兴百合又称为药百合或苦百合，是我国三大食用百合之一。鳞茎肥大，扁球形，横径4～8 cm，高3.5 cm，单个重350 g左右，侧生鳞茎3～5个，色白或微黄，鳞片近三角形，阔而肥厚，肉质软糯，味浓而微苦，株高120 cm左右，叶色深绿，叶腋间有紫黑色珠芽（气生鳞茎），一年生分瓣繁殖，每亩产量800～1200 kg，最高可达2000 kg左右。主产于浙江湖州和江苏宜兴等地，素有太湖之参的美誉。

2. 龙芽百合

龙芽百合又称为湖南百合、麝香百合。植株高大，无珠芽，茎基部可产生小鳞茎，鳞茎白色，近球形，横径2～4.5 cm，单重250 g左右，抱合紧密，仔鳞茎2～4个。鳞片长8～10 cm，狭长肥厚，形如龙爪，色如象牙，故名龙牙百合。淀粉含量达33%～38%，适宜加工。每亩产量为1000～1500 kg。主要产于湖南邵阳、隆回、邵东及江西万载和永丰等地。

3. 兰州百合

川百合变种，也称为菜百合。鳞茎白色，球形或扁球形，鳞片肥大洁白，品质细腻无渣，纤维少，绵香纯甜，无苦味，为我国食用百合的最佳品种。株高1m左右，叶绿色。鳞茎高2～4 cm，横径2～2.4 cm，单重约200 g。生长期长，耐干旱，适合高寒山区种植。每亩产量为800～1500 kg。

4. 川百合

株高60～100 cm，茎秆紫色。鳞茎白色，扁球形或宽卵形，高2～4 cm，直径2～4.5 cm，鳞片长2～3.5 cm，宽1～1.5 cm，淀粉含量较高，食用品质好。每亩产量为 800～1000 kg。产于我国云南、四川、陕西、甘肃、河南、山西和湖北等地。

（三）整地作畦

播种前，提前深耕晒垡。百合生长期长，需肥量大，一般基肥占总施肥量的 70% 以上。整地前，每亩施充分腐熟农家肥 3000～5000 kg 或商品有机肥 750 kg、硝硫基复合肥 30 kg，均匀撒施翻耕入土，酸性土壤同时施生石灰 50～75 kg，以中和酸碱度。翻耕后及时整地，一般要求畦宽 1.0～1.2 m，沟宽 30 cm、深 25～30 cm，作成龟背形高畦，以利于排灌。对于地下水位较低、排水顺畅的丘陵山地，亦可选择平畦种植。

（四）播种

1. 种球选择

种球大小与质量直接影响播后百合长势和产量。生产选种应综合考虑，一般以选择周径 6～8 cm，单重 50 g 左右、色泽鲜艳、抱合紧密、鳞茎盘完好、根系健壮、无病虫的中等籽球为好。

2. 种球消毒

播种前用 50% 多菌灵 WP 或 70% 甲基托布津 WP 500 倍液浸种 15～30 min，捞出晾干后待播种。

3. 播种及方法

播期一般在秋末冬初。600 m 以上中高海拔山地可适当提早到 8 月下旬～9 月上旬播种，500 m 以下低海拔山地可适当推迟到 10 月下旬～11 月上旬播种，以初霜期到来之前结束为宜。

播种应根据种球大小分级进行，以保持植株生长一致。中等规格种球可按照株距 10～15 cm、行距 15～20 cm 播种，每亩栽种 2.0 万～2.5 万株。其他规格种球可依照大小，适当调整株行距。

百合宜浅植，播前先开挖深度为 8～12 cm 的播种沟，按每亩用 3% 辛硫磷 G 1～1.5 kg 拌细土 10～15 kg，均匀撒施于沟内，然后再用 50% 多菌灵 WP 500 倍液或 30% 恶霉灵 WP 1000 倍喷洒畦土，做好土壤消毒和防虫处理。

播种时扶正种球位置，将鳞茎顶部朝上，按株距均匀排放到播种沟内，然后覆土与畦面齐平。栽种深度应根据种球大小而定，小球适当浅植，大球宜深植，一般以种球顶端离表土 3～5 cm 为宜。栽植过深，易导致出苗迟缓、茎秆细弱甚至缺苗。

种球播后 5～7 d，若遇干旱需浇水一次，以保持土壤湿润；同时要及时覆盖稻草或地膜保温、保湿，防止土壤板结。

（五）田间管理

1. 除草与中耕

种球播后芽前，每亩可用 33%二甲戊灵（除草通）乳油 100～150 ml 或 48%仲丁灵（地乐胺）乳油 200 ml，兑水 50～75 kg 对地表均匀喷雾除草。

春季苗高 10 cm 左右时，去除覆盖物，并及时中耕；花蕾摘除后，应选择在晴天再进行一次中耕，深度以 4 cm 左右为宜，不宜过深，以防止损伤根茎；期间可结合追肥进行培土 1 次。若条件允许，可在畦面撒一些碎木屑进行土壤覆盖。既可防止杂草生长，又可保墒降湿，以利鳞茎发育。

2. 追肥

幼苗出土前后，若种植地块土壤肥力较差或基肥施用不足，应及时在行间开沟补施肥料，每亩施硝硫基复合肥 15～20 kg。忌施过磷酸盐、磷酸盐、氯化钾等酸性肥料，以免烧伤即将出土的幼芽。此时若能补施一些草木灰或腐熟饼肥，效果则更好。

4 月上旬苗长至 10 cm 左右时，要及时追施提苗肥，促进幼苗生长；夏至前后珠芽采收后，如叶色褪淡，应注意补施速效化肥以及铁、硼、锌等微量元素，以防百合早衰，瘠薄山地尤要注意。一般每亩施高钾硝硫基复合肥 10 kg 或 5 kg 尿素。

百合生长后期，特别是在打顶后，要严格控制氮肥的施用，氮肥用量过多，会严重影响鳞茎膨大。一般每亩施复合肥 30 kg，6 月下旬鳞茎膨大转缓时，可叶面喷施 0.2%磷酸二氢钾加 0.3%～0.5%尿素混合液，以延长功能叶的寿命，有利于增加鳞茎产量。

3. 植株调整

1）打顶摘心

5 月中旬前后，当苗高 40 cm 时开始打顶摘心，使地上植株控制在 45 cm 左右，保证植株一定的生长量和足够的叶面积。摘心宜择晴天中午前后进行，有利于伤口的愈合，减少病菌侵入。打顶应视苗势进行，对于苗势旺的宜早打多打，对于弱苗小苗则可适当推迟，或只少量摘除心叶，以达到生长平衡。

2）摘除花蕾

百合开花结实，会消耗大量养分，严重影响地下鳞茎的发育和产量、品质的形成，直接影响商品性和生产效益。因此，应在百合现蕾初期，当花蕾长至1～2 cm时，及时摘除花蕾；否则摘蕾过迟，不仅消耗养分，而且会因组织老化增加操作难度。摘除花蕾宜在晴天进行，以利于伤口愈合。同时要反复进行多次，才能除净。期间，切忌盲目追肥，以免茎节徒长，影响鳞茎发育肥大。

3）抹除珠芽

对生有珠芽的品种（如宜兴百合）或不用珠芽繁殖的品种应及早除芽，以减少养分消耗，促进鳞茎肥大。抹珠芽时应细心，以防碰断植株和伤及功能叶片。

4. 雨后排水

百合怕渍，极不耐涝。南方梅雨季节持续时间长，尤其要注意疏通种植地块的内外沟系，做好田间积水的排除工作，以防止因雨后涝渍造成植株早枯和鳞茎腐烂。

（六）采收与储藏

1. 采收

一般食用百合生长至青棵期鳞茎即可采收，但只能作鲜销而不宜留种或储藏。生产上，海拔200 m左右山地百合大规模采收不宜过迟，应在7月中旬（入伏前后）进行，以免地温过高引起鳞茎腐烂，留种百合可适当延迟至8月底采收；600 m以上中、高海拔区域山地百合生育期长达1年，大规模采收通常在8~9月，亦可根据实际需要适当延后。

2. 储藏

百合采收后应及时去掉茎秆，除净泥土和根系，放入保鲜库或堆放在干燥通风避光的地方。简捷堆放储藏，可在地面上铺一层湿沙，厚6～7cm、宽1.0～1.2 m，然后将鳞茎摆放在上面，再覆盖一层湿沙，如此反复，堆高可达1 m以上，储藏期长达半年。

第三节　病虫害防治技术

一、主要病害

山地芦笋、百合生产上常见的病害有芦笋立枯病、芦笋根腐病、芦笋炭疽病、芦笋茎腐病、芦笋病毒病、百合叶枯病、百合立枯病、百合软腐病等。

（一）芦笋立枯病

1. 症状

芦笋立枯病又称为枯萎病，为土传病害。初见田间个别植株变黄萎蔫，病情扩展后全株枯死；嫩茎染病，拟叶和茎变褐色或纵裂，病株地下茎和根部可现褐色病斑，后期病部腐烂，产生白色至粉红色霉状物；幼笋染病，茎细小或无法出土。

2. 发病特点

由尖孢镰刀菌引起，病菌主要以厚垣孢子在土壤中越冬。翌年产生分生孢子借雨水或灌溉水传播，经伤口侵入，为害茎部和根系。地势低洼，土质黏重，排水不良，土壤过湿，易发病。

3. 药剂防治

发病初期，喷洒或浇灌 36%甲基硫菌灵 WP 600 倍液，或 30%多菌灵·福美双 WP 600 倍液，或 64% 噁霜·锰锌 WP 500 倍液，或 77%可杀得 WP 500 倍液进行防治。

（二）芦笋根腐病

1. 症状

病初菌丝侵入肉质根内，造成根上软组织和中柱腐烂，仅留表皮。病部表面赤紫色，严重时被菌丝包被，形似紫色纹绒状。发病后，植株茎秆生长矮小，茎枝和拟叶变黄，以致全株枯死。

2. 发病特点

是一种由真菌引起的土传病害。以枯死植株的病原菌形成菌核在土壤中越冬，以菌丝层等附着植株根部传染。该病繁殖温度为 8～35℃，最适温度为 27℃。病原菌一般在芦笋根部 10～30 cm 土层较多。生产上 3 年以上的成年笋田易发，地势低洼，排水不畅，肥水管理不当，发病较重。

3. 药剂防治

参见芦笋立枯病。

（三）芦笋炭疽病

1. 症状

主要为害嫩茎。发病初期茎上病斑灰色至浅褐色，梭形或不规则形，病斑后期长出小黑点。

2. 发病特点

由炭疽菌引起的真菌性病害。病菌以菌丝体和分生孢子在病残体上越冬，借风雨及小昆虫活动传播，从伤口侵入致病。春雨来得早、雨水丰沛的年份多发病，干旱或干旱无雨年份发病轻。母茎留养过多，田间湿度大，大水浸灌，偏施化肥，发病重。

3. 药剂防治

发病初期，可选用70%代森锰锌WP 500倍液，或22.5%啶氧菌酯SC 2000倍液，或80%炭疽福美WP 800倍液，或60%唑醚·代森联WDG 1500倍液等药剂，每7～10 d喷1次，连续2～3次，采收前7 d停药。

（四）芦笋茎腐病

1. 症状

主要为害幼笋。幼笋出土后即可受害，初在茎表出现水浸状斑，逐渐扩大，后侵入茎秆，茎部组织腐烂，地上部呈枯萎状，湿度大的可在茎表组织出现白色菌丝体。发病较轻时，地上部茎叶衰弱，幼茎细弱，产量低。

2. 发病特点

病菌以菌丝体在土壤中越冬，可腐生2～3年，菌丝直接侵入寄主，通过水流、农具传播。生产上，地势低洼，土质黏重，播种过密，排水不畅、田间湿度大的地块，易发病。

3. 药剂防治

发病初期，可选用65.5%普力克AS 600倍液，或25%甲霜灵WP 600～800倍液，或64%杀毒矾WP 500倍液，或72%杜邦克露WP 800～1000倍液等药剂，采取喷淋结合的办法，每5～10 d施药1次，连续3～4次。注意喷透淋足，前密后疏，药剂交替施用，采收前3 d停药。

（五）芦笋病毒病

1. 症状

芦笋病毒病属全株性病害，田间显症不明显。通常多表现为植株生长瘦弱，拟叶变小、扭曲、黄化，嫩笋抽发力渐退，纤弱，产量明显降低。

2. 发病特点

种子传毒，汁液也可通过接触传毒，蚜虫、蓟马传毒。

3. 药剂防治

发病初期结合治虫，可选用 20%毒克星 WP 500～600 倍液，或 0.5%抗毒剂Ⅰ号 AS 300～400 倍液，或 5%菌毒清 AS 500 倍液等药剂，每隔 7～10 d 喷 1 次，连续 2～3 次，采收前 3 d 停药。

（六）百合叶枯病

1. 症状

叶片发病，初产生圆形或椭圆形斑点，大小不一，呈浅黄色至浅褐色。发病斑点外围有清晰的红紫色边缘。潮湿时斑点上很快覆有一层灰色的霉迹，干燥时病斑变薄，透明易碎裂，一般呈灰白色。严重时整叶枯死。茎受害，从侵染处腐烂折断，芽变褐色腐烂。花上斑点褐色，潮湿时花瓣呈水渍状，发黏成一团，上有灰色霉层。幼株受害，通常生长点死亡，但夏季植株可重新抽发。

2. 发病特点

病菌以菌丝或菌核在病残组织上越冬，翌年产生分生孢子侵染为害，可多次重复侵染。种植过密，田间过分潮湿，偏施氮肥，发病重。

3. 药剂防治

发病初期，可选用 50%多菌灵 WP 500～600 倍液，或 75%百菌清 WP 1000～1500 倍液，或 80%代森锰锌 WP 500～600 倍液等药剂，对中心病株及蔓延区进行重点喷雾，必要时可在叶片药液风干后立即重喷 1 次，其他区域均匀喷雾。每 7～10 d 喷 1 次，连续 2～3 次。注意药剂交替使用。

（七）百合立枯病

1. 症状

嫩芽受害，变为黑褐色，渐渐枯死。幼苗受侵染，根茎部变褐缢缩而折倒枯死。成株期受害，叶片自下而上变黄，以至全株黄枯而死。鳞茎受害，逐渐变为褐色，鳞片上形成不规则的褐斑，最后腐烂，鳞瓣脱落。

2. 发病特点

土壤传播，连作重茬，土质黏重，排水不良，施肥不当，发病严重。

3. 药剂防治

多雨季节及灌溉前，及时使用70%甲基硫菌灵WP 600～800倍液，或50%多菌灵WP 500～600倍液喷雾，每7 d喷1次，连续2～3次。或用95%恶霉灵WP 3000～4000倍液喷淋根部。

（八）百合软腐病

1. 症状

鳞茎受害后，初呈褐色水渍状不规则斑块，后逐渐扩展，向内蔓延，造成湿腐，致鳞茎形成脓状腐烂，发黑变软并具恶臭味。

2. 发病特点

病菌在土壤及鳞茎上越冬，翌年环境适宜时侵染鳞茎、茎及叶，引起初侵染和再侵染。病菌生长适温为25～30℃。通常多发生在鳞茎即将收获或储运期间。高温高湿，通风不良，鳞茎伤口多，易发病。

3. 药剂防治

发病初期，可选用20%龙克菌SC 500倍液，或70%碱式硫酸铜AS 400倍液，或47%加瑞农WP 800倍液，或72%农用硫酸链霉素SP 3000倍液等药剂，喷淋或灌根。

二、主要虫害

常见的虫害有蛴螬、蝼蛄和地老虎等地下害虫，以及斜纹夜蛾、甜菜夜蛾、蓟马等。

（一）地下害虫

1. 危害特点与生活习性

主要有蝼蛄、蛴螬、地老虎和金针虫等。这类害虫为害寄主广，不仅为害蔬菜，还为害玉米、小麦、高粱、草坪、烟草、花卉、苗木等。危害期多在土中生活，昼伏夜出，主要取食咬食作物的种子、根、茎、块根、块茎、幼苗、嫩叶及生长点等，严重影响作物的生长发育，常造成缺苗、断垄，甚至毁种。

2. 防治措施

农业防治。深翻土壤，精耕细作，破坏害虫滋生的环境。合理施用经过充分腐熟的农家肥，减轻危害。早春及时铲除田间、地头的杂草，并带离田间沤肥或深埋，除草灭虫。在地老虎发生后，及时灌水灭虫。利用金龟子的假死性人工扑杀，减少土中蛴螬发生。在地下害虫点片发生时，对地老虎、蝼蛄采用拨土捕捉，减轻危害。

物理防治。4 月底～5 月初开始，在田间设置黑光灯诱杀成虫；按照糖∶醋∶白酒∶水=3∶4∶1∶2 配制糖醋液，再加总量的 1%～2% 的 90% 敌百虫 EC 或 80% 敌敌畏 EC 制成糖醋盆，放置田间诱杀地老虎的成虫；在蝼蛄、地老虎幼虫发生期，每亩用炒香的碎豆饼或麦麸 5 kg 加碎青菜叶 5 kg 与 90% 晶体敌百虫 0.5 kg 拌匀制成毒饵，于傍晚均匀撒施于苗基部诱杀。

药剂防治。①沤制农家肥时，用 80% 敌敌畏 EC 500～800 倍液喷洒，再用薄膜封闭 24 h，杀灭幼虫与虫卵。②结合春耕备播，每亩用 0.2% 联苯菊酯 G 5 kg 或 1% 联苯·噻虫胺 G 3～4 kg 或 0.4% 氯虫苯甲酰胺 G 0.75～1.5 kg 拌土行侧开沟埋施或撒施。③危害初期喷洒 50% 二嗪农 EC 1000～1500 倍液，每 7～10 d 喷 1 次，连续 2～3 次。

（二）甜菜夜蛾

参见第六章第五节甜菜夜蛾部分内容。

（三）斜纹夜蛾

参见第三章第四节斜纹夜蛾部分内容。

（四）蓟马

参见第三章第四节蓟马部分内容。

第十章　山地水生及特色蔬菜栽培

近年来，为满足人们对食品多样化和膳食营养的要求，并随着山区农业结构的进一步调整和效益农业的发展，山地茭白、鲜食甜（糯）玉米、迷你番薯等一批特色农产品得到了有效开发和利用。尤其是鲜食甜（糯）玉米、迷你番薯等特种谷物类蔬菜，因其蛋白质、维生素、氨基酸、矿物养分等含量高，营养丰富，风味独特，易消化吸收，综合用途广，已作为高档保健食品被人们所认知并接受，成为居家消费的"黄金食品"，备受城乡居民的青睐，市场潜力巨大。这无疑为山地特色农业的开发增加了花色品种，更为山区农村经济的发展提供了增收新途径。

第一节　山地茭白栽培技术

茭白(*Zizania latifolia*)又名菰，是禾本科多年生宿根水生蔬菜，其肉质洁白鲜嫩，外形似笋或小儿手臂，故有茭笋、茭手之称。茭白嫩茎营养丰富，富含蛋白质、氨基酸、碳水化合物、粗纤维、可溶性糖以及维生素和矿物质等多种成分，味道鲜美，营养价值较高，是原产我国的重要特产水生蔬菜。目前，全国茭白种植面积约 7 万 hm^2，其中，浙江省茭白种植面积约 3 万 hm^2，产量达到 70 万 t。茭白产品收获期多在 5 月、6 月至 10 月前后，对于调剂蔬菜夏秋淡季供应具有较好的作用。由于茭白孕茭适温为 $18\sim25℃$，高温会抑制茭白黑粉菌的正常生长及代谢，从而使其夏季高温条件下难以孕茭。

近年来，南方多地充分利用高海拔地区夏季温度较同纬度平原地区低、适宜茭白孕茭的自然条件，发展冷水灌溉、反季节山地茭白高效栽培技术，实现淡季上市，取得了良好的经济和社会效益，成为山区农民增收的重要途径。山地茭白生产已经成为浙江、安徽、江西、湖南等南方多地山区农村经济发展的主导产业。

一、特征特性

茭白属禾本科多年生水生宿根草本植物，株高 1.6～2.0 m。其根为须根系，环生于分蘖节和匍匐茎各节，根系数量多，主要分布在地下 30 cm 的土层内。地上茎呈短缩状，部分入土，茎节上发生多数分蘖，形成"茭墩"。主茎和分蘖经历一定的生长并在光温适宜的条件下，短缩节拔节伸长，前端数节畸形膨大，形成长 25～35 cm、横径 3～5 cm 的肥嫩肉质茎。地下茎为匍匐茎，着生于地上茎基部的节上，横生土中，其顶芽和侧芽可向地上萌发生长，成为分株。茭白的叶着生于短缩茎上，由叶鞘和叶片组成，叶鞘长 25～45 cm，相互抱合，形成"假茎"。茭白花茎不能正常抽薹开花，生产上主要采用分株方式进行无性繁殖。冬季地上部分枯死，以根株在土中越冬。

茭白属喜温喜光性植物，生长适温 15～30℃，不耐寒冷和高温干旱。茭白个体发育过程可以分为萌芽期、分蘖期、孕茭期和休眠期 4 个阶段。外界气温在 5℃以上时，茭白开始萌芽生长，发棵适温 20～30℃，孕茭期需要适温为 18～25℃，当气温在 30℃以上或 15℃以下时，影响孕茭。生长期间水位随着植株的生长逐渐加深，水深以 5～20 cm、不淹没茭白眼为宜。茭白根系发达，需水量多，适宜在水源充足、灌水方便、土层深厚松软、土壤肥沃、富含有机质、保水保肥能力强的黏壤土或壤土中进行栽培。

二、生产茬口

茭白孕茭适宜的温度为 18～25℃，长江流域及其以南平原地区常规栽培的双季茭采收期一般集中在秋季（10 月前后）和初夏（6 月中旬前后）。单季茭通常在春季（3～4 月）定植，当年秋季（9 月）采收。山地茭白生产主要利用山区海拔较高、夏季温度较同纬度平原地区低、适宜茭白孕茭成熟的特点，实现夏茭或秋茭的提早上市。从当前生产来看，南方高山茭白适宜栽培的山地海拔通常在500～1200 m。该区间由于海拔高、夏季温度较低，孕茭成熟早，生产上一般以单季茭栽培为主。海拔 300 m 以下的低山丘陵，生产大多采用两熟茭栽培方式，尤以海拔 200 m 以下最为适宜。海拔 400～600 m 山地生产可以引种部分双季茭品种，但实践中仍然以单季茭为主。由于所处地理纬度、山地环境和品种选择等方面可能存在诸多不同，不同地区山地茭白生产茬口和栽培模式或有差异（表 10-1），各地在实际发展中，应灵活掌握。

表 10-1　南方部分省份山地茭白主要生产茬口

茬口类型	区域及海拔	定植期	采收期	
双季茭	东南（浙江）300 m 以下	6 月中下旬～7 月	9 月下旬～12 月上旬	4 月至 6 月下旬
	（东南）安徽 750 m 左右	10 月	9 月下旬～10 月中旬	6 月上旬～8 月中旬
单季两茬	东南（浙江、福建）300 m 左右	10 月～11 月中旬	6 月	9 月下旬～10 月上旬
单季茭	东南（浙江、福建、安徽）500 m 以上	3 月下旬～4 月上旬	7 月中旬～9 月	—

续表

茬口类型	区域及海拔	定植期	采收期	
单季茭	华中（湖北） 500～1000 m	3月下旬～4月上旬	8月中下旬～10月	—
	东南（福建） 600～1000 m	9月中旬～11月下旬	5月上旬～ 10月上旬	—
	西南（贵州） 1000 m 左右	3月下旬～4月上旬	9～10月	—

在"中国茭白之乡"浙江省丽水市缙云县，针对中低海拔单季茭白生产中，7~8月高温天气，不利于孕茭与提早上市，品质较差，产量及市场效益较低等问题，创新推广单季茭白促成栽培一年两收标准化生产技术，实现单季茭白一年两收，错峰上市，每亩可产夏茭、秋茭4000 kg，取得了良好的经济和社会效益。

本节重点介绍浙江中低海拔山地双季茭白栽培和高山单季茭白高效栽培技术。

三、栽培要点

（一）中低海拔山地双季茭白栽培技术

1. 地块选择

双季茭基本的生态产地均在平原地区，因此，山地种植地块应选择海拔300 m以下的中低山区，土地平整，水源充足，排灌方便，土层深厚，保水保肥力强的水田种植。

2. 品种选择

中低海拔山地栽培双季茭宜选用耐肥、抗病、高产、优质的中熟茭白类型。浙江山地双季茭栽培当前常用的双季茭品种主要有'浙茭2号'、'浙茭6号'、'龙茭2号'、'余茭4号'、'浙茭911'等品种。主要品种简介如下：

1）浙茭2号

双季茭白中熟品种，原浙江农业大学选育。植株高度150 cm，单株有效茭蘖12～15个，夏茭肉茭长15 cm左右，单株夏茭净茭重97.2 g；秋茭肉茭长20 cm左右，单株秋茭净茭重75 g。茭形较短而圆胖，表皮光滑、洁白、质地细嫩，无纤维质，味鲜美。田间生长势较强，叶色青绿坚挺，抗逆性强，适应性广，优质，高产。

2）浙茭6号

双季茭白类型，'浙茭2号'变异株系选育。植株较高大，秋茭株高平均

208 cm，夏茭株高 184 cm；叶宽 3.7～3.9 cm，叶鞘浅绿色覆浅紫色条纹，长 47～49 cm，秋茭有效分蘖 8.9 个/墩。孕茭适温 16～20℃，夏茭采收比 '浙茭 2 号' 早 6～8 d，秋茭比 '浙茭 2 号' 迟 10～14 d。壳茭重 116 g；净茭重 79.9 g；肉茭长 18.4 cm；粗 4.1 cm；茭体膨大 3～5 节，表皮光滑，肉质细嫩，商品性佳。

3）龙茭 2 号

双季茭白类型，中晚熟，地方品种 '梭子茭' 变异株系统选育。夏茭 5 月上中旬～6 月中旬采收，秋茭 10 月底～12 月初采收。植株生长势较强，株型紧凑直立。秋茭株高 170 cm 左右；叶鞘浅绿色，长 45 cm 左右；最大叶长 140 cm、宽 3.2 cm 左右；平均有效分蘖 14.7 个/墩；平均孕茭叶龄 8.1 叶；壳茭重平均 141.7 g，肉茭重 95 g 左右，净茭率 68%左右，膨大的茭体 4～5 节，茭肉长 22 cm 左右，最大横切面 4.3 cm×4.0 cm。夏茭株高 175 cm 左右，叶鞘绿色，长 36 cm 左右；最大叶长 110 cm、宽 3.7 cm 左右；平均有效分蘖约 19 个/墩；壳茭重 150 g 左右，肉茭重 110 g 左右，净茭率 70%以上，膨大的茭体 4～5 节，茭肉长约 20 cm，最大横切面直径 4.4 cm×4.1 cm。茭肉白色，可溶性总糖含量 1.74%，干物质含量 6.0%，粗纤维 0.79%。对胡麻叶斑病和二化螟的抗性较好。

4）余茭 4 号

双季茭白类型，从 '浙茭 2 号' 优良变异单株中筛选出来的新品种。其株型高大，分蘖能力和 '浙茭 2 号' 接近。秋茭 11 月上旬～12 月上旬采收，秋茭株高 198 cm，有效分蘖 13 个左右；壳茭单重 136.7 g，长 24.0 cm，粗 4.0 cm，净茭单重 90.08 g，净茭率 66.4%，每亩产量 1231 kg。夏茭 5 月下旬～6 月下旬采收，夏茭株高 216 cm，壳茭单重 118.1 g，净茭单重 70.4 g，长 16.5 cm，粗 3.5 cm，每亩产量 2794 kg。肉质茎个体大，表皮光滑，肉质细嫩，商品性好，营养水平高。

3. 育苗

为保证茭白的产量和质量，生产上需要每年育苗移栽，提纯复壮。夏茭收获后，选择孕茭早、健壮的茭白植株，剔除灰茭、雄茭，割去茎叶，移至寄秧田，挖取种墩分苗寄植，每穴 1～2 苗，寄秧密度 40 cm×40 cm，一般每 1 墩可种 20 穴。寄秧后，秧田放水至薹管以下。

4. 整地施肥

翻耕前加固田埂，要求田埂上口宽 40 cm，高 40 cm，以利保水。每亩施腐熟有机肥 2500～3000 kg，或饼肥 100～150 kg 和三元复合肥 50 kg 为基肥，翻耕，耙细，平整田面，畦内浅水待用。

5. 定植

7月中下旬开始移栽，按宽窄行方式定植，宽行 100 cm，窄行 60 cm，株距 50 cm，每亩栽 1500 墩左右，栽植深度以不歪苗、不浮苗，与茭苗原深度一致为宜。

6. 秋茭管理

1）水位控制

茭白在整个生长期间不能断水，水位要根据不同的生育阶段进行调节。分蘖初期采取浅水勤灌，保持 3～5 cm 的浅水层。当每墩平均苗数达到 10～15 株时，采取深水控制茭白的无效分蘖，水深 10～15 cm。孕茭期要保持充足的水分护茭，但不能淹过"茭白眼"。夏末秋初高温时段，库区下游等有条件的地方可利用水库冷水串灌茭田，促进茭白提前孕茭，提高品质。

2）追肥

茭白生长期长，植株高大，需肥量大，除施足基肥外，必须适时追肥。每次施肥前先放浅田水，待施肥耘田和田水落干后再灌水。施肥应结合水层管理，促进前期有效分蘖，控制后期无效分蘖，促进孕茭，提高产量和品质。茭白生长期长，植株高大，需肥量也大，除施足基肥外，必须适时追肥。基肥在移栽时施入，一般每亩施腐熟厩肥 4000 kg 或人粪尿 5000 kg。追肥分两次施入，通常分蘖初期每亩施 45%复合肥 30～50 kg（分蘖肥），孕茭期每亩施尿素 15 kg、氯化钾 5 kg（孕茭肥）。

3）中耕除草

移植 5～7 d 后及时中耕除草 1 次。一般不再进行第 2 次中耕。若分蘖过快，则实施第 2 次中耕，以抑制分蘖。

4）适时剥叶

在茭白封行前剥除老黄叶 1 次，以后再结合采收茭白剥除老叶、高节位无效分蘖和清除田间杂草，以利改善通风透光条件，促进幼茭良好生长。

7. 秋茭采收

定植当年在 10 月中下旬采收秋茭。从单个植株上看，茭叶一片比一片短，假茎变扁，基部开始膨大，从整个田块看，茭叶开始变黄，未孕茭的植株则保持绿色，差别十分明显。当茭白叶鞘基部开裂，少量白色茭肉露出时，表明茭白成熟可以采收。秋茭 2～3 d 应采收 1 次，若采收不及时，则易发青变老，失去商品价值。

8. 夏茭管理

秋茭采收后，田间保持湿润，12 月中下旬地上部干枯后齐泥割茬。肥水管理可参照秋茭进行，以有机肥为主，每亩施有机肥 1500～2000 kg、碳酸氢铵和磷肥各 50 kg，田间保持 5 cm 以下浅水。

9. 夏茭采收

夏茭采收一般在每年的 6 月下旬～8 月下旬进行，其中 7 月中旬～8 月中旬为采收旺季，从孕茭到采收需 15～20 d。当茭白叶鞘基部开裂，少量白色茭肉露出时，表明茭白成熟可以采收。夏茭采收除高峰期每天采收外，可 2 d 采收 1 次。

（二）高山单季茭白高效栽培技术

1. 茭田选择

茭白的成熟期与品种、海拔、土层深度、气温和水温等相关，一般高海拔地区单季茭白成熟期比同纬度平原茭白提早 30 d 以上。高山茭白种植应选择海拔 600～1200 m，光照好、水源洁净而充足、排灌条件好、土壤深厚肥沃的洼地或稻田。地块有机质含量要求在 2%以上，为保水保肥性能好的黏壤土。

2. 品种选择

抗病早熟、优质、高产良种是高山茭白高效生产的基础。具体品种选择时应根据当地市场消费需求和自然条件，选择适应性较强、产量高、生长势中等，生长整齐，分蘖密集成丛，结茭早，孕茭率高，茭形整齐，茭肉光滑嫩白、抗病，成熟期集中的品种。浙江丽水地区，生产上常用的单季茭白品种主要有'美人茭'、'金茭 1 号'、'金茭 2 号'、'丽茭 1 号'、'象牙茭'等。

1）美人茭

丽水市缙云县农家地方单季茭品种。植株长势中等，株型紧凑，株高 1.80～2.20 m，单株叶 12～16 片，叶色较深，叶鞘浅褐绿色，抱合成假茎。茭白长椭圆形，肉质茎长 25～33 cm，色纯白、单壳茭重在 200 g 以上，肉质细嫩，纤维少，品质佳，口感好。抗锈病，灰茭、雄茭率低于 5%，适合在高山地区栽培。

2）金茭 1 号

浙江磐安地方茭白单季茭早中熟品种。植株株高 2.5 m 左右，长势较强，最大叶长 185 cm 左右，最大叶宽 4.1～4.6 cm，叶鞘长达 53～63 cm，叶鞘浅绿色覆浅紫色条纹。孕茭叶龄 15～17 叶，单株有效分蘖 1.7～2.6 个。茭体膨大 4 节，隐芽无色，单壳茭重 110～135 g，茭肉长 20.2～22.8 cm，宽 3.1～3.8 cm，肉质茎表皮光滑、白嫩。采收期 7 月下旬～8 月下旬，适于浙中海拔 500～700 m 山区。

3）金茭 2 号

单季茭早熟品种（'水珍 1 号'的优良变异单株）。植株长势中等，株高 2.2 m 左右，叶鞘浅绿色，长 52～55 cm，开始孕茭叶龄 11 叶左右，年生长期内每墩有效分蘖 11.8～14.1 个。茭肉梭形，茭体 4 节，表皮光滑，肉质细嫩，商品性佳。有两个比较集中的采收期：6 月下旬～7 月中下旬，平均壳茭重约 120 g，平均茭肉重约 95 g，平均茭肉长 17.0 cm 左右；9 月下旬～10 月中旬，平均壳茭重约 98 g，平均茭肉重约 76 g，平均茭肉长 16.4 cm 左右。该品种耐热性较强，品质优良，对光周期较不敏感，适宜在浙江金华、丽水地区水库库区下游种植。

4）丽茭 1 号

单季茭早熟品种（美人茭优良变异单株）。株型紧凑，生长势强。株高 240 cm 左右，叶鞘长度约 58 cm。单株有效分蘖 2～3 个，开始孕茭叶龄 13 叶左右，茭体 4 节，茭肉长 16.7～18.6 cm，其中第 2 节和第 3 节纵、横径分别为 7.43 cm、4.66 cm 和 4.84 cm、3.57 cm。壳茭单重 142.5～178.6 g，茭肉净重 105.6～128.6 g，净茭率 71.8%～74.1%，茭肉白嫩、光滑，品质好。生长适温 15～28℃，孕茭适温 20～25℃。在丽水 400～1000 m 海拔山区种植，一般在 7 月中旬开始采收，7 月下旬～8 月初进入盛收期，熟期比'美人茭'早 12～14 d。

3. 种株选择

选择植株生长整齐、成熟一致性好、节紧缩、结茭多、孕茭率高、茭肉嫩而油光洁白，茭白长足后，包裹的叶鞘一边稍有开裂，茭白眼呈乳白色，母株丛中没有雄、灰茭作为种株。种株选定后要做好标记。在茭白采收结束后的 9 月剪秆扦插或分墩种植育苗，待第二年春移栽。

4. 适时栽植

茭白种植过程中由于管理水平、气候条件及黑粉菌入侵等因素影响，容易出现种性退化，产量降低、品质下降。生产上通常每隔 2～3 年就需要栽植换茬。一般做法是在秋季茭白采收结束后，将老茭墩彻底挖除，翻耕、整理，栽插优选新种株。

1）剪秆扦插

通常在 9 月中旬～10 月中旬进行，将经过选种的母株秆，从泥面下 2～3 cm 带 1～2 个须根开始，剪取长度 20～25 cm 作为扦插材料。扦插角度 45°左右，宜浅不宜深，扦插深度以不倒秆为准。控制行距 80 cm，株距 40 cm，每亩扦插密度 2000 株左右。田间保持 3～5 cm 薄水，促进秋苗成活。

2）分株繁殖

分株繁殖多在 9 月中旬～11 月上旬进行。将选取的种墩挖起分墩栽植，每个分墩带 3～4 芽，行距 80 cm、株距 40 cm，定植到整理好的茭田中，田间保持 3～5 cm 薄水，促进茭苗成活。

3）寄秧定植

高山新植茭区若因前茬作物未收获，一般先寄秧，待第 2 年 3 月底、4 月初（清明前后）苗高 20 cm 时再移栽定植。寄秧田筑畦宽 1.2 m，沟宽 30 cm，寄秧密度行距 50 cm、株距 15 cm。行常规管理。

5. 田间管理

1）间苗补苗

茭白苗高 20 cm 时，及时做好间苗补苗工作。第 1 次间苗每丛留 5～6 株，之后再间苗 2～3 次，最终留有效苗 1.8～2 万株/亩。一般栽插 3～5 d 即可成活，当年秋冬季即有一定的生长量，翌年植株萌发早，生长快，茭白生育期与当年 3 月才定植、采用传统分墩或育苗栽培方式的相比，可提早 20 d 以上。

2）科学施肥

移栽后根据生长情况及时追肥。开春前温度低，茭白生长缓慢，需肥量少，扦插或分墩苗成活后，每亩施尿素 3～5 kg 即可；4 月上中旬，苗高 20 cm 左右时，茭白生长明显加速，结合疏苗补苗，应重施提苗肥，每亩施腐熟有机肥 1500～2000 kg，加复合肥 50 kg 或碳酸氢铵 50 kg、过磷酸钙 50 kg、氯化钾 20 kg；在提苗肥施入后 15 d 左右施分蘖肥，每亩施复合肥 35 kg；开始孕茭时（新茭有 10%～20% 的分蘖苗，假茎变扁），应重施催茭肥，促进肉质茎膨大，提高产量，一般应在 5 月下旬施用，每亩施尿素 25 kg、氯化钾 15 kg。同时，视苗势掌握施肥量，长势强旺少施，弱则多施，一般亩施尿素 25 kg，氯化钾 15 kg。

茭白生长期长，需肥量大，也可以在施基肥或提苗肥时，每亩加施硼肥 1.5 kg，在分蘖、孕茭期可结合病虫害防治，交替喷施稀土微肥、叶面宝、氨基酸肥、茭白施必丰等叶面肥，促进茭白增产、增收。

3）水分管理

茭白水位管理以"浅—深—浅"为原则。定植后分蘖之前，保持 3～5 cm 的浅水位，以利于提高地温，促进发根和分蘖。当全田分蘖苗足够后，将水位加深到 12～15 cm，以抑制无效分蘖，促进孕茭；孕茭期加深水层至 1～16 cm 以上，但不能超过"茭白眼"的位置，有条件的茭田，可用山坑冷水串灌，促进茭白肉茎膨大，提高产量和品质。孕茭后期，应降低水位至 3～5 cm，以利采收。

4）除草与去除黄叶

茭白田通常肥力较高，从定植成活开始至封行前为杂草滋生期。栽后 7～10 d，及时耕田去除杂草。除草时，排干田水，每亩用 18%乙苄 30 g 或 10%苄黄隆 10～15 g，兑水 40 kg 喷雾，喷后第 2 d 复水。分蘖后期，茭墩内植株拥挤，应及时去除基部发黄老叶，保障田间通风透光，降低株间温度，促进早孕茭。

6. 采收

茭白一般在 7 月底开始采收，以三片外叶长齐，叶鞘内茭肉显著膨大，紧裹的叶鞘即将裂开或刚裂开露白 1 cm 时为采收适期。采收过早，茭白小，产量低，口味淡，而且耐藏性差；采收过晚，茭白表皮发绿发皱，品质降低，甚至变成灰茭而不能食用。用于储藏的茭白应选择茭肉洁白、坚实、细嫩、枝粗、鞘稍短、老嫩适宜、略带 2～3 片保护叶的产品。

第二节　山地迷你番薯栽培技术

番薯（*Ipomoea batatas*）属旋花科番薯属一年生草本植物，以地下部分具圆形、椭圆形或纺锤形的块根为产品，营养丰富，富含淀粉、糖类、蛋白质、维生素、膳食纤维素以及多种氨基酸，是非常好的营养食品，在我国大多数地区普遍栽培。迷你番薯是指单株结薯数量 5 个以上，薯块大小较为均匀，粗纤维少，可溶性糖含量较高，质地细腻，香甜糯可口的一种番薯类型。迷你番薯单个薯块在 30～180 g，不仅薯形美观，而且具有粉、甜、香，口感细腻等特点，还因其独特的营养价值和保健作用，深受消费者青睐。

目前，迷你番薯在浙江省临安市、淳安县、衢州市、金华市、嘉兴市秀州区等地已形成一定规模的生产基地。此外，在广西、海南等地也有一定规模的"南菜北运"反季节栽培基地。

一、特征特性

番薯茎平卧或上升，偶有缠绕，多分枝，圆柱形或具棱，绿色或紫色，被疏柔毛或无毛，茎节易生不定根。叶片通常为宽卵形，长 4～13 cm，宽 3～13 cm，全缘或 3～5（～7）裂，裂片宽卵形、三角状卵形或线状披针形，叶片基部心形或近于平截，顶端渐尖，两面被疏柔毛或近于无毛，叶色有浓绿、黄绿、紫绿等，顶叶颜色为品种的特征之一。叶柄长短不一，长 2.5～30 cm，被疏柔毛或无毛。

番薯喜温怕冷，栽秧时 5～10 cm 地温 10℃左右不发根,15℃需 5 d 发根,17～18℃发根正常，20℃仅 3 d 即发根，27～30℃只需 1 d 即可发根。气温 25～28℃时茎叶生长快,30℃以上时茎叶生长更快，但薯块膨大慢。38℃以上呼吸消耗多，茎叶生长慢，20℃以下时茎叶生长缓慢，15℃时停止生长，10℃以下持续时间过长或遇霜冻，茎叶枯死。地温在 21～29℃温度越高，块根形成越快，数目越多，但薯块较小；20～25℃地温最适宜于块根膨大，低于 20℃或高于 30℃时膨大较慢，低于 18℃有的品种停止膨大，低于 10℃易受冷害，在 −2℃时块根受冻。块根膨大期间较大的昼夜温差有利于块根膨大和养分的积累。

番薯喜光，在光照充足的情况下，叶色较浓，叶龄较长，茎蔓粗壮，茎的输导组织发达，产量较高。若光照不足，则叶色发黄，落叶多，叶龄短，茎蔓细长，输导组织不发达，同化形成的有机营养向块根输送少，产量低。若每天受光 12.5～13 h 较适于块根膨大，而每天受光 8～9 h，虽对现蕾开花有利，但不适于块根膨大。

番薯耐旱，但水分过多或过少均不利于增产，尤其是在结薯后受淹或遇旱对产量影响很大。土壤干湿不定易造成块根内外生长速度不均衡，常出现裂皮现象。应根据具体情况适时适量进行薯地灌溉，低洼地雨后及时彻底排涝，旱地加强中耕保墒。

番薯吸肥能力强，耐瘠薄。在氮、磷、钾三要素中对钾的要求最多，氮次之，磷最少。此外，硫、铁、镁、钙等也有重要作用。据分析，每 500 kg 番薯中含钾 2.8 kg、氮 1.75 kg、磷 0.875 kg。适时增施钾肥，适量施用氮肥、磷肥有显著增产作用。

番薯以土层深厚，有机质丰富，疏松、通气、排水性能良好的沙壤土与沙性土为好。土质黏重时，块根皮色不好，粗糙，薯形不整齐，产量低，不耐储藏。番薯较耐酸碱，适应 pH 范围为 4.5～8.5，但以 5.2～6.7 为宜。土壤含盐量超过0.2%时，不宜栽种。

二、生产茬口

迷你番薯生产上，南方 200～500 m 低海拔区域多采用双季栽培，500 m 以上高海拔区域多采用单季越夏栽培。主要生产茬口如表 10-2 所示。其中，200～500 m海拔区域早春茬一般在 1 月初至 2 月下旬，采用大棚加小拱棚加地膜三层保温育苗，3 月下旬或 4 月初大田覆盖地膜移栽，6 月下旬～7 月上旬采挖上市；越夏茬一般以苗扦插为主，6～8 月中旬均可移栽，9 月～11 月上旬采收。500 m 以上高海拔区域单季越夏茬一般在 3～4 月播种育苗，5 月下旬～6 月上旬移栽，8 月下旬～10 月底采收。

浙江省杭州、衢州等地积极推广山地迷你番薯（'心香'品种）双季栽培模式，实现了小地瓜、大市场、高效益和产业化。2015 年，临安市迷你番薯复种面积达 1000 hm²，年产量 9500 余 t，产品不仅畅销杭州、嘉兴、湖州、宁波等省内城市，还远销上海、南京、北京、广州等地。此外，在湖南长沙县金井镇也实现了规模化种植，常年种植面积在 600 hm² 左右。

表 10-2　南方部分省份山地迷你番薯主要生产茬口

茬口类型	区域及海拔	播种期	移栽期	采收期	栽培方式
春茬	东南（浙江、福建）200 m 左右	1 月上旬～2 月下旬	3 月下旬～4 月初	6 月下旬～7 月上旬	设施保护地
越夏茬	东南（浙江、福建）200～500 m	3 月上旬	6 月～8 月中旬	9 月～11 月上旬	露地
越夏茬	东南（浙江、福建）500 m 以上	3～4 月	5 月下旬～6 月上旬	8 月下旬～10 月下旬	露地
越冬茬	华南（广西、海南）200 m 左右	7～8 月	10～12 月	4～6 月	露地

本节重点介绍山地迷你番薯双季栽培技术。

三、栽培要点

（一）地块选择

宜选择土层深厚，有机质丰富，土质疏松、排水性能良好的沙壤土与沙性土为好，并以紫色土或黄泥沙土的阳坡地为首选。土质黏重、地势低洼、阴冷潮湿、易积水的地块不宜选择。

（二）品种选择

目前，适合南方山地栽培的迷你番薯品种有'心香'、'浙薯 13'、'金玉'、'良缘'、'浙薯 6025'、'浙紫 1 号'、'广薯 79'等。从近年来的生产情况看，适合双季栽培并大面积应用的品种中，'心香'较为普遍。

1. 心香

早熟性好，一般扦插后 70～100 d 收获。萌芽性较好，结薯浅而集中，单株结薯 6～7 个，薯块大小均匀，大薯率 45.9%，中薯率 47.4%；薯块紫红皮黄肉，短纺锤形，表皮较光滑，质地细腻，口感较甜、较粉，干物率 34.5%，淀粉率 20.0%，可溶性总糖 6.22%，粗纤维含量 6.22%。抗蔓割病，中感茎线虫病。耐储性较好。

2. 浙薯 13

中晚熟，生育期 140 d 左右。萌芽性好，结薯集中，个数较多，单株结薯数 5.1 个，平均单薯重 106.1 g，50～250 g 中薯率 58.7%；薯块紫皮紫肉，纺锤或长纺锤形，表皮光滑。鲜薯可溶性糖 8.0%，出粉率 21.96%，薯块干物率 35.3%，鲜薯蒸煮食较甜、粉；耐旱、耐瘠，高抗茎线虫病、抗根腐病和蔓割病，中抗黑斑病，耐储性好。

3. 浙薯 6025

中晚熟，中短蔓、红肉干粉型品种，生育期 120～150 d。薯块纺锤形，红皮橘红肉，结薯集中、整齐，单株结薯数 5.6 个，薯块个头较小，平均单薯重 103.1 g，食味甜粉，质地较细，生长期栽培控制得当，50～250 g 薯比例 60%～70%。抗性和适应性强，萌芽性好，耐储存。

4. 金玉

早熟性好，一般扦插后 100 d 左右即可收获。单株结薯 5～7 个，薯块大小均匀，薯块短纺锤形，红皮纯黄肉，表皮光滑，口感粉、糯、甜，质地细腻，无粗纤维（筋），风味香浓，烘干率 30%～32%。耐旱性一般，易感蔓割病。适于不同季节栽种，商品薯率 85% 左右。

5. 良缘

国外引进。中熟，生长期 130 d 左右。出苗性好，单株结薯 5～6 个，薯块大小均匀。薯块圆形，皮色金黄，肉色红，表皮较光滑，口感软、甜、糯，品质优，风味香浓；烘干率 25%～26%，适于蒸煮或烘烤。

6. 广薯 79

中熟，一般扦插至收获 130 d 左右。单株结薯 5～6 个，薯块大小均匀。薯块皮色金黄，肉色橘红，纺锤形，表皮较光滑，口感软、甜、糯，品质优，风味香浓，烘干率 26%～30%。适于蒸煮或烘烤。

7. 高系 14

日本引入。该品种薯皮红色，薯肉白色微黄，薯块大小均匀，蒸熟后有板栗香味，一般用于切片加工、蒸熟加工薯泥、保鲜出口、烤薯等。适合全国大部分地区栽培。

（三）育苗

1. 种薯消毒与浸种

应选择重量 100～200 g、无病虫害、无机械损伤的种薯块。排种前用 50% 多菌灵 WP 600 倍液浸种 5 min 消毒。

2. 大棚育苗

1）育苗前准备

选择地势稍高、背风向阳、土质疏松、排灌方便的地块作为苗床，要求畦宽80～150 cm、畦高 16～25 cm，用腐熟栏肥作为底肥，用量 20 kg/m²，在底肥上铺 5 cm 干稻草，再压 5 cm 泥土后整平床面，并在四周开好排水沟。

2）播种

一般在 1 月初到 2 月下旬开始育苗，'心香'等出苗较慢的品种可适时早育。排种时要求薯块斜放，头尾方向一致，顶部向上，尾部向下，每排间隔 5 cm，每排薯块个体间间隔 2 cm，排薯后覆细松土 2～3 cm，采用大棚＋小棚＋地膜三层覆盖保温。

3. 苗期管理

1）温、湿度控制

出苗前保持床土湿润，床温控制在 28～30℃；出苗后控制床温在 25℃左右。若早春遇到低温寒流要及时加盖草帘保温，当棚内温度超过 35℃，要及时通风散热。

2）肥水管理

种薯萌发后，及时浇施 10%的腐熟人粪尿；苗长至 10～13 cm 时，用浓度为5%的复合肥液或 10%～15%的腐熟人粪尿，进行第 2 次浇施；苗长 20 cm 以上，有 5～7 张大叶时，可以剪苗扦插。每剪一次苗，浇水施肥 1 次。

（四）扦插

1. 整地与做垄

要求在晴天进行深耕整地。采用宽垄双行栽培，宽垄距 110～120 cm，垄高35～40 cm 然后做直、做平垄面。

2. 时间与密度

一般春茬地膜覆盖栽培在 3 月下旬到 4 月上旬开始扦插，采用宽垄双行种植，株距 25～30 cm，每亩扦插 4500 株左右。夏茬应视春茬采收情况而定，一般在 6月～8 月中旬扦插。无霜期长的地区也可推迟到 8 月下旬。

3. 扦插方法

采用垄栽，即将 3～4 个节位水平插或斜插入土，2 叶 1 心露出地面，其余叶片埋入土中，以利薯苗成活和结薯分散均匀，提高商品率和产量。扦插成活后立即进行查苗补苗。

（五）田间管理

1. 中耕除草

第 1 次中耕除草在薯苗开始延藤时进行，以后每隔 10～15 d 进行 1 次，共 2～3 次。在生长中后期选晴天露水干后提蔓，其次数和间隔时间以防止不定根的发生为准。

2. 肥水管理

总体要求以"多施有机肥，增施钾肥，少施化肥"为原则。一般基肥每亩施腐熟有机肥 200～1000 kg，硫酸钾复合肥 30～40 kg；结合做垄时条施于垄心。追肥要根据土壤、基肥用量及茎叶长势，在扦插后 30 d 施用硫酸钾 10～15 kg。

（六）采收

收获时间要根据当地气候、品种特点结合市场需求确定。一般扦插后 90～100 d 即可收获，最迟可收获期至降霜之前，禁止在雨天收获。在夏天高温季节，薯块采挖后应马上收回而不能直接暴晒。收获过程要轻挖、轻装、轻运、轻卸，防止薯皮破损和薯块碰伤，分级包装后储藏、运销。

第三节　山地鲜食玉米栽培技术

玉米（*Zea mays*）属禾本科玉蜀黍属一年生高大草本，以成熟的谷穗为产品。鲜食玉米是指以种植收获青果穗食用或加工的玉米，主要包括甜玉米和糯玉米。鲜食玉米由于营养丰富、风味独特、食用方便而深受城乡居民的青睐，同时作为山地蔬菜间作套种、隔离防治，或合理轮作、规模种植，鲜食玉米也是选择的主要作物，种植效益较高。

20 世纪 90 年代以来，随着浙江育成第一个超甜玉米杂交种'超甜 3 号'，并成为浙江省的主栽品种，南方各地鲜食玉米发展较快，相继育成的品种较多，到目前，鲜食玉米已占到浙江玉米生产总面积的 60% 以上。

一、特征特性

秆直立，通常不分枝，高 1～2.5 m，基部各节具气生支柱根。叶鞘具横脉；叶舌膜质，长约 0.2 m；叶片扁平宽大，线状披针形，基部圆形呈耳状，无毛或具疵柔毛，中脉粗壮，边缘微粗糙，长 1～1.5 m。顶生大型雄性圆锥花序，主轴与总状花序轴及其腋间均被细柔毛；雄性小穗孪生，长 1 cm，小穗柄一长一短，长度分别为 1～2 mm 及 2～4 mm，被细柔毛；两颖近等长，膜质，约具 10 脉，被纤毛；外稃及内稃透明膜质，稍短于颖；花药橙黄色，长约 5 mm。雌花序被多数宽大的鞘状苞片所包藏；雌小穗孪生，呈 16～30 纵行排列于粗壮之序轴上，两颖等长，宽大，无脉，具纤毛；外稃及内稃透明膜质，雌蕊具极长而细弱的线形花柱。颖果球形或扁球形，成熟后露出颖片和稃片之外，其大小随生长条件不同产生差异，一般长 5～10 mm，宽略大于长，胚长为颖果的 1/2～2/3。

玉米喜温暖，怕霜冻，其生长发育要求光照充足。发芽适温 21～27℃、最低温度 10℃。秧苗生长适温 21～30℃，开花结穗期适温 25℃左右，高于 35℃授粉、受精不良。积温和有效积温对玉米的生育期长短起决定性作用，即温度高积温多则生育期缩短，反之则延长。

玉米对光周期敏感，属短日照植物，热带品种移到温带栽培不易开花，在引种新品种时需要注意。

玉米根系发达、吸收能力强，以种植在肥沃的菜园土上为好。苗期较耐旱而不耐涝，因此需土壤排水良好，拔节抽穗时需肥水充足。

二、生产茬口

甜（糯）玉米尤其是甜玉米种子不耐低温潮湿，为避免烂种，春季播种必须在地温稳定通过 12℃才能直播。生产上，浙江地区春播一般在 3 月底～4 月初播种，6 月下旬～7 月初上市，设施育苗或栽培的可提早到 3 月初或 2 月播种；为避免花期高温和台风危害，5 月、6 月不宜播种。秋季栽培，一般在 7 月下旬～8 月 10 日播种，浙南地区可适当推迟播种。10 月中旬～11 月初采收。500 m 以上高海拔区域采用单季栽培，4 月底～7 月中旬播种，7 月下旬～10 月中旬采收。南方山地鲜食玉米主要生产茬口如表 10-3 所示。

表 10-3　南方山地鲜食玉米主要生产茬口

海拔	茬口类型	播种期	移栽期	采收期	栽培方式
200～500 m	春播	2 月	2～3 叶	5 月底～6 月初	设施保护地
		3 月底～4 月初	点直播	6 月～7 月初	露地
	秋播	7 月下旬～8 月 10 日	点直播	10 月中旬～11 月初	露地
>500 m	一季栽培	4 月底～7 月中旬	点直播	7 月下旬～10 月中旬	露地

特早种设施栽培，可采用一次性施肥加地膜覆盖技术，提早上市。高寒山区可在 5 月中下旬播种，9 月中下旬～10 月初上市。早熟品种，适宜特早种设施栽

培和高寒山区（海拔 800 m 以上）露地栽培。

本节重点介绍南方山地玉米栽培技术。

三、栽培要点

（一）地块选择

玉米适应性广，但以 pH 为 6.5～7.0 的壤土或沙壤土及黏壤土为好。玉米喜肥，好温热，需氧多，怕涝渍，过酸、过黏和瘠薄的土壤都会导致玉米生长不良。因此，以选择排灌方便、土层深厚、疏松肥沃的壤土种植为宜。

（二）品种选择

鲜食玉米品种按类型分有甜玉米、糯玉米、甜糯玉米三种类型，按籽粒颜色分有黄色、黄白相间、白色、黑色、红色、花色等类型。目前，南方地区主要栽培品种有'浙甜 2088'、'超甜 4 号'、'京科糯 928'、'京科糯 2000'、'都市丽人'、'美玉 3 号'、'苏玉糯 18'、'脆甜糯 6 号'、'黑珍珠糯玉米'、'先甜 5 号'、'华珍'等。现选择生产上常用品种介绍如下：

1. 浙甜 2088

中早熟，春播出苗至鲜穗采收约 85 d，夏秋播 75～80 d。植株半紧凑型，幼苗长势好，株高 220 cm，穗位高 65 cm，株型整齐。乳熟期果穗大小均匀，穗长 19 cm，粗 5 cm，穗行数 14～16 行，单穗鲜重 250～280 g。鲜穗适口性好，甜爽脆嫩，皮薄无渣，籽粒淡黄色，适宜鲜食和加工。抗倒性中等，较抗青枯病及粒腐病，中抗玉米大斑病、小斑病和茎腐病。

2. 超甜 4 号

中晚熟，春播出苗至采收 90.8 d。株高 225 cm，穗位高 77.7 cm，果穗圆筒形，穗长 19.6 cm，穗粗 4.7 cm，穗行数 13.2 行，行粒数 35.5 粒，单穗鲜重 254.1 g。籽粒黄色，排列较整齐，可溶性总糖含量 8.25%，皮较薄，风味较佳。中抗玉米大斑病和茎腐病，感小斑病，感玉米螟。

3. 先甜 5 号

植株整齐，生长壮旺，半紧凑型，叶色浓绿，株高 217～248 cm，穗位高 57～76 cm，穗长 18.7～20.2 cm，穗粗 4.7～5.4 cm，秃顶长 1.2 cm～2.2 cm。单穗鲜重 296～438 g，一级果穗率 87.48%。果穗籽粒黄色，穗型美观，籽粒饱满，甜度较高，含糖量 17.74%～19.09%，果皮较薄，适口性较好。全生育期 78～79 d，抗病性和抗倒性强，适应性广。

4. 京科糯 928

甜糯型品种。生长旺盛，株型半紧凑，株高 210 cm，穗位高 85 cm，去苞穗长 22 cm，穗粗 5.1 cm，穗行数 12～14 行，果穗筒形，穗大而均匀，穗粗轴细，平均单穗重 350～400 g。籽粒皮薄，饱满洁白，蒸煮加工后晶莹透亮，甜糯比例 1 : 3，适口性好，品质极佳，蒸煮冷却后不回生。抗病能力强，高产稳产，适应性广。

5. 美玉 3 号

半紧凑型，早中熟，春季播种至鲜穗采收 90 d 左右，夏播 70 d 左右。株高 200 cm 左右，穗位高 90 cm 左右，穗长 16.5 cm 左右，穗粗 4.2 cm，每穗 12～14 行，每行 35 粒左右，鲜穗出籽率 63.9% 左右，籽粒、穗轴均为白色，果穗外观匀称、大小一致，商品性较好，食味甜糯，皮薄香嫩，风味独特。中抗纹枯病和小斑病，抗茎腐病和大斑病。

6. 双色先蜜

早熟，株型较松散，株高 185 cm，穗位 50 cm，全株叶片数 13 片，叶色青绿，出苗至采收鲜果穗 73 d 左右。果穗筒形，穗轴白色，穗长 19.7 cm，穗粗 4.8 cm，秃尖 2 cm，穗行数 16 行，出籽率 64.1%，籽粒黄白色相间，可溶性总糖 9.36%。高抗瘤黑粉病，抗矮花叶病，中抗大斑病，易感小斑病，高感丝黑穗病。

7. 华珍

台湾品种，超甜玉米品种，春播出苗至采青日数平均 80 d，秋播 75 d。植株长势强，株型半紧凑，株高 220～240 cm，穗位 94 cm。果穗长 20～22 cm，穗形美观，单穗重 280 g 左右，出籽率 72.7%。果穗籽粒饱满，排列整齐，呈金黄色，含糖量在 16% 左右，皮薄无渣，品质极优，适合鲜食与加工。高抗大小斑病和茎腐病，易受玉米螟危害。

（三）育苗

1. 播种方式

1）直播

开沟穴播，每穴 2~3 粒。一般每亩用种甜玉米 1.0～1.3 kg、糯玉米 1.5～2 kg，播种深度控制在 2～3 cm，比普通玉米略浅。

2）营养土育苗

可用穴盘或营养钵育苗，一般每亩用种 0.5～0.8 kg，2 叶 1 心即可移栽。

2. 适宜播期

鲜食甜（糯）玉米的播种期取决于栽培区域的地理纬度、海拔、栽培设施及品种特性。

采用露地直播时，春播要求在地面温度稳定通过 12℃时播种为宜，秋播要保证玉米正常收获为宜。通常，我国南方地区春播以 3 月下旬～4 月上旬为宜，广东、广西等地可提早到 2 月上中旬；秋播以 7 月下旬～8 月上旬为宜。500 m 以上中高海拔山地适播期较宽，4 月底～7 月中旬均为适宜。

采用设施栽培，因覆盖保温方式不同也略有差异。若采用大棚内加小拱棚加地膜三层覆盖栽培时，浙江南部可在 1 月中旬播种，浙江中部地区可在 1 月底～2月初播种，浙江北部可在 2 月上中旬播种。采用小拱棚加地膜覆盖两层栽培时，浙江南部可在 3 月上旬播种，浙江中部可在 3 月中旬播种，浙江北部可在 3 月下旬播种。

3. 播前种子处理

选用发育健全、发芽率高的种子播种。种子质量应符合 GB4404.1 标准，即种子纯度≥95.0%、净度≥99.0%、含水量≤13.0%、发芽率≥85.0%。播种前 1～2 d，选择晴天晾晒种子 2～3 h，以提高发芽势，促进齐苗，注意不要暴晒。此外，播种前，应根据当地往年病虫发生情况，有针对性地选择药剂进行种子处理，主要用高巧等药剂拌种，防止地下害虫和鼠雀危害。

4. 育苗

通常，鲜食甜（糯）玉米多采用育苗移栽方式种植。育苗方式应根据土壤质地、品种类型确定。土质偏沙的土壤宜选择穴盘育苗；土质黏重的土壤宜采用营养钵育苗。在营养土配制上，宜选用肥沃的水稻田土，加入不少于 30%的腐熟有机肥、草木灰和复合肥，混匀堆制后装盘（钵）。玉米播种后需要严格控制水分，出苗后根据床土湿度和秧苗情况，施用清淡粪水提苗保苗，确保壮而不旺。

（四）隔离种植

玉米是异花授粉作物，异交率高，且存在花粉直感现象，串粉会直接影响玉米的营养品质和商品性。隔离种植是鲜食玉米栽培的关键措施之一。

1. 隔离方法

可采用空间隔离、时间隔离和自然屏障隔离三种方式。不同类型的玉米品种同期播种，采用空间隔离，一般应相距 300 m 以上，如有山冈、树林、村庄、公路、河流、高山等自然屏障，距离可适当缩短；亦可直接利用自然屏障，阻挡外来花粉传入，实现自然隔离；不同类型的玉米品种，采用时间隔离，播期应间隔 15 d 以上，先播早熟种，后播晚熟种，使花期相互错开。

2. 整地与作畦

要深耕 20～25 cm，打碎细耙、整平地块，把残留废膜、粗石块等清理干净。在雨水较多的地区应采取垄作，双行种植。垄畦规格：畦宽 80～90 cm，沟宽 30～40 cm，并要求围沟、畦沟、腰沟三沟配套。

3. 施基肥

甜（糯）玉米喜肥，施肥应遵循"施足、施促、施攻"六字方针。每亩应施入腐熟有机肥 1000～1500 kg，饼肥 100 kg，复合肥 30～50 kg，钙、镁、磷肥 15 kg 作为基肥。

4. 定植与密度

点直播的，苗长至 3～5 叶，及时剔除病、弱株，每穴留 1 株健壮苗。育苗移栽的，定植密度以行距 60～70 cm、株距 30～34 cm 为宜，一般每亩栽种 3000～3500 株。早熟品种可适当密植，晚熟品种宜适当稀植。定植时根据秧苗大小分类、分级、分段定向移栽，宜深栽以防止干旱暴晒。

（五）田间管理

1. 除草

翻耕前，采用混用技术，实行"一封一杀"，灭除老草、封闭防草。一般每亩用 40%异丙草·莠 SE 200～250 g+41%草甘膦异丙胺盐 AS 250～300 g 兑水 20～30 kg 喷雾。播种后出苗前或移栽前 3d，每亩用 40%异丙草·莠 SE 175～250 g 兑水 20～30 kg 喷雾，要求畦面平整，土壤湿度较大。玉米苗后 2～10 叶期每亩用 48%丁·莠 SE 180～250 g 兑水 20～30 kg 全田喷雾，以玉米 3～7 叶，杂草 2～6 叶效果最好。

2. 肥水管理

1）合理追肥

定植后结合中耕除草,在苗期、拔节期各追肥 1 次,一般每亩施复合肥 7.5 kg、尿素 10 kg,作为促苗肥。在大喇叭口期每亩施复合肥 15 kg、尿素 15 kg,作为攻穗肥。挖穴深施后及时覆土浇水。此外,玉米拔节期至大喇叭口期,每亩用硼砂 250 g 兑水 25 kg 进行叶面喷施。

2）科学灌溉

苗期,应注意干湿交替,保持土壤湿润不渍水;在大喇叭口期要及时放"跑马水",保证玉米开花授粉、灌浆对水分的需要。夏、秋播玉米,遇高温干旱时可采用沟灌,以降低田间温度,保持土壤湿润,确保正常授粉、灌浆的需要。

3. 植株调整

鲜食甜(糯)玉米以采收乳熟后鲜穗为目的,过度的散粉与留穗会导致植株营养失调,易造成果穗秃顶、缺籽,严重影响鲜穗的品质与产量,应适时采取去雄、疏穗等措施,进行合理调整。

1）去雄

俗称"去天花"。一般应掌握在雄蕊散粉后 2～3 d,即雄穗露出顶叶 6.5 cm 左右,选择隔株或隔行方式进行。去雄过早,容易带出顶叶;去雄过晚,营养消耗过多,则失去本质意义。通常去雄数量不超过全田的 1/2,以选择晴天上午 9 时至下午 4 时为宜。迎风口、地块边缘 3～4 行玉米不宜去雄,连续阴雨或高温干旱天气不宜去雄。

2）疏穗

应根据栽培品种特性结合栽培条件进行,以植株进入抽丝期至灌浆期为宜。通常在嫩穗籽粒尚未隆起时,每株选留 1 个(部分品种可留 2 个)穗位好、生长健壮的嫩穗,疏去其他果穗。疏穗以选择晴天上午 9 时至下午 4 时为宜,操作时应站在嫩穗与茎秆的正对位,一手扶托穗柄基部茎秆,另一手左向或右向掰去嫩穗,以不损伤植株为原则。疏除的嫩穗可作为玉米笋或青饲料利用。

（六）采收

鲜食甜(糯)玉米收获要根据当地气候、品种特点结合市场需求确定。一般在吐丝后 20～25 d,玉米花丝转色、稍干,苞穗手握紧实,用指甲掐时玉米粒有丰富乳汁外溢,鲜嫩味甜时即可采收。

第四节　病虫害防治技术

一、主要病害

山地茭白及鲜食玉米、小番薯等特色蔬菜生产上常见的病害有茭白锈病、茭白胡麻斑病、茭白纹枯病、茭白瘟病、玉米矮缩病、玉米大斑病、玉米小斑病。

（一）茭白锈病

1. 症状

茭白锈病是茭白的主要病害之一。主要为害叶片和叶鞘，发病初期在叶片和叶鞘上散生针头大小的小点，后变黄褐色隆起的小疱斑，表皮破裂后散发出锈色粉状物，生长后期在叶片和叶鞘上出现黑色疱斑，即病菌冬孢子堆。

2. 发生特点

由冠单孢锈菌引起的真菌性病害。病菌主要以冬孢子在茭白老株病残体上越冬，最适发病温度 25～30℃、相对湿度 80%～85%。一般天气高温多湿，偏施氮肥有利发病。

南方地区 4 月下旬～5 月上旬开始发病，主要发病期在 6～9 月。

3. 药剂防治

在苗高 10～20 cm 时，可用广谱性杀菌剂 80%代森锰锌 WP 600 倍液，或 50%多菌灵 WP 800 倍液等药剂，每 5～7 d 喷 1 次。

发病初期，可选用 15%三唑酮 WP 1000 倍液，或 40%多·硫 SC 400 倍液，或 43%好力克 SC 5000 倍液，或 10%苯醚甲环唑 WDG 1500 倍液等喷雾防治。

（二）茭白胡麻斑病

1. 症状

茭白胡麻斑病又称为茭白叶枯病。叶片染病初为褐色小点，后扩展为褐色椭圆形或纺锤形病斑，大小如芝麻粒，故称为胡麻斑病。

2. 发生特点

由菰离平脐蠕孢菌引起的真菌性病害。病原菌以菌丝体和分生孢子在茭白老株病叶上越冬。病菌喜高温、高湿环境，当田间气温为 15～37℃均可发病。最适发病温度 25～30℃、相对湿度 85%左右。

南方地区一般在 4 月下旬～5 月上旬开始发病，主要发病期在 6～9 月。

3. 药剂防治

在苗高 10～20 cm 时，可用广谱性杀菌剂 80%代森锰锌 WP 600 倍液，或 50%多菌灵 WP 800 倍液喷雾防治，每 5～7 d 喷 1 次。

发病初期，可选用 25%咪鲜胺 EC 1500 倍液或 20%三环唑 WP 600 倍液，或 50%异菌脲 WP 700 倍液等喷雾防治。

（三）茭白纹枯病

1. 症状

发病初期，近水面的叶鞘上首先出现水渍状圆形至椭圆形病斑，暗绿色，后扩大成云纹状病斑，外观似地图或虎斑状。

2. 发生特点

由茄丝核菌引起的真菌性病害。病原菌主要以菌核在病残体和土壤中越冬。病菌喜高温、高湿环境，当田间气温上升至 22℃时开始发病，以气温为 25～32℃，又遇到阴雨天气，发病最快。一般秋茭分蘖盛期至结茭期最易发病。南方地区主要发病期通常在 6～8 月，进入 9 月中、下旬后逐渐停止发病。

3. 药剂防治

发病初期，可选用 5%井冈霉素 AS 800 倍液，或 43%好力克 SC 5000 倍液，或 50%多菌灵 WP 800 倍液等喷雾防治。每隔 7～10 d 喷 1 次，连续 2～3 次，具体视病情而定。孕茭期慎用杀菌剂。

（四）茭白瘟病

1. 症状

茭白瘟病又称为灰心斑病。主要为害叶片，严重时全田似火烧状。病斑分急性、慢性、褐点三种类型。急性型病斑大小不一，小的似针尖，大的似绿豆，病斑暗绿色，两端较尖，急性型病斑的出现说明气候非常适宜，品种是感病品种，是病害流行的先兆。慢性型病斑梭形边缘呈红褐色，中央灰白色，该型是由急性型病斑在干燥条件下或经防治转变而来。湿度大时两种类型病斑背面皆可生灰绿色霉层。褐点型则是在高温干旱条件下产生的褐色斑点，易发生在老叶上或抗病品种上。

2. 发生特点

由灰梨孢引起的真菌性病害，病原菌主要以菌丝体和分生孢子在病残体上越冬。病菌喜温暖、高湿环境，适宜发病温度为 25～28℃。一般在分蘖盛期开始发病，并随气温升高，病害迅速蔓延，7 月中旬后因高温干旱病情发展缓慢。

3. 药剂防治

发病初期，可选用 20%三环唑 WP 1000 倍，或 50%多菌灵 WP 800 倍，或 70%甲基硫菌灵 WP 1000 倍，或 50%扑海因 WP 700 倍等药剂，每 7～10 d 喷 1 次，连续 2～3 次。

（五）玉米矮缩病

1. 症状

玉米矮缩病又称为粗缩病，是由灰飞虱传播引起的一种病毒性病害。病苗浓绿，叶片僵直，宽短而厚，心叶不能正常展开，病株生长迟缓、节间缩短、植株矮化。多数不能抽穗结实，个别雄穗虽能抽出，但分枝极少，无花粉。果穗畸形，花丝极少，多不结实。对产量影响很大，严重的可达 5 成以上，甚至绝收。

2. 发病特点

玉米整个生育期均可感染发病，以苗期受害最重，当气温为 20～30℃时，从灰飞虱传毒到田间发病的潜育期为 7～20 d，一般 9 d。

3. 药剂防治

发病初期，一般在玉米 5 叶期前，可用 20%病毒 A WP、15%病毒必克 WP 或 1.5%植病灵 EC 800～1000 倍液喷雾，每 6～7 d 喷 1 次，连续 2～3 次，对增强植株的抗病性、减轻发病程度有一定的作用。重点要抓好第一代灰飞虱的防治工作。

（六）玉米大斑病

1. 症状

玉米大斑病又称为条斑病，主要为害叶片。多从中下部叶片开始发病，严重时可为害叶鞘和包叶。叶片染病，初现水渍状灰绿色小点，后沿叶脉向两端扩展，形成中央青灰色或灰褐色、边缘灰褐色的梭形至纺锤形大斑块，后期病部常纵裂。湿度大时，病斑上可产生灰黑色霉状物。严重时多个病斑相连成大型斑，边缘颜色较深，叶片枯黄萎蔫。抗病品种上表现为娇小的黄绿色或淡褐色的褪绿病斑，与叶脉平行，周围暗褐色；有时表现为坏死斑。

2. 发病特点

由长蠕孢属引起的真菌性病害，主要以菌丝体或分生孢子在田间的病残体及种子上越冬。病菌喜温暖、高湿环境。主要发病期在5～10月，最适感病生育期在成株期，发病潜育期4～10 d。玉米生长期间，多雨、多雾或连续阴雨，发病重；多年连作、地势低洼、排水不良、土壤黏重、种植过密、通风透光性差，发病重。

3. 药剂防治

发病初期，可选用68%金雷WDG 600～800倍液，或70%甲基硫菌灵WP 600倍液，或50%多菌灵WP 600倍液，或58%甲霜灵锰锌WP 500倍液，或75%百菌清WP 600倍液，或农抗120 AS 200倍液等药剂，喷雾防治。

（七）玉米小斑病

1. 症状

整个生育期均可发病，主要为害叶片，严重时也可为害茎、穗和籽粒。多从下部叶片开始发病，逐渐向上蔓延、扩展，田间症状常因品种和环境差异而略有不同。叶片染病，初现褐色水渍状小点，后形成小而多的椭圆形或纺锤形病斑，灰白色至黄褐色，边缘明显或不明显，具褪绿晕环。潮湿时病斑上可产生灰黑色霉状物。严重时叶片上产生黄褐色坏死小点，不扩展，边缘具浅色晕环，多个病斑常形成暗绿色浸润区。

2. 发病特点

由长蠕孢属引起的真菌病害，主要以菌丝体或分生孢子在田间的病残体及种子上越冬。病菌喜温暖、高湿环境。主要发病期在5～9月，最适感病生育期在籽粒形成期。以梅雨季节或夏秋季节雨水较多年份发病重；多年连作、地势低洼、排水不良、土壤黏重，发病重；种植过密、通风不良、肥力不足、抽雄后脱肥或氮肥施用过多，发病重。

3. 药剂防治

在发病初期，可选用68%金雷WDG 600～800倍液，或70%甲基硫菌灵WP 600倍液，或50%多菌灵WP 600倍液，或75%百菌清WP 600倍液，或农抗120AS 200倍液等，喷雾防治。

二、主要虫害

山地茭白及鲜食玉米、小番薯等特色蔬菜生产上常见的主要虫害有大螟、二化螟、长绿飞虱、亚洲玉米螟、甘薯麦蛾、甘薯天蛾等。

（一）大螟

1. 危害特点及生活习性

初孵幼虫蛀食叶鞘，蛀入处有红褐色锈斑。再从外部叶鞘逐渐向心叶侵入，心叶受害，产生"抽心死"。被害植株茎秆外部可见较大的蛀孔及较多的虫粪，蛀孔多离水面 10～30 cm。幼虫有转株危害习性。浙江地区 1 年发生 4 代。卵多产于叶鞘内侧。

2. 防治措施

农业防治。清洁田园，减少虫源。夏茭采收后，清除田间残株残叶；冬季齐面割茬，并铲除茭田周边杂草，集中销毁。

物理防治。在茭白规模种植基地，设置频振式杀虫灯诱杀成虫。

药剂防治。可选用 32%丙溴磷·氟铃脲 E C 1000～1200 倍液，或 5%甲维盐 EC 4000 倍液，或 24%甲氧虫酰肼 SC 2500 倍液，或 5%虱螨脲 EC 1000 倍液，或 15%茚虫威 SC 3000 倍液喷雾防治。

（二）二化螟

1. 危害特点与生活习性

别名钻心虫，是茭白的主要害虫之一。二化螟有原田产卵习性，卵多产于叶背部，分布全田。初孵幼虫有群集性，群集叶鞘内蛀食，造成枯鞘。3 龄后开始逐渐分散转移，从叶腋蛀入茎中。幼虫蛀食植株的叶鞘、茎和肉，为害轻者造成苗枯心，重者造成虫蛀茭，茭肉不能食用，严重影响茭白的产量与品质。蛀孔高度多离水面 10～30 cm，但无虫粪排出株外，蛀孔处产生紫褐色水渍状斑块。

2. 防治措施

农业防治。冬季齐面割茬，并铲除田边杂草，集中销毁。二化螟化蛹后，及时灌水灭蛹。要求水深 10～15 cm，3～5 d 后即可将蛹淹死。合理密植，增施磷、钾肥。

药剂防治。一般在 2 龄发生盛期，选用 5%氯虫苯甲酰胺 SC 1000 倍液，或

15%茚虫威 SC 3000 倍液喷雾,或 3.6%苦参碱 SC 1000 倍液,或 3%阿维菌素 EC 3000 倍液防治。施药期间,持续保持田间 3～5 cm 浅水层 3～5 d,以提高防效。

(三)长绿飞虱

1. 危害特点与生活习性

主要为害茭白、野茭白、水稻等,是茭白的主要虫害之一。浙江地区每年发生 4～5 代。成虫与若虫有群集性,在心叶及嫩叶叶脉附近吸汁危害,被害后造成植株萎缩矮小,严重时叶片从叶尖逐渐向基部变黄,至全叶卷曲干枯,并诱发病害,使植株成片枯死,不能结茭。

若遇 3～5 月气温偏高,越冬代发育期缩短,虫害提早发生。若遇盛夏不热、晚秋温度偏高的年份,虫害发生严重。

2. 防治措施

农业防治。于 2 月卵孵化前,齐面割茬,彻底清除茭白残株枯叶以及田、塘、沟、边杂草,集中销毁。

药剂防治。以越冬代为重点,在茭白封垄前、夏茭越冬代 2～3 龄若虫盛发时用药,可喷洒 25%噻嗪酮 EC 2000 倍液,或 10%烯啶虫胺 AS 1000 倍液,或 25%扑虱灵 WP 1000 倍液,或 10%吡虫啉 WP 1500 倍液防治。

(四)甘薯麦蛾

1. 危害特点与生活习性

甘薯麦蛾又称为甘薯卷叶蛾,俗称包叶虫,为番薯主要虫害之一。以孵化后的幼虫取食为害叶片为主。幼虫 2～3 龄开始吐丝卷叶,在卷叶内取食叶肉、排泄粪便,留下表皮,造成点片发白,后变褐枯萎。严重时仅剩网状叶脉。幼虫可转移危害多张叶片,还能食害嫩茎和嫩梢。

在浙江及长江中下游地区年发生 3～4 代,华南地区 6～9 代。以蛹在田间残株落叶或田边杂草中越冬。田间发生世代重叠,越冬蛹在 5 月中下旬羽化,6～9 月为发生盛期,10 月底开始化蛹越冬。成虫趋光性强,卵多散产于嫩叶背面的叶脉交叉处,有时也产于新芽、嫩茎上。幼虫共 4 龄,孵化后即取食为害叶片,老熟后在卷叶或土缝中化蛹。7～9 月温度偏高、湿度偏低的年份,常引起大发生。

2. 防治措施

农业防治。作物收获后及时清洁田园,及时清除枯枝落叶,铲除杂草,消灭越冬蛹，降低田间虫源。发现幼虫卷叶为害时，及时摘除卷叶，人工将幼虫捏杀。

物理防治。利用成虫的趋光性，在田间设置杀虫灯，诱杀成虫。

药剂防治。掌握在幼虫发生初期（初卷叶为害时）防治，施药时间以下午 4～5 时为宜。药剂可选用 2%阿维菌素 EC 1500 倍液，或 100 亿孢子/g 苏云金杆菌 WP 400 倍液，或 20%虫酰肼 SC 2000 倍液，或 20%除虫脲 SC 1500 倍液，或 2.5%高效氯氟氰菊脂 EC 1000 倍液等，收获前 10 d 停止用药。

（五）甘薯天蛾

1. 危害特点与生活习性

初孵幼虫潜入未展开的嫩叶内取食，有的吐丝把薯叶卷成小虫苞匿居其中啃食，受害叶留下表皮，严重的无法展开即枯死。3 龄后多沿叶缘取食，造成缺刻或孔洞，食量大时仅剩叶柄，严重影响作物生长发育。

甘薯天蛾是番薯的主要虫害之一，主要分布在浙江、上海、江苏、福建、安徽、四川等地。年发生 3～5 代，以蛹在土中越冬。翌年 5 月中旬羽化。成虫喜食糖、蜜，具有趋光性和趋嫩性，飞行力强。成虫白天潜伏叶阴处，黄昏出来觅食，交尾产卵。卵多散产于叶背或叶柄上。脱皮 4 次后老熟，潜入土中 5～30 mm 深处化蛹。

2. 防治措施

农业防治、物理防治同甘薯麦蛾。

药剂防治。发生较重时，可选用 2.5%溴氰菊酯 EC 2000 倍液，或 100 亿孢子/g 苏云金杆菌 WP 600 倍液，或 1%杀虫素 EC 2000～3000 倍液，或 20%虫酰肼 SC 2000 倍液，或 2.5%天诺一号 EC 2000～3000 倍液，或 2.5%保得 EC 2000 倍液等喷雾防治。也可在防治其他害虫时兼治。

（六）亚洲玉米螟

1. 危害特点与生活习性

玉米的主要虫害之一。初孵幼虫群集在心叶内啃食叶肉，被害叶上呈现不规则半透明斑，当心叶展开时形成横排的小圆孔。玉米抽雄后幼虫便钻入茎秆或穗茎内为害，蛀孔外常有虫粪堆积。茎秆被蛀后易遭受风折，影响养分的输送，致使苞穗发育不全而欠收。高龄幼虫蛀食玉米果穗、花丝、穗柄和穗轴，造成果穗秃尖、折断、籽粒不饱满，严重影响产量和品质。

成虫有趋光性，喜在叶背面中脉两侧产卵。初孵幼虫能吐丝下垂，借风力飘迁形成转株危害。幼虫多为 5 龄，3 龄前主要集中在幼嫩心叶、雄穗、苞叶和花丝上活动取食，4 龄后大部分钻入茎秆。高温、高湿条件有利于玉米螟的发育繁殖。冬季气温较高，天敌寄生量少，危害较重；卵期干旱，玉米叶片卷曲，危害则较轻。

2. 防治措施

农业防治。采取秸秆粉碎还田、沤肥或作饲料等方法，处理越冬寄主，尽量在 4 月底前处理完毕，减少越冬幼虫数量。

生物防治。①以天敌克螟。于玉米螟蛾产卵开、盛、末期分别释放赤眼蜂杀卵。每公顷放蜂量 15 万～45 万头，放蜂时用曲别针或竹篾别在玉米叶背，或用玉米叶将蜂卡包卷起，以不脱落为宜，高度 1 m。②以菌治螟。玉米心叶中期，用 32 000 IU/mg 苏云金杆菌 WDG 700 g 施入玉米心叶内，或用 100 亿孢子/g 白僵菌粉 500 g 加焦泥灰 5 kg，拌制成 1：10 的颗粒剂，并按 2 g/株施入喇叭口内，灭杀幼虫。

物理防治。田间设置频振式杀虫灯或性诱剂诱杀成虫。

药剂防治。①在玉米心叶期，幼虫 2 龄前，每亩可选用 4%巴农 G 1～1.2 kg，或 3%地正丹 G 或 3%护地净 G 3.0～4.0 kg 灌心。②在玉米心叶末期和穗期，可选用 2.5%杀敌死 EC 4000 倍液，或 5.7%天王百树 EC 1500～2000 倍液等药剂，喷雾防治。

参 考 文 献

陈建明, 何月平, 张玉铎, 等. 2012. 我国茭白新品种选育和高效栽培新技术研究与应用. 长江蔬菜(学术版), (16): 6-11

陈健飞. 2001. 福建山地土壤的系统分类及其分布规律. 山地学报, 19(1): 1-8

方献平, 马华升, 余红, 等. 2013. 杭州地区山地蔬菜栽培现状及发展对策. 农业科技通讯, (11): 11-13

封立忠, 骆银儿. 2008. 山地蔬菜的开发途经. 中国食物与营养, (3): 15-16

郝春燕, 毛明华, 张峰豪, 等. 2015. 依托规模化拓展蔬菜机械的应用. 上海蔬菜, (1): 7-8

何圣米, 吕文君, 吴旭江. 2012. 中低海拔山地双季茭白栽培技术. 上海蔬菜, (1): 39-40

胡海娇, 胡天华, 包崇来, 等. 2011. 萝卜品种白雪春2号的特征特性与栽培技术. 浙江农业科学, (3): 492-493

金昌林, 潘慧锋, 杨新琴, 等. 2014. 浙江省蔬菜产业现状与发展对策研究. 浙江农业科学, (1): 1-5

兰胜仁. 2011. 武平盘菜主要病虫害及其综合防治技术. 福建农业科技, (2): 47-48

李登林, 汪明. 2012. 食用百合高产栽培技术. 现代农业科技, (13): 94

李汉美, 丁潮洪, 刘庭付. 2010. 浙西南地区设施双季茭白栽培技术. 现代农业科技, (21): 131

李梅, 吴启堂, 李锐, 等. 2009. 佛山市郊污灌菜地土壤和蔬菜的重金属污染状况与评价. 华南农业大学学报, 30(2): 19-21

李瑞国, 刘晓霞. 2006. 无公害蔬菜生产中有机肥的配制及施用. 科学种养, (3): 24

梅国富. 2011. 四川达县山地蔬菜发展现状与对策. 南方农业, 5(1): 55-56

李式军. 1998. 蔬菜生产的茬口安排. 北京: 中国农业出版社

聂启军, 朱凤娟, 邱正明, 等. 2008. 湖北高山大白菜品种比较试验. 长江蔬菜, (2): 58-59

邱正明, 肖长惜. 2008. 生态型高山蔬菜可持续生产技术. 北京: 中国农业科学技术出版社

邱正明, 朱凤娟, 聂启军, 等. 2011. 湖北省高山蔬菜主要栽培种类和品种. 中国蔬菜, (5): 30-32

帅正彬, 李杰. 2014. 蔬菜连作障碍与综防措施研究进展. 中国园艺文摘, (10): 60-63

苏红霞. 1991. 全国"菜篮子工程"成果观摩会. 河北农业科技, (7): 31

苏红珠. 2014. 高海拔山区茭白高产优质栽培技术. 上海蔬菜, (6): 26-27

苏小俊. 2001. 白菜类蔬菜栽培与病虫害防治技术. 北京: 中国农业出版社

谭捷. 2013. 关于玉米螟综合防治配套技术的探析. 中国农业信息, (23): 104

王俊, 杜冬冬, 胡金冰, 等. 2014. 蔬菜机械化收获技术及其发展. 农业机械学报, 45(2): 81-87

王立平. 2007. 测土配方施肥技术基本原理、方法、原则及主要过程. 北京农业, (4): 43-44

王明, 张应团, 余展深. 2014. 恩施地区高山茭白高产栽培技术. 湖北农业科学, 53(23): 5785-5801

王仁如. 2006. 无公害优质有机肥沤制方法. 科学种养, (6): 55

王世文, 吕志梅. 2010. 山区秋季茭白栽培技术. 农技服务, 27(8): 1074

王孝国, 梁勇, 陈燕, 等. 2012. 眉山市萝卜品种应用现状及潜力品种推荐. 长江蔬菜, (9): 15-17

王益奎, 黎炎, 赵兴爱, 等. 2011. 广西番茄的生产现状及潜力品种推荐. 长江蔬菜, (5): 4-6

文国荣. 1999. 建立邕宁山地蔬菜生态农业系统模式的探讨. 广西科学院学报, 15(3): 112-115

吴恋. 2012. 玉米常见地下害虫的发生规律与防治技术. 中国农业信息, (10): 36-38

向继平. 2013. 湖北高山蔬菜发展概况和建议. 农村经济与科技, 24(9): 160-161

肖春雷, 袁延庆, 吴乾兴等. 2013. 三亚市豇豆生产现状及潜力品种介绍. 长江蔬菜, (13): 14-16

徐金仁, 何长水, 周文红. 2008. 赣东北地区茭白无公害冷水栽培技术. 中国种业, (12): 77

徐绍均, 陈金焕, 冯忠民. 2011. 焦泥灰钾肥资源开发利用探讨. 现代农业科技, (4): 292, 299

杨仁全, 王纲, 周增产, 等. 2005. 精密施肥机的研究与应用. 农业工程学报, 21(s): 197-199

杨新琴. 2011. 浙江山地蔬菜产业现状与发展对策. 长江蔬菜, (11): 54-55

应曰高. 2008. 1KS-30 型湿田开沟机的研制与使用. 浙江农村机电, (3): 29-30

于斌武, 刘洪亮, 常宪卫, 等. 2014. 武陵山区城郊蔬菜发展现状、问题及对策——以湖北恩施
　　自治州为例. 长江蔬菜, (20): 72-76

喻春林. 2014. 白菜软腐病的发生特点与综合防治. 现代园艺, (5): 94-95

张德明, 杨德龙, 陈加多. 2013. 中低海拔山地双季茭白栽培技术. 长江蔬菜, (18): 176-177

张养才. 1992. 我国山地农业气候资源优势及其合理利用. 山地研究, 10(1): 11-18

张远飞. 2010. 高海拔地区茭白高产栽培技术. 现代农业科技, (9): 130

章镇. 2004. 园艺学各论(南方本). 北京: 中国农业出版社

郑必昭. 1998. 新修梯田生土熟化技术. 中国农技推广, (4): 39

周灵爱. 2014. 松阳县食用百合高效生态栽培技术. 现代农业科技, (20): 87-88

朱进, 李文录. 2010. 恩施州高山萝卜品种应用形状与潜力品种推荐. 长江蔬菜, (1): 6-7

资料性附录 A

附表 1　蔬菜常用农药通用名和曾用商品名对照表

一、杀虫剂

通用名	英文名	曾用商品名
敌百虫	trichlorfon	虫快杀、荔虫净
抗蚜威	pirimicard	避蚜雾
杀螟丹	cartap	巴丹
溴氰菊酯	deltamethrin	敌杀死、凯安保、状元星、菜保青、粮虫克
氯氰菊酯	cypermethrin	安绿宝、兴棉宝、灭百克
高效氯氰菊酯	Beta-cypermethrin	歼灭
甲氰菊酯	fenpropathrin	灭扫利、韩乐村
氟氯氰菊酯	cyfluthrin	百树得、百树菊酯、举攻、能干
高效氯氟氰菊酯	lambda-cyhalothrin	功夫、锐彪、功高、乐剑、小康、好乐士
联苯菊酯	bifenthrin	天王星、虫螨灵
硫丹	endosulfan	赛丹、硕丹、安杀丹
阿维菌素	abamectin	齐螨素、虫螨克星、爱福丁、害极灭、灭虫灵
茚虫威	Indoxacarb	安打
虫螨腈	chlorfenapyr	除尽、专攻
除虫脲	diflubenzuron	斯代克、斯迪克、敌灭灵、蜕宝、卫扑、易凯、雄威
稻丰散	phenthoate	灭虫露、爱乐散、高盾
啶虫脒	acetamiprid	莫比郎、更猛
吡虫啉	imidacloprid	大功臣、一遍净、蚜虱净、扑虱蚜、康福多
哒螨灵	pyridaben	杀螨灵、速螨酮、牵牛星、扫螨净
吡蚜酮	pymetrozine	飞电
噻螨酮	hexythiazox	尼索朗
噻虫嗪	Thiamethoxam	阿克泰
螺螨酯	Spirodiclofen	螨危
炔螨特	Propargite	螨力尽、天择
灭蝇胺	cyromazine	斑蝇敌、果蝇灭、潜克、美克、蛆蝇克
阿维·哒螨灵		中保杀螨
氯氰·辛硫磷		杀特
丙溴·辛硫磷		杀螨净

二、杀菌剂

通用名	英文名	曾用商品名
多菌灵	carbendazim	霉斑敌、卡菌丹、劫菌、毙菌、绿海、凯江、立复康、禾医、大富生
百菌清	chlorothalonil	敌克、达科宁、立治、菌乃安、益力II号
代森锰锌	mancozeb	大生、喷克、山德生、络克、施保生、新万生、必得利
甲基硫菌灵	Thiophanate-methyl	甲基托布津
亚胺唑	imibenconazole	霉能灵
腐霉利	procymidone	速克灵
烯唑醇	diniconazole	速保利、禾果利、特谱灵、志信星
戊唑醇	tebuconazole	立克秀、好力克、富力库、戊康
甲霜灵	metalaxyl	雷多米尔、瑞毒霜、阿普隆
三唑酮	triadimefon	粉锈宁、百理通、粉锈通
丙环唑	propiconazole	敌力脱、秀特、必扑尔
春雷霉素	kasugamycin(JMAF)	加收米
三乙膦酸铝	phosethyl-Al	乙膦铝、疫霉灵
咪鲜胺	prochloraz	施保功、施保克、扑霉灵
丙森锌	propineb	安泰生
氰霜唑	Cyazofamid	科佳
霜霉威盐酸盐	Propamocarb hydrochloride	普力克
咯菌腈	fludioxonil	适乐时、氟咯菌腈
嘧菌酯	Azoxystrobin	阿米西达
噻菌铜	Thiediazole copper	龙克菌
噻菌灵	thiabendazole	特克多、保唑霉、霉得克
苯醚甲环唑	difenoconazole	世高、思科
氟菌·霜霉威		银法利
噁霜·锰锌		杀毒矾、擒霜、落霜
霜脲·锰锌		克露、疫霜灵

三、除草剂

通用名	英文名	曾用商品名
野麦畏	dicamba	阿畏达、燕麦畏
精恶唑禾草灵	fenoxaprop-p-ethyl	大骠马、威霸、野燕清、麦尊
乳氟禾草灵	lactofen	克阔乐、阔枯、阔丰
（精）吡氟禾草灵	fluazifop-P-butyl ,fluazifop-p	（精）稳杀得
（精）异丙甲草胺	s-metolachlor	（精）都尔、稻乐思
氯氟吡氧乙酸	fluroxypyr-methyl, fluroxypyr	使它隆、猪秧净、阔封
三氯吡氧乙酸	trichlopyr	盖灌能、定草酯、绿草定、绿草完
扑草净	prometryn	耕锄、蒜草立杀、巨耕
恶草酮	oxadizon	农思它
敌草胺	napropamide	大惠利、旱克
高效氟吡甲禾灵	Haloxyfop- P	高效盖草能（高盖）、稳盖、速盖、福盖
氟磺胺草醚	fomesafen	虎威、氟磺草、北极星、除豆莠
乙氧氟草醚	oxyfluorfen	果尔、美割
莠去津	atrazine	阿特拉津
嗪草酮	metribuzin	赛克、甲草嗪
唑草酮	carfentrazone-ethyl	快灭灵
甲草胺	alachlor	拉索、拉草索、草必萎
乙草胺	acetochlor	禾耐斯、艾塞特、爱思乐、草忌、飞莫乐
炔草脂	clodinafop-propargyl	麦极
禾草敌	molinate	禾大壮
灭草松	bentazone	排草丹、草必尽、苯达松
辛酰溴苯腈	bromoxynil octanoate	伴地农、阔草灵
精喹禾灵	quizalofo-P-ethyl	精禾草克、灭草克、盖草灵
烯草酮	clethodim	收乐通、塞乐特
草除灵	benazolin ethyl;benazolin	阔草克、高特克、油草除、油高
苯磺隆	tribenuron-methyl	巨星、麦磺隆、阔叶净、麦高、亿力、阔雷
苄嘧磺隆	bensulfuron-methyl	农得时
烟嘧磺隆	nicosulfuron	玉农乐
氟乐灵	trifluralin	氟特力、氟福力、氟利克
二甲戊灵	pendimethalin	施田补、除草通、除芽通、草芽灵、田普、菜草通
噻吩磺隆	thifensulfuron-methyl,	宝收、麦草光、阔叶散、噻磺隆
仲丁灵	butralin	止芽素、烟净、亚恨

通用名	英文名	曾用商品名
草甘膦	glyphosate	农达、农民乐、猛巴、农兴旺、草克灵、达利农、美利达
莎稗磷	anilofos	阿罗津、圣津特
麦草畏	dicamba	百草敌、康锄
烯禾啶	sethoxydim	拿捕净、倍加净
敌草快	diquat	立收谷
禾草灵	diclofop-methyl	麦歌、草扫除

附表 2　农药的主要剂型、特点及使用方法

主要药剂类型		英文缩写	主要特点	使用方法及用途
乳油		EC	有效成分含量高、药效较好、使用方便、药粒细、耐储存等，但易造成环境污染	兑水喷雾
粉剂		DP	主要用于防治暴发性病虫害，喷粉时粉粒易飘失，污染环境，粉粒不易附着在植物表面，利用率低，损耗多	喷粉、撒粉、拌毒土，不能兑水喷雾
可湿性粉剂		WP	易被水湿润，可分散和悬浮于水，对使用靶标具有更好的附着性，漂移少，环境污染轻，有效成分较一般粉剂高，耐储存，对植物较安全	兑水稀释喷雾
可溶性粉剂		SP	有效成分可溶于水，易储存，含量高于可湿性粉剂(WP)，悬浮率高	兑水溶解喷雾
粒剂	大粒剂	JUMBO	分散性好，撒布时无微尘飞扬，对周围环境污染少；高毒农药低毒化，安全方便；可延长药效；不附着于植物的茎叶上，避免直接产生药害	撒施
	颗粒剂	GR	粒径大小均匀，高毒农药低毒化，可控制提高使用安全性，延长持效期，减少污染	撒施、拌种沟施
	微粒剂	MG	无粉尘飞扬，可减少污染，延长药效	拌种
水剂		AS	不易储存，湿润性较差，植物表面不易附着	兑水喷雾
可溶性液剂		SL	具有良好的生物活性，易加工，低药害、毒性小、易稀释，使用安全、方便	兑水喷雾

主要药剂类型		英文缩写	主要特点	使用方法及用途
悬浮制剂	油悬浮剂	OF	入水呈云雾状分散，性质稳定，储存过程无分层、无沉淀，热储分解率低；成本低，药效高，无不良气味	供超低量喷雾机或飞机低容量喷雾
	（水）悬浮剂	SC	可与水任意比例均匀混合分散，不受水质和水温影响，使用方便，不易污染环境，安全，药效高，成本低	直接或稀释后喷雾
	干悬浮剂	DF	分散性和悬浮性好，颗粒极细微，黏附性能好，耐雨水冲刷；药效高，持效期长，安全性好	兑水喷雾
	悬乳剂	SE	环境污染少，储运安全，具有较高的生物活性	兑水喷雾
超低容量喷雾剂（油剂）		ULV（OS）	有效成分高效、低毒、低残留，对作物安全；溶剂对有效成分有良好的溶解性，挥发性小，黏度小，燃点高，安全	专供超低量喷雾机或飞机低容量喷雾，不含乳化剂，不能兑水使用
水分散粒剂		WDG	无粉尘，环境污染少，有效成分含量高，悬浮率高，流动性好，易包装，易计量，不粘壁，储存期无沉积结块和低温结冰现象	兑水喷雾
烟剂		FU	使用方便，工效高，节省劳力，安全，对环境污染小，低残留	引燃熏蒸防治森林、仓库、温室大棚等病虫害
水乳剂（浓乳剂）		EW（CE）	可抑制农药蒸汽的挥发，污染小，使用安全	直接喷施，可用于飞机或地面微量喷雾
微乳剂		ME	稳定性好，生产、储运和使用安全；药效高，喷洒臭味较轻，环境污染小，一般含量较低	兑水喷雾
种衣剂		SD	针对性强，高效，经济，安全，持效期长；农用成本低，不污染环境，但应注意种子发芽率	拌种
缓释剂		BR	可延长药效，高毒农药低毒化，使用安全	撒施
微胶囊剂		MC	降低接触毒性、吸入毒性和药害，可控制农药释放速度，延长药效，高毒农药低毒化、使用安全	兑水稀释，供叶面喷施或土壤施用

注：1. 混用的农药不能产生化学反应。例如，乐果、代森锌、福美双、杀螟松等不能与波尔多液、石硫合剂、洗衣粉等碱性农药或碱性物质混用；有机磷类、氨基甲酸酯类、拟除虫菊酯类杀虫剂，2,4-D钠盐、硫酸烟碱、乙烯利等不能与酸性农药或酸性物质混用；有机硫类和有机磷类农药不能和含铜制剂的农药混用；高效氯氰菊酯、

高效氯氟氰菊酯等农药一般不与其他农药混用。

2. 农药混用不能产生拮抗作用，要提高药效。例如，微生物源杀虫剂和内吸性有机磷杀虫剂不能与杀菌剂混用。

3. 不同剂型农药混用要求不产生分层、絮结、沉淀等现象。混用农药的一般次序为水剂→粉剂→乳油。也可以参照标签上的添加次序或参考以下次序：水溶性制剂→水分散性粒剂→可湿性粉剂→水基悬浮剂→粉剂→油基悬浮剂→乳油→表面活性剂、油、助剂→可溶性肥料→漂移抑制剂。

4. 混用的农药品种要有不同的防治靶标和作用方式。

附表 3　农药安全间隔期速查表

一、杀虫剂／杀线虫剂

农药名称	含量及剂型	适用作物	防治对象	每季作物使用次数	安全间隔期/d
阿维菌素	1.8% EC	叶菜	小菜蛾	≤1	≥7
		黄瓜	美洲斑潜蝇	≤3	≥2
		豇豆		≤3	≥5
	3.2% EC	菜豆	美洲斑潜蝇	≤1	≥7
多杀菌素	2.5% SC	豆菜	豆野螟	≤3	≥1
		瓜菜	瓜绢螟		
		茄果类			
		瓜菜	蓟马		
		菜豆			
		甘蓝	小菜蛾	≤3	≥3
啶虫脒	20% EC	黄瓜	蚜虫	≤3	≥2
	20% SP	黄瓜		≤3	≥1
	10% ME	茄果类	蓟马	≤2	≥8
		瓜菜			
		菜豆			
杀虫·啶虫脒	28% WP	甘蓝	黄曲条跳甲	≤2	≥5
		节瓜	蓟马		
甲氨基阿维菌素苯甲酸盐	5.7% WDG	甘蓝	小菜蛾	≤2	≥7
氯虫苯甲酰胺	5% SC	豆菜	豆野螟	≤2	≥1
		瓜菜	瓜绢螟		
		叶菜	小菜蛾菜青虫	≤2	≥1

续表

农药名称	含量及剂型	适用作物	防治对象	每季作物使用次数	安全间隔期/d
茚虫威	15% SC	豆菜 瓜菜	豆野螟 瓜绢螟	≤2	≥5
		小菜蛾 甜菜夜蛾 菜青虫	叶菜	≤2	≥3
高效氟氯氰菊酯	2.5% EC	甘蓝	菜青虫 蚜虫	≤2	≥7
氟氯氰菊酯	5.7% EC	甘蓝	菜青虫 蚜虫	≤2	≥7
氯氟氰菊酯	2.5% EC	叶菜	小菜蛾 蚜虫 菜青虫	≤3	≥7
氯氰菊酯	10% EC	叶菜	菜青虫 小菜蛾	≤3	小青菜≥2 大白菜≥5
		番茄	蚜虫 棉铃虫	≤2	≥1
	25% EC	叶菜	菜青虫 小菜蛾	≤3	≥3
三氟氯氰菊酯	2.5% EC	叶菜	红蜘蛛 菜青虫 蚜虫	≤3	≥7
顺式氯氰菊酯	10% EC	叶菜	菜青虫 小菜蛾 蚜虫	≤3	≥3
		黄瓜	蚜虫	≤2	≥3
溴氰菊酯	2.5% EC	叶菜	菜青虫 小菜蛾	≤3	≥2
		油菜	蚜虫	≤2	≥5
除虫脲	25% WP	甘蓝	菜青虫	≤3	≥7
苯丁锡	50% WP	番茄	红蜘蛛	≤2	≥7
甲氰菊酯	20% EC	叶菜	小菜蛾 菜青虫		≥3

农药名称	含量及剂型	适用作物	防治对象	每季作物使用次数	安全间隔期/d
氟胺氰菊酯	10% EC	叶菜	菜青虫	≤3	≥7
联苯菊酯	10% EC	番茄（保护地）	白粉虱 螨类	≤3	≥4
菊酯	20% EC	叶菜	小叶蛾 菜青虫	≤3	3（夏季） 12（秋季）
醚菊酯	10% SC	甘蓝	菜青虫	—	7
除虫菊素	1.5% EW	十字花科	蚜虫	—	≥2
印楝素	0.5% EC	叶菜	小菜蛾 菜青虫 黄曲甲跳条	≤2	≥5
鱼藤酮	2.5% EC	叶菜	蚜虫	—	≥3
	7.5% EC	茄子 黄瓜	蓟马	≤1	≥7
苦参碱	0.3% AS	瓜菜 叶菜	蚜虫 菜青虫	—	—
	1.1% WP	韭菜	韭蛆		
	1% SL	番茄（保护地）	烟粉虱	≤2	≥2
核型多角体病毒	100 亿孢子/g SC	茄子 甘蓝 豆菜	斜纹夜蛾 甜菜夜蛾	≤3	≥7
苏云金杆菌	32000IU/mg WDG	叶菜 甘蓝 瓜菜 豆菜	小菜蛾 菜青虫 瓜绢螟 豆野螟	≤2	≥7
虱螨脲	50g/L EC	甜菜夜蛾 豆荚螟	甘蓝 菜豆	≤2 ≤2	≥14 ≥7
烯啶虫胺	20% WDG	甘蓝	蚜虫	≤2	≥14
氯噻啉	10% WP	甘蓝 番茄	蚜虫 白粉虱	≤2	≥7
噻虫嗪	25% WDG	番茄 黄瓜	白粉虱	≤2	≥3 ≥5

农药名称	含量及剂型	适用作物	防治对象	每季作物使用次数	安全间隔期/d
吡虫啉	20% SL	甘蓝	菜蚜		≥7
		番茄	白粉虱	≤2	≥3
		番茄（保护地）	白粉虱 烟粉虱	≤2	≥7
	5% EC	节瓜	蓟马	≤3	≥3
灭多威	90% WP	甘蓝	菜青虫	≤1	≥7
	24% AS			≤2	≥7
抗蚜威	5% WP	叶菜 油菜	蚜虫	≤3	≥11
灭蝇胺	5% SP	豆菜	美洲斑潜蝇	≤2	≥7
	50% SP	菜豆	美洲斑潜蝇	≤2	≥7
四聚乙醛	6% G	叶菜	蜗牛	≤2	≥7
	80% WP		蛞蝓	≤2	≥5
定虫隆	5% EC	甘蓝	菜青虫 小菜蛾	≤3	≥7
联苯肼酯	43% SC	茄子 辣椒	红蜘蛛 茶黄螨	≤2	≥7
乙螨唑	11% SC	茄子 辣椒	红蜘蛛 茶黄螨	≤2	≥7
杀螟丹	98% SP	白菜	菜青虫 小菜蛾	≤3	≥7
虫螨腈	10% SC	甘蓝	小菜蛾 甜菜夜蛾	≤2	≥14
敌敌畏	80% EC	白菜	菜青虫	≤5	≥5
敌百虫	TF	白菜 青菜	菜青虫 地下害虫	≤5	≥7
伏杀硫磷	35% EC	叶菜	蚜虫 菜青虫 小菜蛾	≤2	≥7
乐果	40% EC	白菜	蚜虫	≤4	≥10
		豆类	蚜虫 潜叶蝇	≤5	≥5
		黄瓜	蚜虫	≤5	≥2
		萝卜		≤6	≥15

二、杀菌剂

农药名称	剂型及含量	适用作物	防治对象	每季作物使用次数	安全间隔期/d
百菌清	45% FU	黄瓜（保护地）	霜霉病	≤4	≥3
	75% WP	番茄	早疫病	≤3	≥7
		黄瓜	霜霉病	≤3	≥10
氢氧化铜	77% WP	番茄	早疫病	≤3	≥3
	46.1% WDG	番茄	青枯病 枯萎病	≤3	≥5
		瓜类	枯萎病		
多菌灵	25% WP	黄瓜	霜霉病	≤2	≥5
		番茄	疫病		
甲基硫菌灵	50% WP	瓜类	蔓枯病	≤3	≥7
代森锰锌	80% WP	番茄	早疫病	≤3	≥15
		西瓜	炭疽病		≥21
		马铃薯	晚疫病	≤3	≥3
	75% DF	西瓜	炭疽病	≤3	≥21
苯醚甲环唑	37% WDG	西瓜	炭疽病	≤2	≥7
农用硫酸链霉素	72% SC	大白菜	软腐病	≤3	≥7
		甘蓝	黑腐病		
中生菌素	3% WP	番茄	青枯病	≤3	≥5
宁南霉素	8% AS	大白菜	软腐病	≤2	≥7
		甘蓝	黑腐病		
春雷霉素	2% AS	番茄	叶霉病	≤3	≥4
	6% WP	黄瓜	枯萎病	≤3	≥4
多抗霉素	10% WP	瓜菜	白粉病	≤2	≥1
木霉菌	2亿孢子/g WP	茄果类	猝倒病	≤1	≥1
		瓜类	立枯病		
枯草芽胞杆菌	100亿孢子/g WP	黄瓜	白粉病	≤2	≥1
申嗪霉素	1% SC	辣椒	疫病	≤1	≥7
氟硅唑	400 g/L EC	黄瓜	白粉病	≤2	≥3
嘧霉胺	400 g/L SC	番茄 黄瓜	灰霉病	≤2	≥3
	70% WDG	黄瓜	灰霉病	≤2	≥3
啶酰菌胺	50% WDG	黄瓜	灰霉病	≤3	≥2

续表

农药名称	剂型及含量	适用作物	防治对象	每季作物使用次数	安全间隔期/d
氟菌·霜霉威	687.5 g/L SC	黄瓜	霜霉病	≤2	≥3
氟菌唑	30% WP	黄瓜	白粉病	≤2	≥2
乙烯菌核利	50% WP	黄瓜	灰霉病	≤2	≥4
三唑酮	30% WP	黄瓜	白粉病	≤2	≥3
腐霉利	50% WP	黄瓜	灰霉病 菌核病	≤3	≥1
		油菜	菌核病	≤2	≥25
恶酮·霜脲氰	52.5%WDG	黄瓜	霜霉病	≤2	≥3
春雷·王铜	47% WP	番茄	叶霉病	≤3	≥1
喹啉铜	33.5% SC	番茄	晚疫病	≤3	≥3
甲霜灵+代森锰锌	58% WP	黄瓜 大白菜 番茄	霜霉病 疫病 晚疫病	≤3	≥1
恶霜灵+代森锰锌	64% WP	黄瓜	霜霉病	≤3	≥3
		茄果类 瓜类	立枯病 猝倒病	≤3	≥3
霜脲氰+代森锰锌	72% (霜脲氰 8%)WP	黄瓜	霜霉病	≤3	≥2
羟烯·吗啉胍	10% AS	番茄 辣椒 黄瓜	病毒病	≤2	≥7
香菇多糖	0.5% AS	黄瓜 番茄 辣椒	病毒病	≤3	≥7
盐酸吗啉胍	80% WDG	番茄	病毒病	≤3	≥5
马啉·乙酸铜	20% WP	番茄	病毒病	≤3	≥5
阿维菌素	6% ME	蔬菜	根结线虫病	≤1	≥7
蜡质芽孢杆菌	20 亿孢子/g WP	蔬菜	根结线虫病	≤2	≥5

注：上述药剂的使用，应参照产品标签的建议亩使用量与使用浓度，并遵照有关规定及技术要求进行。其他药剂一致。

附表 4　农药配比速查表

稀释浓度	1kg 水加药量 /(g 或 ml)	5 kg 水加药量 /(g 或 ml)	10 kg 水加药量 /(g 或 ml)	15 kg 水加药量 /(g 或 ml)	30 kg水加药量 /(g或ml)	50 kg水加药量 /(g 或 ml)
100 倍	10	50	100	150	300	500
200 倍	5	25	50	75	150	250
300 倍	3.3	16.7	33.3	50	100	166.7
500 倍	2	10	20	30	60	100
600 倍	1.7	8.3	16.7	25	50	83.3
800 倍	1.25	6.3	12.5	18.75	37.5	62.5
1000 倍	1	5	10	15	30	50
1200 倍	0.83	4.2	8.3	12.5	25	41.7
1500 倍	0.67	3.3	6.7	10	20	33.3
2000 倍	0.5	2.5	5	7.5	15	25
2500 倍	0.4	2	4	6	12	20
3000 倍	0.33	1.7	3.3	5	10	16.7
4000 倍	0.25	1.3	2.5	3.75	7.5	12.5
5000 倍	0.2	1	2	3	6	10
100ppm[①]	0.1	0.5	1	1.5	3	5
波尔多液 200 倍　半量式	5（硫酸铜3.3：生石灰1.7）	25（硫酸铜16.7：生石灰8.3）	50（硫酸铜33.3：生石灰16.7）	75（硫酸铜50：生石灰25）	150（硫酸铜100：生石灰50）	250（硫酸铜166.7：生石灰83.3）
波尔多液 200 倍　等量式	5（硫酸铜2.5：生石灰2.5）	25（硫酸铜12.5：生石灰12.5）	50（硫酸铜25：生石灰25）	75（硫酸铜37.5：生石灰37.5）	150（硫酸铜75：生石灰75）	250（硫酸铜125：生石灰125）
波尔多液 200 倍　倍量式	5（硫酸铜1.7：生石灰3.3）	25（硫酸铜8.3：生石灰16.7）	50（硫酸铜16.7：生石灰33.3）	75（硫酸铜25：生石灰50）	150（硫酸铜50：生石灰100）	250（硫酸铜83.3：生石灰166.7）

①1ppm=10^{-6}。

DB33

浙 江 省 地 方 标 准

DB 33/T 873—2012

蔬菜穴盘育苗技术规程

Technological code of vegetable plug tseedlings

2012-12-21 发布

2013-01-21 实施

浙江省质量技术监督局　　发布

DB33/T 873—2012

前　言

本标准依据 GB/T1.1-2009 给出的规则起草。

本标准由浙江省农业厅提出

本标准由浙江省种植业标准化技术委员会归口。

本标准起草单位：浙江省农业厅农作物管理局、浙江农林大学农业与食品科学学院、杭州锦海农业科技有限公司、临海市农业局经济作物站、苍南县农业局农业站、瑞安市农业局农业站、慈溪市蔬菜开发有限公司。

本标准主要起草人：赵建阳、胡美华、吴健平、朱祝军、苏英京、唐筱春、林辉、杨新琴、金昌林、何勇、赵颖雷。

蔬菜穴盘育苗技术规程

1 范围

本标准规定了蔬菜穴盘育苗的术语和定义、育苗设施、育苗基质、播种前准备、播种、苗期管理、成苗质量、成苗装运与标识、生产档案。

本标准适用于蔬菜穴盘育苗生产。

2 规范性引用文件

下列文件对于本文件的应用是必不可少的。凡是注日期的引用文件，仅所注日期的版本适用于本文件。凡是不注日期的引用文件，其最新版本（包括所有的修改单）适用于本文件。

GB 4285   农药安全使用标准
GB 5084   农用灌溉水质
GB/T 6980   钙塑瓦楞箱
GB/T 8321(所有部分)   农药合理使用准则
LY/T 1213   森林土壤含水量的测定
LY/T 1239   森林土壤 pH 的测定
LY/T 1245   森林土壤交换性钙和镁的测定
NY/T 496   肥料合理使用准则 通则
NY 525   有机肥料
NY/T 1276   农药安全使用规范总则
NY/T 2118—2012   蔬菜育苗基质
NY/T 2119—2012   蔬菜穴盘育苗 通则

3 术语和定义

下列术语和定义。

3.1 穴盘育苗

把种子播种于装有育苗基质的穴盘中，一个穴孔播种一粒种子(部分丛栽蔬菜种类可播种多粒)，直接培育成苗的育苗方式。

3.2 育苗基质

以有机物和无机物为原料，经处理后，按照一定比例均匀混合，理化性状稳定并能满足蔬菜幼苗生长需要的配制物料。

3.3 育苗穴盘

采用塑料等材料制作、多个育苗孔穴连为一体、外形规格标准一致，穴盘孔穴呈四棱锥体或圆锥体，底部有排水孔的育苗容器。

3.4 压穴模板

在育苗穴盘的育苗基质表面一次性压出全部播种穴的专用器具。由底座和面板两个部分组成，面板与底座用绞链固定在一起。底座为固定育苗穴盘位置的框架，面板表面有与播种穴形状相同的凸起圆锥体，圆锥体个数与穴盘孔数相同、位置相对。压播种穴时，把装好育苗基质的穴盘摆放在底座内，把面板压向穴盘，面板上的凸起圆锥体一次性在育苗基质表面压出全部播种穴。

3.5 底吸水

在摆放育苗穴盘的苗床内灌入一定深度的水层，水从穴盘底部的穴孔中慢慢吸入穴盘育苗基质内的灌溉方式。

4 育苗设施

4.1 育苗棚室

单栋大棚棚宽 6～8m，棚中顶高 2.8～3.2m。连栋大棚为 2 连栋以上的塑料大棚，单体跨度 7.0～7.5m，顶高 3.5～4.5m，肩高 2～3m。配备内保温、外遮阴设施。日光温室为东、西、北三面采用围护墙体、南侧坡面用塑料薄膜覆盖、夜间加盖保温被的单坡面塑料温室。小拱棚棚宽 1.3m，棚顶高约 1m。夏秋季育苗采用"大棚+遮阳网+防虫网"或"小拱棚+遮阳网+防虫网"覆盖；冬春季育苗采用大棚多层覆盖保温，棚内增设小拱棚，地热加温线或其他辅助增（保）温设备加温，可配备补光设备。日光温室用于冬季低温期间的瓜类等喜温性蔬菜育苗。

4.2 催芽室

用于种子催芽的封闭场所，室内配有加（降）温、加湿、换气、照明装置、育苗盘架等设备。

4.3 苗床

4.3.1 地面苗床

在大棚或小拱棚内的畦面制作苗床。苗床宽 1.20～1.30m，高 0.15～0.20m，床面整平，苗床长度依棚长度而定。冬春季育苗时可在苗床上建造电热温床。在苗床表面铺设厚约 2cm 的砻糠等物作隔温层，其上铺一层塑料薄膜和 1～2cm 厚的干细土，然后铺设地热加温线（每 m^2 苗床布线功率约 100～120W），以 10cm 的间距布好电热线，边缘 2 根线间距为 8cm，其上再铺 1cm 厚的干细土，并接上电热控温仪。夏秋季育苗时，可把育苗穴盘直接放置在苗床上，畦床边缘的穴盘周边要用床土封实。也可在苗床上铺一层遮阳网或塑胶地布再放置育苗穴盘，使育苗穴盘与地面隔离。

4.3.2 床架苗床

育苗床架可用轻巧金属或竹木材料制作，按大棚的纵长方向设置。床架高25～100cm，床面宽度为育苗穴盘长度（54cm）的整数倍；床架之间留宽45～50cm的操作道。也可采用能横向移位的金属育苗床架。

5 育苗基质

透气、保水、保肥性良好，充分腐熟，无土传病菌，各种物料混合均匀，手感松软，具体理化性状和成分含量等相关指标见表1。

表1 育苗基质理化指标表

项目	指标	测定方法
容重/（g/cm³）	0.20～0.50	环刀法
总孔隙度/%	>60	LY/T 1213
通气孔隙度/%	>15	LY/T 1213
持水孔隙度/%	>45	LY/T 1213
气水比	1:（2~4）	
粒径大小/mm	≤20	
商品育苗基质出厂含水量/%	≤40	
pH	5.5~7.5	LY/T 1239
电导率/（mS/cm）	≤1.5	1：5（v/v）NY/T 2118—2012 蔬菜育苗基质 附录C
阳离子交换量/(cmol/kg)(NH4$^+$计）	>15.0	LY/T 1243
碱解氮/ (mg/kg)	50~100	LY/T 1229
有效磷 /(mg/kg)	10~30	LY/T 1233
速效钾/(mg/kg)	50~100	LY/T 1236
硝态氮/铵态氮	（4:1）～（6:1）	
交换性钙 /(mg/kg)	50~100	LY/T 1245
交换性镁 /(mg/kg)	25~50	

6 播种前准备

6.1 育苗棚室消毒

播种前2天～3天，对棚室进行清园消毒处理。棚室用硫磺粉3～5kg/667m² 加50%敌敌畏乳油0.5 kg/667m² 密闭熏蒸，24h后通风。

6.2 育苗穴盘消毒

重复使用的育苗穴盘在使用前采用2%漂白粉或0.5%高锰酸钾溶液浸泡0.5h，用清水漂洗干净。

6.3 育苗基质处理

同步进行育苗基质预湿与消毒。育苗基质添加水量 200～240L/m³ 进行预湿，在预湿的水中加入75%百菌清可湿性粉剂或70%甲基托布津可湿性粉剂200g/m³，均匀拌入育苗基质中消毒。预湿后的育苗基质含水量 50%～60%，放置 2～3h 后装盘。

6.4 穴盘规格选用

参见附录 D。

6.5 基质装盘

把处理好的育苗基质装入育苗穴盘中，使每个孔穴都充满基质，刮平育苗穴盘表面的育苗基质。

6.6 压播种穴

基质装盘后，用压穴模板在每个穴孔上压出直径 1.0～1.5 cm、深约 1.0～1.5 cm 的圆形播种穴。

7 播种

白菜类、甘蓝类等圆粒蔬菜种子及经包衣呈圆粒状的种子可用穴盘播种流水线、针孔式真空吸附播种机等播种；瓜类、茄果类等形状不规则的蔬菜种子用手工播种。每穴孔播一粒种子，芹菜等丛栽蔬菜每穴播种 3 粒～4 粒种子。播后盘面用基质覆盖后刮平。

播种后均匀浇水至育苗穴盘底孔出现渗水，稍稍滤干后将育苗穴盘置于催芽室或苗床上。

8 苗期管理

8.1 温度管理

苗期温度管理掌握"两高两低"的原则，即出苗前温度略高，出苗后适当降低；子叶展开真叶长出后适当提高温度促进生长，移栽前适当降低温度进行炼苗。

8.1.1 出苗期

采用催芽育苗的，种子浸种催芽后播入育苗穴盘内，再将育苗穴盘放入催芽室，在适宜温度条件下出苗。待 30% 的种子拱土时立即把育苗穴盘移至苗床上进行见光管理。不采用催芽育苗的，把播入种籽的育苗穴盘直接摆放在苗床上进行出苗。低温季节在电热温床上出苗，育苗穴盘表面盖一层地膜保温保湿；高温季节在育苗穴盘表面覆盖 1 层～2 层遮阳网或无纺布降温保湿。待 30% 的种子拱土后，及时揭去盘面覆盖物，适当通风降湿见光。不同种类蔬菜的催芽出苗宜保持 5℃～10℃的昼夜温差，适宜温度与时间参照附录 A。

8.1.2 子苗期

子苗期（子叶展开到真叶出现）温度管理参照附录 B。

8.1.3 成苗期

成苗期（真叶出现到成苗）的温度管理参照附录 C。

8.2 水分管理

8.2.1 水质要求

灌溉水质应符合 GB 5084-2005 3.1 的要求，其他方面应参照表 2 的要求。

表 2　穴盘育苗水质要求

指标	好	尚可	差
EC 值/(ms/cm)	<0.25	0.25～0.5	>0.5
pH	6.5～7.5	5.5～6.5，7.5～8.5	<5.5，8.5>

8.2.2 浇水方法

浇水方式宜采用"底吸式"浇水，也可喷淋式浇水，每次浇匀浇透。浇水量和浇水次数视育苗期间的天气和秧苗生长情况而定，在穴盘表面的育苗基质缺水时补充水分。

冬春低温期应在上午 9 时～10 时浇灌与室温相近的水；夏秋高温期应在早上气温较低时浇水。阴雨天、日照不足和湿度高时不宜浇水。

8.3 光照管理

夏秋育苗时，出苗前在大棚或小拱棚上覆盖遮阳网遮阴降温，出苗后晴天 15 时后至次日 10 时前和阴雨天要揭去遮阳网。冬春育苗时，小拱棚上的草帘等覆盖物要早揭晚盖，阴雨天也应尽量揭开。

8.4 病虫害防治

8.4.1 防治原则

按照"预防为主，综合防治"的植保方针，坚持"农业防治和物理生物防治为主，化学防治为辅"的无害化控制原则。

8.4.2 主要病虫害

主要病害有猝倒病、立枯病、病毒病等。主要虫害有小菜蛾、菜青虫、斜纹夜蛾、菜螟、短额负蝗、黄曲条跳甲、小地老虎、蝼蛄、蜗牛、蚜虫、粉虱、潜叶蝇等。

8.4.3 防治方法

8.4.3.1 农业防治

因地制宜采用床架式育苗，或在地面苗床上铺垫塑料薄膜。

8.4.3.2　物理生物防治

在大棚上覆盖防虫网，辅以色板、灯光、昆虫性信息素、毒饵等诱杀和人工捕杀。

8.4.3.3　化学防治

根据苗期病虫害发生情况选择对口农药，施药次数、用量和安全间隔期等应符合 GB 4285、GB/T 8321(所有部分) 和 NY/T 1276-2007。

8.5　其他管理

8.5.1　补苗

在幼苗 2 叶期，及时用健壮苗对穴盘内的空穴和弱苗进行补苗。

8.5.2　补肥

育苗期间一般不需要追肥。如育苗后期缺肥或苗龄延长可用 0.2%～0.3%三元复合肥（N：P_2O_5：K_2O=15：15：15）溶液适当补肥。

8.5.3　炼苗

冬春季育苗时，定植前 5d～7d 控制浇水，以秧苗不萎蔫为度，并加强棚内通风、透光，适当降温。起苗前浇一次透水，并施用一次广谱性杀菌剂。

9　成苗质量

秧苗整齐一致，无病虫害，苗龄正常，子叶完好，真叶叶色浓绿，茎杆粗壮，株高正常。根系发达，形成根坨。主要蔬菜种类成苗指标见附录 D。

10　成苗装运与标识

10.1　装运

采用长 56cm×宽 28cm×高 80cm 的钙塑瓦楞箱和钙塑瓦楞穴盘托架或纸箱为包装物（形状参见附录 E）。把带幼苗的育苗穴盘逐盘分层装入瓦楞箱内，每个专用穴盘托架内放入 1 个穴盘。或在运输车辆上安装专用多层育苗架，把育苗穴盘逐层装在育苗架上随车装运。短距运输的，可把育苗穴盘中的幼苗取出，放在筐内或箱内装运。

10.2　标识

成苗包装箱上要注明种类、品种、规格、数量、生产者、生产日期和注意事项等。

11　生产档案

建立生产档案，保存时间不少于 2 年。

附 录 A

（资料性附录）
不同种类蔬菜催芽适宜温度及催芽时间

不同种类蔬菜催芽适宜温度及催芽时间见表 A.1。

表 A.1 不同种类蔬菜催芽适宜温度及催芽时间

蔬菜作物	催芽温度/℃	催芽时间/d
茄子	28～30	5
辣椒	28～30	5
番茄	25～28	3
黄瓜	28～30	1～2
甜瓜	28～30	1～2
西瓜	28～30	2～3
生菜	15～18	2～3
甘蓝	23～25	2
芹菜	5～15	3～4
芦笋	25～30	3～4

附　录　B

（资料性附录）
不同种类蔬菜子苗期温度管理参考指标

不同种类蔬菜子苗期温度管理参考指标见表 B.1。

表 B.1　不同种类蔬菜子苗期温度管理参考指标

蔬菜种类	白天温度/℃	夜间温度/℃
茄子	25～28	18～20
甜（辣）椒	25～28	18～20
番茄	23～25	13～16
黄瓜	25～28	15～16
甜瓜	25～28	17～20
西葫芦	20～25	13～16
西瓜	25～30	17～20
结球甘蓝	18～22	12～16
花椰菜	18～22	12～16
芹菜	18～24	15～18
生菜	15～22	12～16

附 录 C

（资料性附录）
不同种类蔬菜成苗期（包括炼苗期）温度管理指标

不同种类蔬菜成苗期（包括炼苗期）温度管理指标见表 C.1。

表 C.1 不同种类蔬菜成苗期（包括炼苗期）温度管理指标

蔬菜作物	白天温度/℃	夜间温度/℃
茄子	20～28	10～18
甜（辣）椒	20～28	10～18
番茄	18～24	8～13
黄瓜	15～25	8～15
甜瓜	15～24	10～19
西葫芦	18～21	8～15
西瓜	15～24	10～18
甘蓝	16～21	8～12
花椰菜	16～21	8～12
芹菜	15～23	12～15
生菜	13～18	8～13

附　录　D

（资料性附录）
主要蔬菜种类成苗指标

主要蔬菜种类成苗指标见表 D.1。

表 D.1　主要蔬菜种类成苗指标

种　类	穴盘类型/（孔/盘）	苗龄/d	真叶数/张
瓜类（冬春）	72	30	2
	50	40～45	3～4
瓜类（夏秋）	50	10	2～3
茄果类（冬春）	50	60	5
	72	55～70	4～5
茄果类（夏秋）	50	30～35	4～5
	72	25～30	3～4
甘蓝类	72	30	3～4
	128	20～25	3
大白菜	72	25	4～5
	128	20～22	3～4
芦笋	72 或 128	50	3～5 根地上茎
芹菜	128	60	4～6
生菜	128	28～40	3～5
莴苣	128	28～40	3～5
大葱	200 或 288	30～40	3

附 录 E

（资料性附录）
穴盘苗装运箱示意图

穴盘苗装运箱示意图见图 E.1。

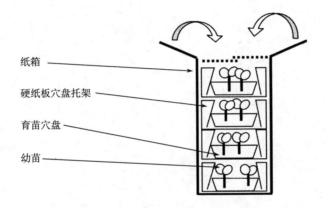

纸箱

硬纸板穴盘托架

育苗穴盘

幼苗

图 E.1 穴盘苗装运箱示意图

本书使用单位注解表

中文单位	英文单位
天	d
小时	h
分钟	min
秒	s
公顷	hm^2
立方米	m^3
平方米	m^2
米	m
厘米	cm
毫米	mm
压强（帕、兆帕）	Pa、MPa
吨	t
千克	kg
克	g
升	L
毫升	ml
温度	℃
光照强度（勒克斯）	lx
土壤酸碱度	pH
土壤阳离子交换量	CEC
可溶性盐含量值	EC 值

图　　版

山地蔬菜规模生产基地

图版 II

山地蔬菜良种应用

山地蔬菜病虫害绿色防控

图版 IV

剪枝前田间长势

剪枝操作

剪枝后 10 天左右田间长势

低海拔山地茄子剪枝复壮栽培

茄果类蔬菜嫁接育苗

山地蔬菜潮汐多功能移动苗床育苗

山地蔬菜集约化育苗

山地蔬菜微喷（滴）技术应用

山地菜豆栽培

山地瓜菜栽培

图版 X

山地番茄越夏长季节栽培

山地其他特色蔬菜栽培

山地蔬菜分级包装运销